科學天地 508 World of Science

觀念地球科學 2
地殼．地震

FOUNDATIONS OF EARTH SCIENCE

6th Edition

by Frederick K. Lutgens Edward J. Tarbuck Dennis Tasa

呂特根、塔布克／著 塔沙／繪圖 蔡菁芳、王季蘭／譯

觀念地球科學 2

地殼．地震

目錄

Foundations of Earth Science 6th edition

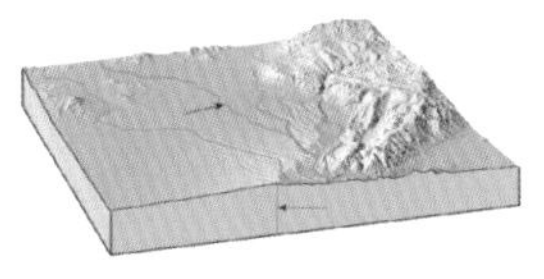

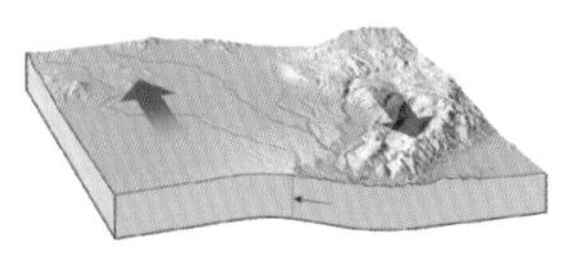

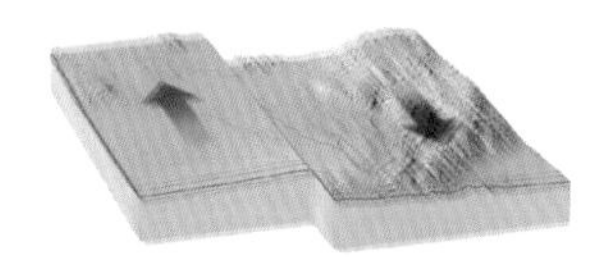

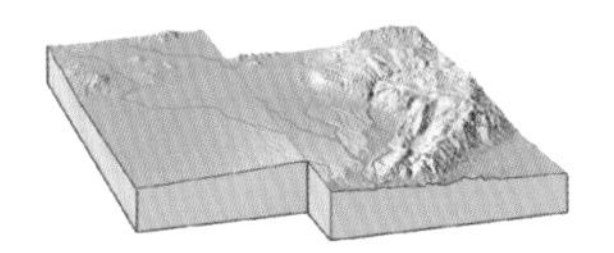

觀念地球科學

[Foundations of Earth Science 6th edition]

《觀念地球科學 1》

《觀念地球科學 2》

《觀念地球科學 3》

《觀念地球科學 4》

第二部
刻劃地表

04

冰川與乾旱地景

學習焦點

留意以下的問題，
對掌握本章的重要觀念將相當有幫助：

1. 什麼是冰川？現今普遍所見的兩種冰川位於地球上的什麼地方？
2. 冰川如何移動？冰川的侵蝕作用有哪幾個不同的過程？
3. 冰川堆積所產生的地質特徵，是由什麼物質組成的？
   最普遍的冰川地質特徵又為何？
4. 冰期有些什麼樣的證據？
   冰期的冰川對於陸地與海洋造成了什麼間接效應？
5. 位於低緯度與中緯度地區的沙漠，形成原因分別為何？
6. 在乾燥氣候下，水與風分別扮演什麼角色？
7. 美國乾燥的盆嶺區中的眾多特別地景，是如何形成的呢？
8. 風侵蝕的方式有哪些？
9. 風所產生的堆積特徵有哪些？

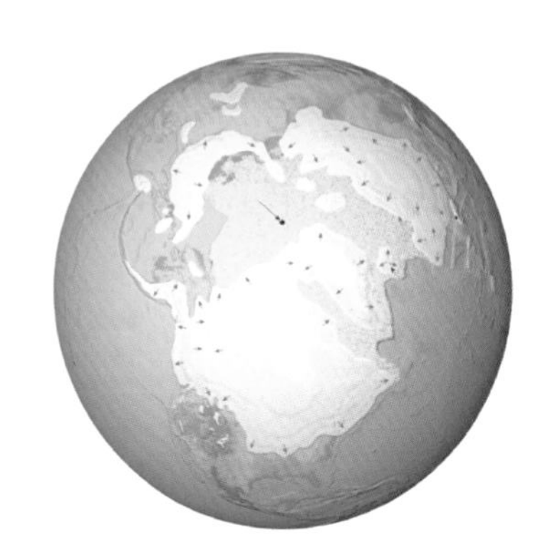

就像第 3 章所談論的流水與地下水一樣，冰川與風也是重要的侵蝕作用。它們對於創造地景貢獻良多，在與岩石圈的關係上，也占有舉足輕重的地位，因為風化作用的產物會被搬運並堆積成沉積物。

氣候對於大自然與地球外部作用的強度，有很深的影響，這一章的內容將圖文並茂的對此多所著墨。冰川的存在與規模，主要受到地球不斷更替的氣候控制。還有另一個很棒的例子可以看出，氣候與地質之間緊密的關係，那就是乾旱地景的形成。

現今冰川的總面積占了地球表面將近 10%，然而距今不遠的地質歷史上，幾千公尺厚的冰層覆蓋在地表，占地之遼闊，是今日冰層面積的三倍，如今仍有許多地區隱含有這些冰川的遺跡。本章一開始的部分將檢視冰川本身，以及冰川產生的侵蝕與堆積特徵；第二部分則是探討旱地與風的地質作用。由於沙漠與近沙漠條件盛行的區域，面積跟冰期內廣大的冰川相當，因此這些地景的特性，的確值得一窺究竟。

冰川：兩個基本循環的一部分

現今地球上的許多地景，都是由最近的一次冰期中，廣布的冰川修飾出來的，且仍深刻的反映出冰川的巧奪天工。世界各地都有冰川特徵，像是歐洲的阿爾卑斯山、美國麻州的鱈魚角，與美國的優聖美地河谷，皆是由現今已消聲匿跡的大片冰川塑造出來的。此外，美國的長島、紐約、五大湖，以及挪威和阿拉斯加的峽灣，它們的存在都歸因於冰川。當然，冰川不只是地質歷史的一種現象，正如你即將看到的，它們到今日都還在世界上的許多地區沉積，並不斷刻劃著地表。

冰川是地球基本的兩個循環——水循環與岩石循環的一部分。在水循環中，當降雨落在高地或高緯度地區時，雨水不會立即返回大海，而是可能變成冰川的一部分。雖然冰最終還是會融化成水，繼續它流向大海的旅程，但水可能會以冰川的方式存在幾十年、幾百年、甚至幾千年。在水屬於冰川一部分的那段時間，大塊冰的移動也可能完成了許多工作，包括刮削陸地地表，以及獲取、搬運、堆積大量的沉積物，這些活動無不屬於岩石循環的基本課題（圖 4.1）。

圖4.1　康尼寇特冰川（Kennicott Glacier）是長43公里的山谷冰川，正在刻劃阿拉斯加蘭格爾—聖伊萊亞斯國家公園（Wrangell-St. Elias National Park），圖中深色條紋的沉積物叫做中磧（請見第31頁）。沉積物的搬運與堆積，使冰川成為岩石循環的一部分。（Photo by Michael Collier）

現今大約有 16 萬條冰川存在於地球南北極以及高山環境中。
今日冰川涵蓋的面積差不多只有最近一次冰期所覆蓋的 1/3，
而且幾乎座落於當年的山頂上。

冰川是歷經幾百年或幾千年才得以形成的厚大冰塊。它源自於陸地，是雪經過堆積、壓實與再結晶之後形成的。冰川看起來不會動，但其實不然，它是以極緩慢的速度在移動。如同流水、地下水、風與波浪，冰川也是會堆積、搬運與沉澱沉積物的動態侵蝕營力。雖然今日在世界各角落都發現有冰川，不過大部分的冰川都位在遙遠之境，不是在地球的兩極，就是在高山峻嶺。

山谷冰川（高山冰川）

正確的說，全世界有數千條規模相對小的冰川，存在於高聳的山區，通常沿著先前就已經存在的河谷前進。不像從前在河谷裡流動的河水，冰川前進得非常緩慢，一天也許只走幾公分的距離。由於座落的位置，這些移動的大冰塊被命名為山谷冰川，或高山冰川（請見圖 4.1），每一條冰川都是冰之河，以陡峭的岩壁為界線，從源頭附近的積雪中心流向下游。就跟河流一樣，山谷冰川可長可短、可寬可窄，可以是獨自一條，也可以有支流。高山冰川的寬度通常不及其長度，就長度而言，有些只延伸不到 1 公里，有些卻長幾十公里。舉例來說，哈柏冰川（Hubbard Glacier）的西支流，在阿拉斯加與加拿大育空地區的高山地帶，綿延了 112 公里。

若是把全球山谷冰川的體積加總起來，
預估約有 21 萬立方公里，
這個數字可以媲美全世界的淡水與鹹水湖加總的體積。

冰層

相對於山谷冰川，冰層存在的規模就大得多。這些龐大的冰塊從一個或多個中心點向四面八方流出，除了底下地形最高的區域以外，完全看不出頭緒。儘管許多冰層在古早時代就已經存在，但目前也只有兩片冰層達到這樣的狀態（圖 4.2）。在北半球，格陵蘭島由一塊平均將近 1,500 公尺厚的冰層覆蓋，氣勢磅礴，占地 170 萬平方公里，大約是整座島嶼的 80%。

在南半球，巨大的南極冰層厚度最高可達 4,300 公尺，覆蓋的面積超過 1,390 萬平方公里。由於這些龐大的地質特徵占地實在廣闊，因此常常被稱為大陸冰蓋（continental ice sheet），的確，現今所有大陸冰蓋加總起來，幾乎占了地球陸地面積的 10%。

沿著南極海岸的好幾個地方，冰川的冰流進鄰近的海洋，產生了叫做冰棚的地質特徵。冰棚是大塊的、相對平坦的浮冰，冰棚從岸邊朝海的方向延伸，但仍有一邊或好幾個邊與陸地相接。冰棚面向陸地的那邊，厚度最厚，向海的那邊厚度較薄。它們由鄰近冰棚的冰所支撐，同時又有新降下的雪來補注，結冰的海水則加強了冰棚的基底。

南極洲的冰棚延伸的範圍超過約莫 140 萬平方公里，羅絲（Ross）冰棚與菲爾西納（Filchner）冰棚最大，單單羅絲冰棚所涵蓋的面積，就大約是整個美國德州的大小。

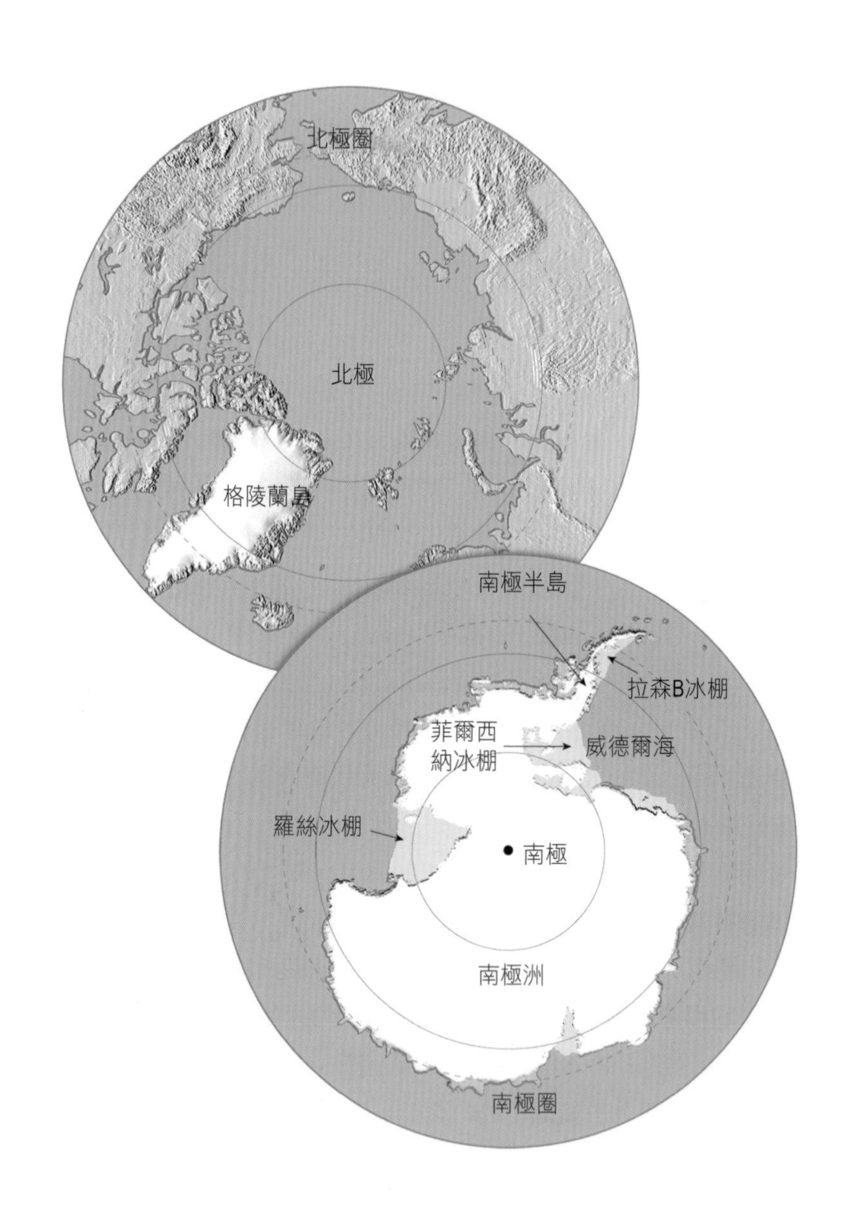

圖4.2 現今僅存的兩塊大陸冰蓋是覆蓋於格陵蘭島與南極洲的冰層，它們加總的面積幾乎是全地球陸地面積的10%。格陵蘭冰層占地170萬平方公里，相當於整座格陵蘭島面積的80%；南極冰層的面積大約1,390萬平方公里，鄰近南極冰層的冰棚，則額外占去了140萬平方公里的面積。

南極冰層囊括全世界 80% 的冰，
以及將近 2/3 的淡水。
如果南極冰層的冰全部融化的話，
全球海平面將上升 60 公尺。

你知道嗎？

其他種類的冰川

除了山谷冰川與冰層，地質學家也發現了其他種的冰川。覆蓋在山地與高原的大塊冰川的冰，稱為**冰帽**，跟冰層一樣，冰帽把下方的地景完全掩埋起來，但是冰帽規模比大陸冰蓋小得多。很多地方都有冰帽，包括冰島與北極海內的幾座大島（圖 4.3A）。另一種所謂**山麓冰川**，占據的是陡峭高山腳下的寬闊低地，是當一條或多條山谷冰川從狹窄的山谷壁中出現時形成的，前進中的冰發散開來，形成寬闊的冰原。每一座山麓冰川的規模大相逕庭，其中南阿拉斯加沿岸寬廣的馬拉斯賓納（Malaspina）冰川是最大的山麓冰川之一，它在高聳的伊萊亞斯山腳下平坦的沿岸平原上，覆蓋了超過 5000 平方公里的面積（圖 4.3B）。

格陵蘭冰層占地遼闊，若以美國來比喻，長度長到可以從佛羅里達州的西嶼（Key West），到緬因州波特蘭（Portland）的北方 160 公里處；寬度則可以從華盛頓哥倫比亞特區，到印第安納州的印第安納波里斯（Indianapolis）。若是換一個方式來打比方，格陵蘭冰層的大小，相當於美國密西西比河以東之疆域的 80%。然而，南極冰層的範圍比它還要大上 8 倍！

你知道嗎？

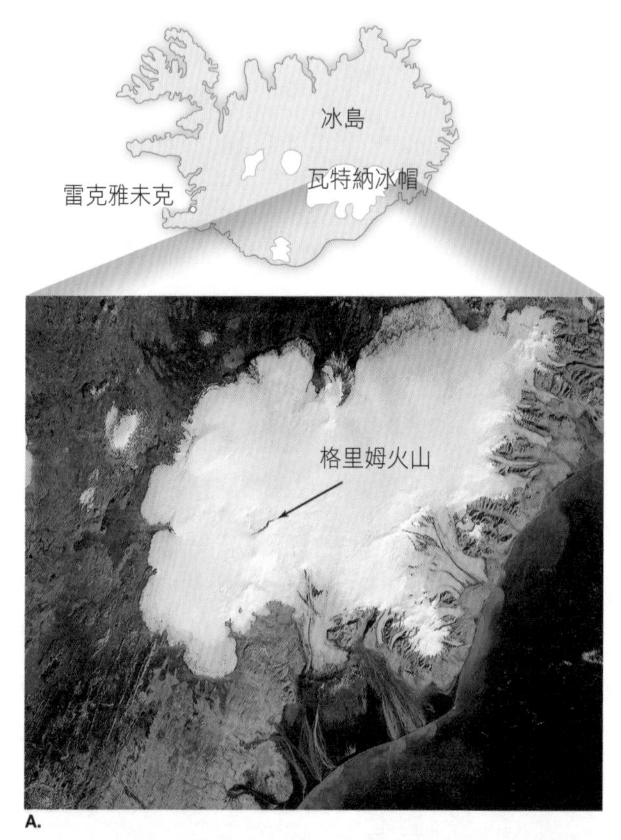

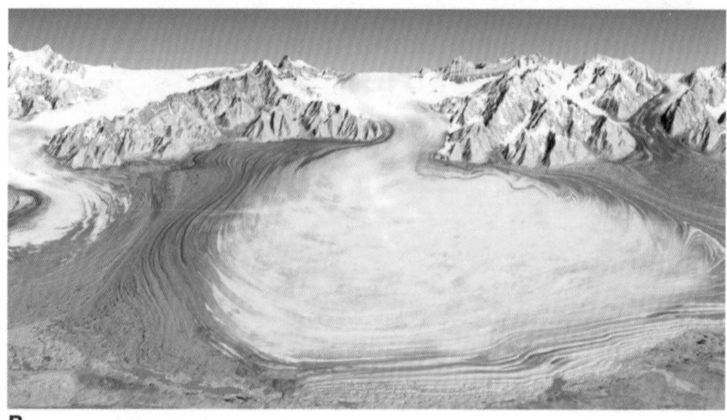

圖4.3

A. 冰島的瓦特納冰帽。1996年，格里姆火山在冰帽下方噴發，引發了融雪與洪水。（Photo by NASA）

B. 阿拉斯加南方的馬拉斯賓納冰川是典型的山麓冰川。山麓冰川發生在山谷冰川離開山脈、進入低地的時候，因為側向不再受到限制，因此冰川的冰會發散開來，變成寬廣的冰磧舌。（Photo by NASA/JPL）

冰川如何移動

冰川的冰移動的方式，基本上可稱為「流動」，然而用這種說法來描述冰川運動，似乎自相矛盾——固體如何流動？冰流動的方式很複雜，而且有兩種基本型式，第一種機制包含冰內部的塑性運動。當上方的壓力小於 50 公尺厚度的冰所產生的重量時，冰算是脆性固體，一旦上方荷重超過上述的數字，冰就會變得像塑性物質一樣，開始流動。第二種也同樣重要的冰川運動機制，發生在整塊冰沿地面滑動的時候。大多數冰川的最底層，大概都是以滑動的方式前進。

冰川中最頂層的 50 公尺恰如其份的稱為破裂帶（zone of fracture），因為上覆的冰並沒有多到足以產生塑性流的程度，所以最上層的冰是由脆性的冰組成的，因此破裂帶內的冰是由下方的冰以「揹負」的方式載著走。

當冰川沿不平整的地面移動，破裂帶會受到張力作用而產生裂隙，稱之為**冰隙**。這樣的裂隙可能會向下延伸到冰川深度 50 公尺的地方，常會給在冰川上旅行或橫越冰川的人帶來危險。超過了這個深度，塑性流就會把冰隙封填起來。

冰川運動的觀察與測量

跟河水流動不同的是，冰川運動並不顯著。如果我們有機會看到山谷冰川在移動，那麼我們看到的情況會像河水一樣，也就是並非所有的冰都以相同速率向下流動；在冰川中央的流動得最快，因為山谷壁與谷底會對冰川產生拖曳效應。

十九世紀初期，科學家首次針對冰川運動設計出實驗，並在阿爾卑斯山施行。科學家在橫切冰川的一條直線上做記號，然後把直線的位置標示在山谷壁上，如此一來，一旦冰有移動，就能偵測出位置的變化。定期記錄記號的位置，顯露出如前段所述的移動跡象。

儘管大部分的冰川因為流動太慢，無法以肉眼直接偵測，但這項實驗卻成功展現出冰川的移動確有其事。圖 4.4A 描繪的實驗，是十九世紀較晚期在瑞士隆河冰川（Rhône Glacier）進行的，它不只追蹤了冰川裡記號的移動軌跡，也描繪出冰川末緣的位置。

許多年來，我們靠縮時攝影觀察冰川的運動。縮時攝影是以規律的時間間隔（例如一天一次），在同一個制高點上拍攝冰川的影像，持續一段很

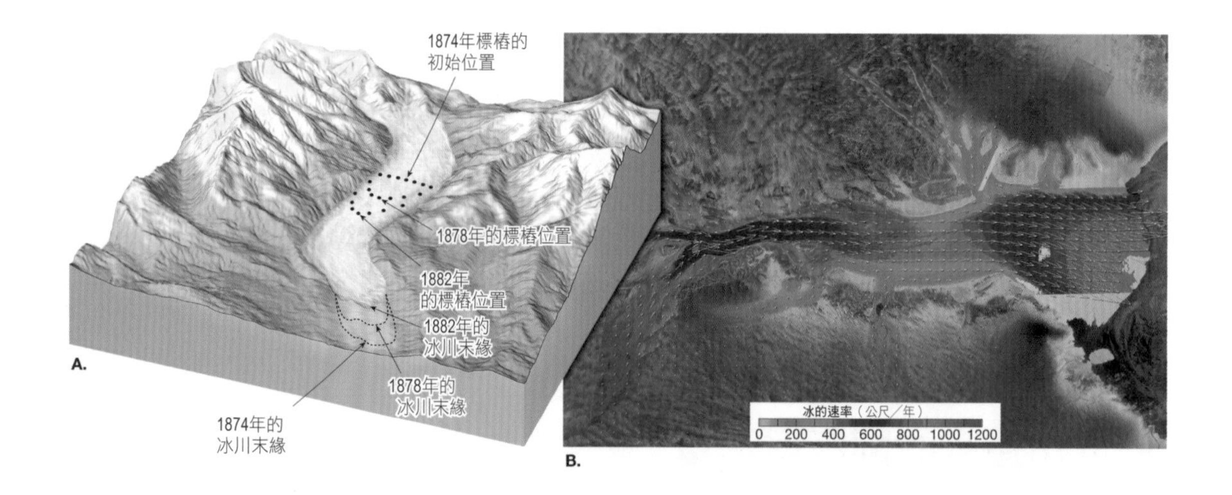

圖4.4 A. 冰在瑞士隆河冰川末緣的移動與變化。在此經典的冰川實驗中，標樁的移動清楚顯示出冰川運動，以及冰川兩側的流動比中央緩慢。此外，也注意到儘管冰鋒在後退，冰川裡的冰還是在前進。
B. 這幀衛星影像為南極的蘭伯特冰川（Lambert Glacier）提供了詳細的訊息。冰流動的速率，是把利用雷達資料獲得的，相距24天的幾組影像合成，而確定出來的。（Photo by NASA）

長的時間，然後像電影一樣播放拍攝內容。到了更近期，我們用衛星追蹤冰川的流動，並觀察冰川的狀態（圖 4.4B），這個方法尤其好用，因為冰川的位置之遙，以及所處環境氣候之惡劣，都限制了現場調查的可能性。

那麼冰川裡的冰移動得有多快？其實每一條冰川的平均速率差異相當大，有些冰川流動得非常緩慢，連樹木與植被都可以從冰川表面堆積的岩屑中成長茁壯；有些冰川卻可以一日前進數公尺。

有些冰川的運動具有時快時慢的特性，往往在一陣子極速前進後，會以幾乎不動之姿持續好一段時間。

冰川的平衡：聚積 vs. 消耗

雪是形成冰川的原料，因此只有在冬季降雪多於夏季融雪的地方，才會形成冰川。冰川總是持續獲得冰，卻也不斷失去它。

冰川帶

雪的堆積與冰的形成都發生在**聚冰帶**（圖 4.5）。雪的增加使冰川變厚，並促進冰川流動。在冰生成的區域之後，就是**消冰帶**，此區域存在著冰川的淨損失，這是因為過往冬季所降下的雪都融化了，甚至連冰川裡的冰也融化了一些些（圖 4.5）。

除了融化作用，冰川也會藉著所謂冰解作用（calving），在冰川前緣斷裂成大塊的冰。當冰川抵達海洋，冰解作用便會造成冰山，由於冰山的密度只比海水低一點點，所以冰山浮在海面上的部分很少，80% 的質量都隱沒在海水下。格陵蘭冰層的邊緣每年製造出幾千座冰山，許多冰山向南漂浮，最後漂進了北大西洋，然而北大西洋的冰山對航海者而言，代表的卻是航行危機。

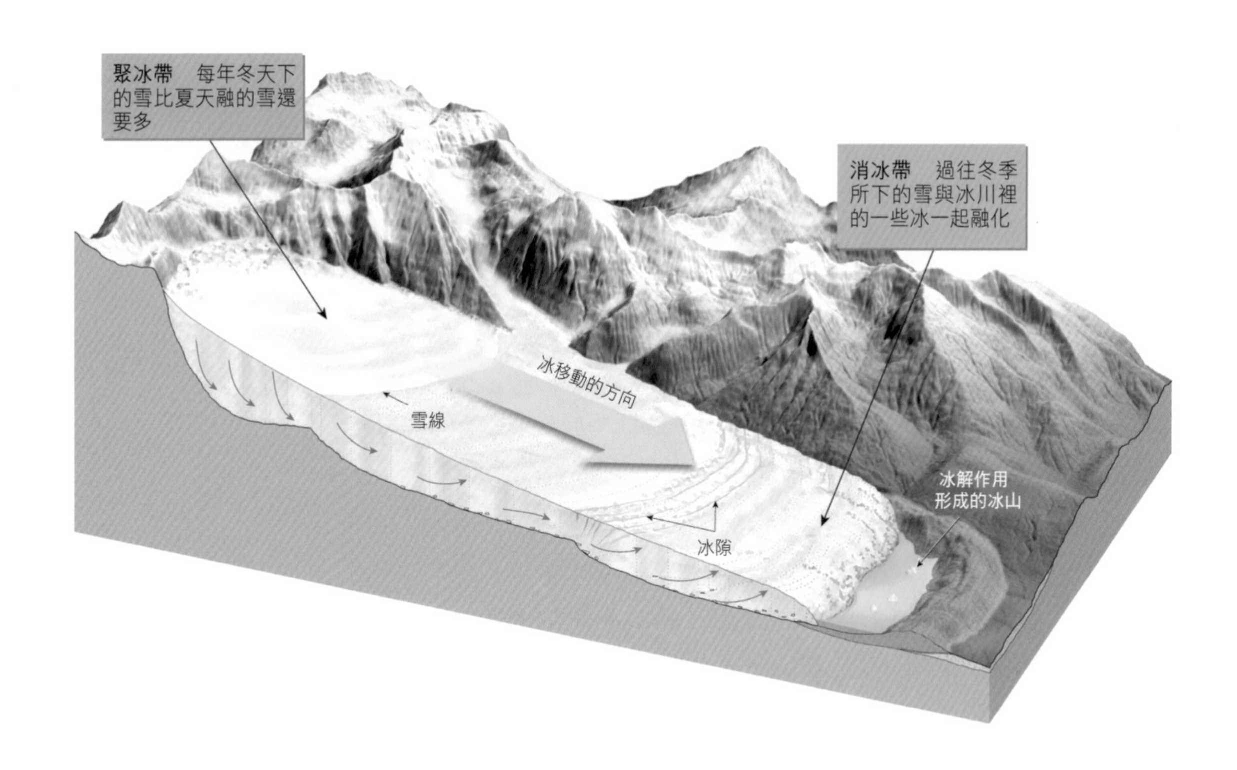

圖4.5 雪線分隔了聚冰帶與消冰帶，在雪線之上，每年冬天下的雪比夏天融的雪還要多，而在雪線之下，前一個冬季下的雪不但完全融化，連底下的一些冰也融化了。不管冰川的邊界是前進、後退或保持原地不動，皆要取決於聚積與消耗之間的平衡。當冰川流過不平整的地段，冰川的上層部分會形成冰隙。

冰川平衡

冰川邊緣是前進、後退或原地不動，皆取決於冰川的收支，也就是端看聚積與消耗之間的平衡或不平衡。假設冰的聚積超過消耗，冰鋒會前進，直到兩個因子取得平衡為止，此時冰川的末緣會靜止不動。如果溫暖的氣候使冰的消耗量增加，以及（或者）降雪量減少的話，都會使冰的聚積減少，冰鋒將會後退。當冰的末緣後退，消冰帶的範圍也會減小。因此，等到哪一天聚積與消耗再度達成平衡，冰鋒將再次靜止不動。

不論冰川的邊緣是前進、後退或原地不動，冰川裡的冰都持續向前流動。在後退冰川中，冰仍然向前流動，只是速度沒有快到抵消冰的消耗量。這一點可以由圖 4.4A 的繪圖中看出，當隆河冰川內的標樁線繼續朝河谷下游前進的同時，冰川的末緣卻慢慢朝河谷上游退縮。

後退冰川

因為冰川對溫度和降雨的變化非常敏感，所以冰川在氣候變遷方面提供了有力線索。除了少數冰川之外，全世界的山谷冰川在上個世紀期間，幾乎都以驚人的速率在後退（圖 4.6），許多冰川甚至完全消失了。我們在這裡舉一個例子，150 年以前，美國蒙大拿的冰川國家公園內有 147 條冰川，如今只剩下 37 條，而它們也可能在 2030 年以前消失不見。

假定南極冰層以固定且恰當的速率融化，
那麼它融出來的水可以「餵飽」密西西比河超過 5 萬年，
或是確保亞馬遜河的流水大約 5 千年不會乾涸。

圖4.6 相隔63年，在阿拉斯加冰川灣國家公園同一制高點拍攝的兩幀照片。在1941年的照片中，最主要看到的是謬爾冰川（Muir Glacier），到了2004年，它幾乎已經後退到視野之外。瑞格斯冰川（Riggs Glacier，照片中的右上角）也是愈來愈薄，後退的規模也很驚人。（Photos by National Snow and Ice Data Center, W. O. Field, B. F. Molnia）

冰川的侵蝕作用

冰川會侵蝕大量的岩石，任何曾經看過高山冰川末緣的人都知道，冰川侵蝕力的證據不言而喻。冰融化時，你可以直接看到首度顯露出來的，不同大小的岩石碎片（圖 4.7）。所有的徵象都顯示一個結論，那就是冰川的冰曾經從河谷谷地與谷壁上，刮削、沖刷與撕裂岩屑，然後把它們帶往河谷下游。的確，就沉積物的搬運者而言，冰的能耐無與倫比。

一旦岩石碎屑被冰川虜獲，並不會像河流或風所攜帶的荷重那般的沉

圖4.7　冰川具有良好的侵蝕能力。當這條阿拉斯加冰川的末緣因消耗而後退時，沉澱出大量未淘選的沉積物，我們稱之為冰磧物。
（Photos by Michael Collier）

澱。因此，冰川可以攜帶其他侵蝕營力無法移動的龐大岩塊。儘管今日的冰川做為侵蝕營力的重要度有限，但是最近一次冰期內的遼闊冰川，塑造出的許多地景，仍然反映出冰的高度侵蝕作用力。

冰川如何侵蝕

冰川侵蝕陸地主要藉由兩種方式——冰拔作用與磨蝕作用。首先，冰川流過破裂的基岩表面時，會把岩塊搬鬆，然後拔起岩塊，把它們囊括進冰裡。這個過程就是所謂的**冰拔作用**，是當融溶的水沿冰川底部，滲入岩石裂縫和節理，然後再結冰時發生的。等水結冰之後，會撐大岩石裂縫，並加諸巨大無比的力量把岩石鬆動並撬開，藉著這種方式，各樣大小的沉積物都將變成冰川荷重的一部分。

第二個主要的侵蝕作用是**磨蝕作用**。當冰與其岩石碎片的荷重一同在基岩上流動時，就會像砂紙在磨平、拋光物質的表面一樣。從這個冰川「磨坊」產生的粉狀岩石，恰如其名的被稱為**岩粉**。產生的岩粉如果很多，從冰川流出來的融溶河川會猶如脫脂牛奶一般，看起來灰灰的，這就是冰具有研磨力的清楚證據。

當冰川底部的冰含有較大的岩石碎片，那麼稱為**冰川擦痕**的長條刮痕與刻槽，就可能會鑿進基岩裡（圖 4.8A）。這些線形的刮痕透露了冰流動時的方向，在大範圍區域上勘測冰川的擦痕，常可以重建冰川流動的模式。

然而並非所有的磨蝕動作都能夠產生擦痕。有冰川流動的表面，可能會因為冰與其細微顆粒的荷重，變得超級光滑。美國加州優聖美地國家公園內，占地遼闊的花崗岩就拋光得非常平滑，是最出色的例證（圖 4.8B）。

因為同時受到其他侵蝕營力作用，冰川侵蝕作用的速率變化非常大，這種由冰造成的差異侵蝕，主要是由四個因素所控制：⑴ 冰川流動的速率；⑵ 冰的厚度；⑶ 冰川底部的冰所含岩石碎片的形狀、數量的多寡與硬度大小；⑷ 冰川底下的基岩表面的可侵蝕性。任何或所有以上的這些因素會因時間不同、地點不同而有所變化，這表示冰川地區塑造的地景，其特徵、效力與程度，可能有非常大的差異。

冰川侵蝕作用產生的地形

雖然冰層的侵蝕成果可能很驚人，但是這些龐大冰塊雕刻出來的地形，還是沒有山谷冰川造成的侵蝕特徵，那樣讓人敬畏萬分。在冰層的侵蝕效應十分顯著的區域，被冰挖蝕過的地表以及平緩的地貌是標準特徵。相形之下，在山區，山谷冰川的侵蝕作用往往產生許多非常壯麗的地質特徵。很多嚴峻的高山景色，因其雄偉的美景而馳名四方，都是山谷冰川侵

A.

B.

圖4.8

A. 冰川的磨蝕作用在它的基岩上產生刮痕與刻槽，這是位於阿拉斯加惠堤爾市東北方威廉王子灣的海灣冰川。

B. 加州優聖美地國家公園內由冰川拋光過的花崗岩。

（Photos by Michael Collier）

蝕作用下的產物。

請花一點時間研究一下圖 4.9，圖中繪出山區環境在冰川作用之前、冰川作用之下、以及冰川作用之後的變化。在接下來的討論中，也必須參考到這張圖。

冰川作用的山谷

在冰川作用之前，高山山谷的特徵就是 V 形谷，因為河流超出基準面許多，因此會產生下切作用（圖 4.9A）。然而在經歷過冰川作用的高山地區，山谷不再是狹窄的 V 字形。當冰川向下流過曾經有河流流動的山谷，冰會以三種方式把山谷重新塑造：冰川會把山谷加寬、加深與變直，所以曾經是 V 字形的河谷，會轉變成 U 字形的**冰河槽**（圖 4.9C）。

冰川侵蝕的量，部分取決於冰的厚度，因此主冰川（trunk glacier）下切山谷的深度，比小一點的支冰川（tributary glacier）來得深。結果，在冰川後退之後，支冰川的山谷高度會座落在主冰河槽之上，這樣的特徵就稱之為**懸谷**。流過懸谷的河川可能會形成壯觀的瀑布，美國加州優聖美地國家公園就蘊藏著這樣的瀑布。

冰斗

在山谷冰川的前端，有一個與高山冰川有關連，且通常看起來很雄偉的典型地質特徵——**冰斗**。如同圖 4.9 所繪，這些看似被挖空的碗狀凹地，其中三個邊是陡峭的谷壁，但在往河谷下游的方向，有個開口。冰斗是冰川成長的焦點，因為它是雪堆積與冰形成的地方。冰斗一開始不規則的出現在山坡上，接著被沿著山坡和冰川底部的冰楔與冰拔作用加大規模，之後冰川會如同輸送帶一般，把岩屑帶走。等到冰川融化，冰斗盆地常常會由小湖泊占據，我們稱為冰斗湖（tarn）。

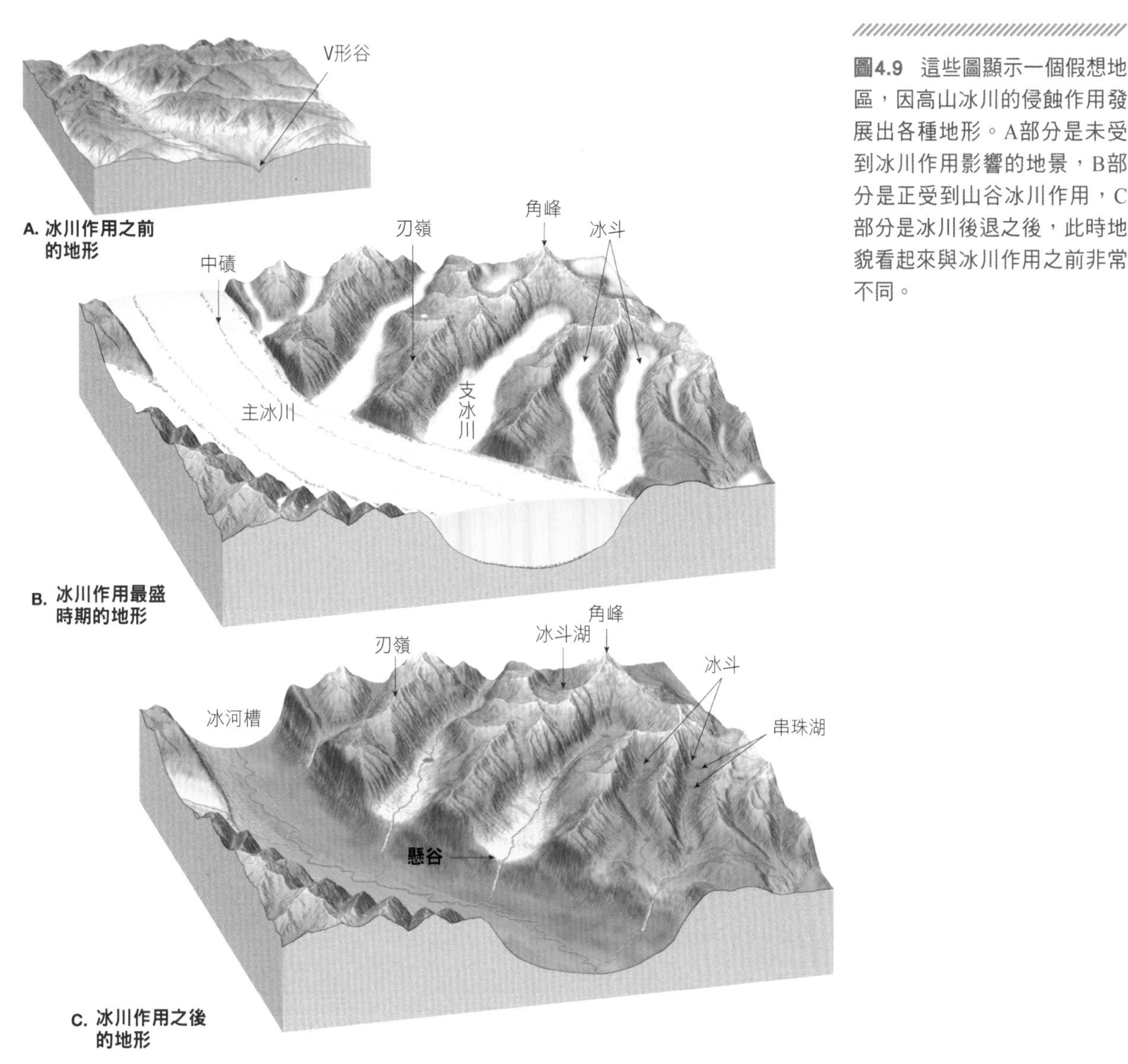

圖4.9　這些圖顯示一個假想地區，因高山冰川的侵蝕作用發展出各種地形。A部分是未受到冰川作用影響的地景，B部分是正受到山谷冰川作用，C部分是冰川後退之後，此時地貌看起來與冰川作用之前非常不同。

圖4.10 角峰是高山冰川所雕塑出的像金字塔一般的銳利峰頂。照片中的角峰是瑞士阿爾卑斯山著名的馬特洪峰。（Photo by iStockphoto/Thinkstock）

刃嶺與角峰

阿爾卑斯山、北洛磯山，以及許多由山谷冰川刻劃出的地景，展現出來的不只有槽谷和冰斗而已；還要加上彎曲且邊緣銳利的山脊，我們稱為刃嶺，還有看起來像金字塔的銳利峰頂，我們稱為角峰，它們都高高矗立在山冰川的環境中（圖 4.9C）。這兩種冰川特徵都根源於同樣的基本作用過程——冰斗因冰拔與冰凍作用而擴大。幾座冰斗環繞高聳孤山，會形成所謂的角峰岩石尖塔。隨著冰斗的擴大與匯聚，孤立的角峰於焉形成，著名的瑞士阿爾卑斯山馬特洪峰（圖 4.10）就是一座角峰。

刃嶺也是在類似的情況下形成的，只是冰斗並非圍著一個點聚集，而是存在於分水嶺的兩側。隨冰斗擴大，分隔冰斗的分水嶺會被削得愈來愈薄，變成刀刃般的「隔板」。再者，因為冰川挖蝕作用，使山谷加寬，分隔兩條平行的山谷冰川之間的區域因此愈來愈狹窄，在這種情形下就會產生刃嶺。

峽灣

峽灣是陡峭的深海灣，在很多高緯度地區，有高山與海洋比鄰而居的地方都有出現，通常非常壯麗（圖 4.11）。挪威、加拿大卑詩省、格陵蘭、紐西蘭、智利與美國阿拉斯加，都有以峽灣為特徵的海岸線。它們其實是冰期之後，冰川融化、海平面上升，隨後沒入海中的冰河槽。

你知道嗎？

如果地球上的冰川全部融化，
全球海平面大約會上升 70 公尺。
但如果是海上的冰山全部融化，
並不至於導致海平面上升。

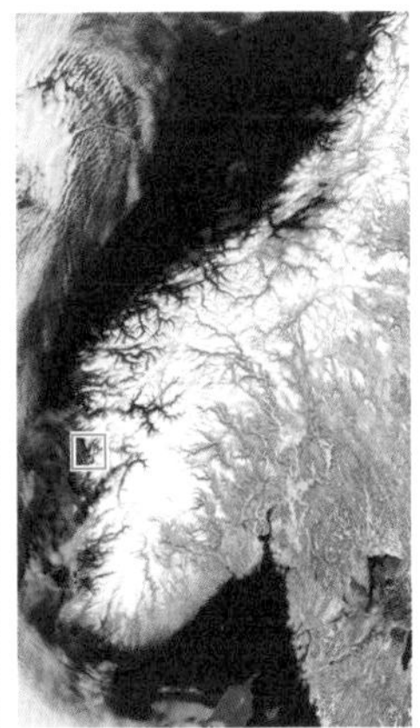

圖4.11　挪威海岸以其遍布的峽灣聞名於世。這些由冰所雕塑出來的海灣，深度屢屢達到幾百公尺深。
（Satellite images courtesy of NASA; Photo by iStockphoto/Thinkstock）

有些峽灣的深度超過 1000 公尺，然而，這些被淹沒的冰河槽之所以那麼深，後冰期海平面的上升只能解釋部分原因。海平面雖主導河流的下切侵蝕作用，卻沒有扮演冰川基準面的角色，因此冰川侵蝕地層的程度能夠低於海平面非常多。舉例來說，厚度 300 公尺的山谷冰川，在下切侵蝕作用停止而冰開始漂浮之前，就可以把谷底雕刻至海平面以下 250 公尺深。

冰川的沉積作用

當冰川緩慢的在陸地上前進時，會撿拾與搬運大量的岩屑荷重，這些物質最終會在冰融化時沉澱下來。冰川沉積物對於在沉澱區域形成的地景，扮演了非常關鍵的角色。例如，在曾經遭最近一次冰期的冰層覆蓋的許多地區，因為冰川的厚度高達幾十、甚至幾百公尺，完全把底下的地層掩埋住，所以基岩鮮少暴露在地表。這些冰川堆積物通常的作用是讓地形變均勻。的確，在今日美國新英格蘭地區的石質牧草地、南北達科塔州的麥田、中西部的起伏農地，就是由冰川的沉積作用導致的。

冰積物的種類

大規模冰期理論提出之前的很長一段時間，人們都以為覆蓋在部分歐洲地區的許多土壤與岩屑，是從其他地方來的，當時的人相信這些外來物質是在古早的洪水氾濫期間，隨浮冰漂來到現在的位置。因此用 drift（漂流）這個詞來稱呼這類沉積物。雖然這個根深蒂固的觀念是錯誤的，但即使岩屑來源已廣為確認，這個名詞仍然在冰川詞彙中屹立不搖，繼續使用著。**冰積物**是指所有來自冰川的沉積物，而不論它們是如何、在哪裡、以及以何種形式堆積的。

冰積物分為兩種類型：⑴ 直接由冰川堆積出來的物質，也就是所謂的**冰磧土**；以及 ⑵ 從冰川的融水中沉澱出來的沉積物，叫做**漂磧層**。兩者的差異點在於，冰磧土是冰川的冰融化時，把冰川的岩石碎片荷重丟下，所堆積出來的物質。然而冰不像流動的水與風，它不能淘選所攜帶的沉積物，因此冰磧土堆積的特徵是，未經淘選的許多不同大小顆粒的混合（圖 4.12）。漂磧層是根據岩石碎片的大小與重量淘選出來的結果，因為冰不具有淘選的能力，所以這些沉積物不是直接從冰川沉澱出來的，而是反映出冰川融水的淘選作用。

有些漂磧層的沉澱，是由直接來自冰川的河流造成的，其他漂磧層的沉澱物，包括了最初以冰磧物堆積、而後又由融水帶走、搬運並再次堆積到冰的邊界之外的冰磧土。漂磧層的沉積，通常主要是由砂粒和礫石組成的，這是因為融水不具有移動大塊物質的能力，也因為較細的岩粉一直處於懸浮狀態，所以常常被帶到距離冰川很遠的地方。我們在許多地方看到這些沉積物被當成集成岩大肆開採，用於公路及其他建築用途，這時就可看出漂磧層主要是由砂粒與礫石所組成的。

在冰磧物裡發現的巨礫，或是大剌剌停留在地面的巨礫，如果它們的岩性與底下的基岩不同的話，我們稱這種礫石為**冰川漂礫**。當然，這表示它們必定由外部來源來的，而非源自於發現之處。雖然大部分漂礫的來源無從可考，但有些漂礫的源頭卻是可以判定的。因此，藉由研究冰川漂礫與冰磧土的礦物組成，地質學家有時候可以追蹤冰塊的足跡。在美國新英格蘭與其他地區的某些地方，可以看到漂礫零星的分布在牧草地與農田上，有些地方的人們，則是把漂礫從農田中清空，再把它們一塊塊堆疊起來，做成石牆與石籬笆。

圖4.12 冰川的冰磧土，是由許多未經淘選、不同大小的堆積物混合而成的。近距離檢視通常會發現，大礫石表面有刮磨的痕跡，這是由於它們被冰川拖著走的緣故。
（Photos by E. J. Tarbuck）

大礫石近照圖

冰磧、外洗平原與冰壺

冰川沉積作用的產物中，分布最為廣闊的或許就是冰磧（moraine）了，而說穿了冰磧只是一層層或脊狀的冰磧土。目前確認出的冰磧有幾種類型，有些只有在高山中的河谷才常見到，其他的不是跟冰層有關，就是跟山谷冰川作用下的地區有關；側磧與中磧屬於第一類，而端磧與底磧則是屬於第二類。

側磧與中磧

山谷冰川的兩側會堆積大量來自谷壁的岩屑，而當冰川逐漸消耗，這些物質就被留下，成為沿山谷兩側的一條條脊狀堆積，因此叫做側磧。當兩條前進的山谷冰川結合成單一一條冰川時，便會形成中磧——在規模加大的新冰川內，沿著原本冰川邊緣夾帶的冰磧土會合在一起，形成單獨一條深色的岩屑帶。這些在冰川內形成的深色條帶，無疑是冰川移動最明顯的證明，因為假使冰川不向下游流動，中磧也無法形成。在大型的高山冰川中常常可見到數條深色的岩屑帶，這是因為每當一條支冰川與主冰川結合時，就會形成一條中磧，圖 4.1（第 9 頁）中的康尼寇特冰川，即提供了最完美的例證。

端磧與底磧

端磧是堆積在冰川末緣的脊狀冰磧土，這種較為常見的地形，是在冰川的消耗與聚積達到平衡時堆積出來的，也就是說，當冰川在接近冰川末端處的融化速率，與冰川在其補充區域向前增展的速率相等時，就會形成端磧。儘管冰川的末緣是靜止不動的，裡面的冰卻持續向前流動，不斷運送、補充沉積物，就好比輸送帶把物品送往生產線的終端一般。當冰融化時，冰磧土向下沉澱，端磧也逐漸增長；冰鋒維持不動的時間愈長，就會形成愈大的脊狀冰磧土。

終於，到了消耗超越補充的時刻了，在這個時間點上，冰川在它最初前進的方向上開始後退。然而，在冰鋒後退的同時，冰川的輸送帶仍持續對冰川末緣補充新鮮的沉積物，在這種情況下，冰融化後會沉積出大量的冰磧土，造成有岩石散落的波浪狀平原。這種在冰鋒後退所沉積出來的、具有輕微起伏的一層冰磧土，就是所謂的底磧。底磧具有拉平效應，會把低點填平、堵塞舊有河道，所以時常擾亂現存水系。在這層冰磧土仍相對年輕的地區，例如北美的五大湖區，常見到排水力差的沼澤。

每隔一段時間，冰川會後退到消耗與補充再次達到平衡的位置，當這種情形發生時，冰鋒會穩定下來，再次形成新的端磧。

端磧形成與底磧沉積的模式，在冰川完全消失之前，可能會重複許多次，這樣的模式可用圖 4.13 來說明。最早一次形成的端磧，標示出冰川前進最遠的位置，名之為*終磧*（terminal end moraine），而在冰川後退的過程中，當冰鋒偶爾穩定時形成的端磧，則叫做*後退磧*（recessional end moraine）。終磧與後退磧基本上相似，唯一的差異在於兩者的相對位置。

在距今最近的一次大規模冰期中，冰川作用沉澱出的端磧，成為美國中西部與東北部許多地區的顯著地質特徵。在威斯康辛州，靠近密爾瓦基市的多樹丘陵地——冰壺冰磧，即是格外美麗的例子；美國東北地區的知名例子則是長島。這個線形的條狀沉積物，從紐約市向東北延伸，其實是一個端磧複合體（從賓州東部開始延伸到麻州的鱈魚角）的一部分。

圖 4.14 描繪的是一個假想的區域，目前正處於冰川作用及其後續階段。這張圖顯示了我們剛剛描述的端磧，還有之後會談論到的其他沉積特徵。如果你曾經到美國上中西部或新英格蘭地區旅遊過，可能會看過相似

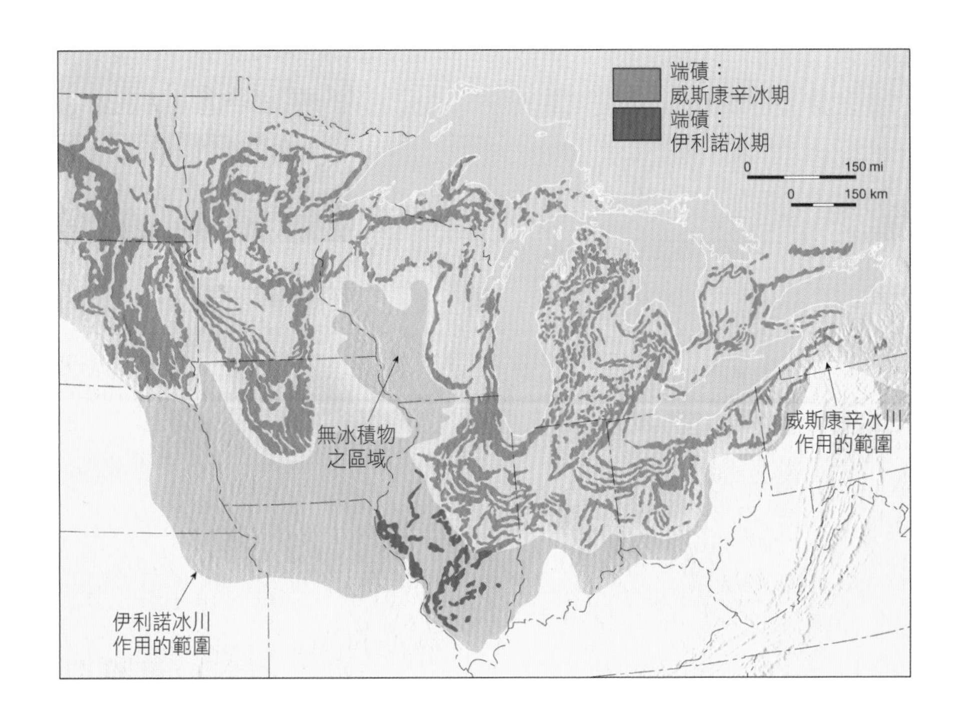

圖4.13　五大湖區的端磧分布圖。在最近一次冰川作用的階段（這一段時間稱為威斯康辛冰期）中沉積的端磧，最為顯著。

於圖裡描繪的地景特徵。當你在後面的篇幅讀到其他的冰川沉積地形，將會再度參考這張圖。

外洗平原與谷磧列

就在端磧形成的同時，快速流動的河水有冰，融水就從冰裡融化出來，這河水常常遭懸浮物質阻塞，並挾帶大量的河床荷重。水離開了冰川，會很快失去速度，許多的河床荷重開始往下沉，在這個過程中，會在大部分端磧的下游邊緣附近，造就出斜坡狀寬廣的漂磧層堆積。當此特徵在冰層前端出現時，我們稱之為外洗平原，若是局限在山谷，通常指的是谷磧列（圖 4.14）。

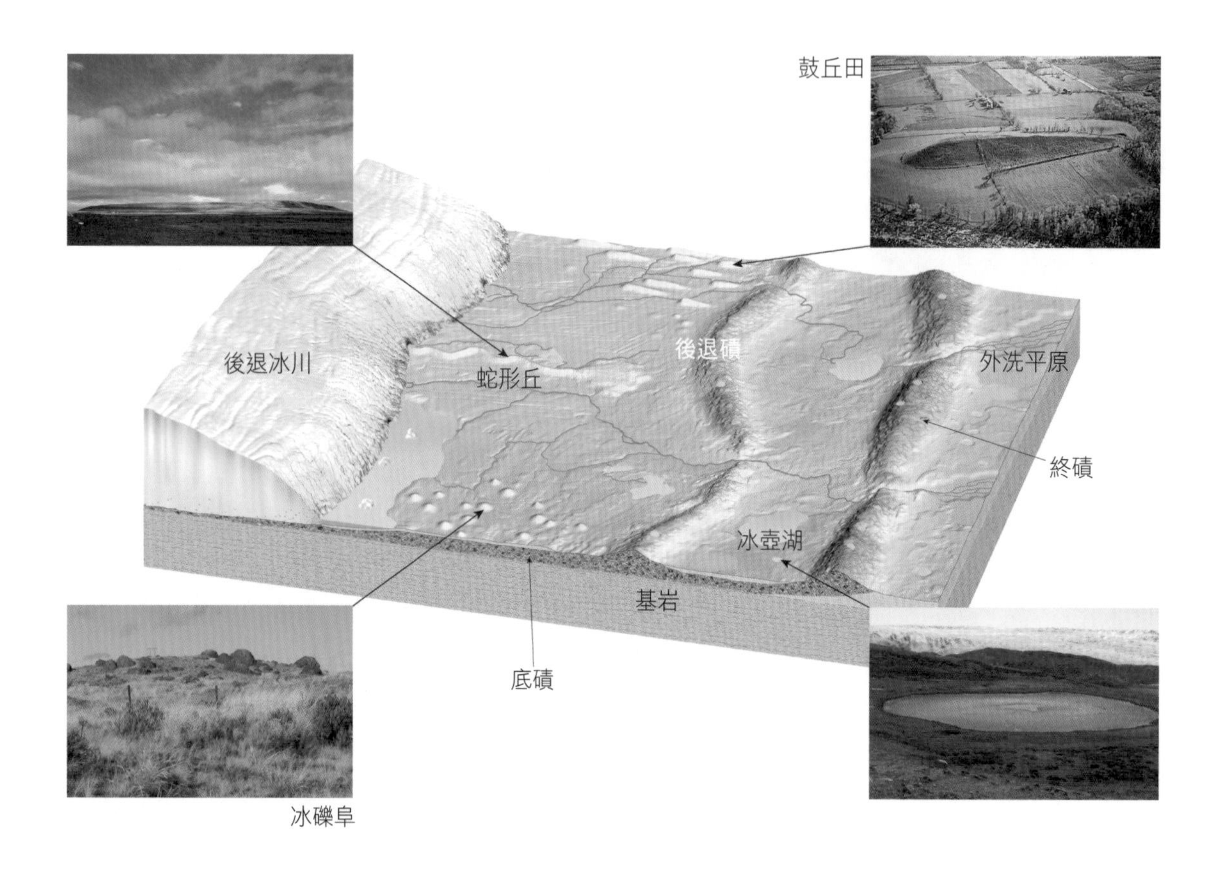

圖4.14 這個假想區域說明了許多常見的沉積地形。最外面的端磧標示了冰川前進的界限，稱做終磧。在冰川後退的過程中，當冰鋒偶爾穩定時形成的端磧，則叫做後退磧。（Drumlin by Ward's Natural Science Establishment; kame by Williamborg/Flickr、esker by Ansgar Walk/Flickr、kettle by Algkalv/Flickr）

冰壺

通常，在端磧、外洗平原與谷磧列上，會有以冰壺聞名的盆地或窪地（圖 4.14）。冰壺之所以形成，是停滯不動的冰塊被埋在冰積物下，最後融化時，就在冰川沉積物上留下凹洞。大部分的冰壺直徑都不超過 2 公里，一般的深度也不到 10 公尺，冰壺常常填滿了水，形成池塘或湖泊。最有名的例子就是麻州康柯德鎮附近的華登湖，是梭羅（Henry David Thoreau, 1817-1862）在 1840 年代獨居兩年的地方，美國文學經典作品《湖濱散記》就是梭羅對華登湖的描寫。

鼓丘、蛇形丘與冰礫阜

冰磧不是唯一由冰川沉積出來的地形，有些地景的特徵是有眾多拉長且互相平行，由冰磧土構成的山丘。而其他如圓錐狀山丘與相對較窄的蜿蜒山脊等地景，主要是由漂磧層組成的。

鼓丘

鼓丘是由冰磧土組成的不對稱流線型小丘（圖 4.14）。鼓丘的高度範圍從 15 到 60 公尺，平均長度 0.4 到 0.8 公里，較陡的那面指向冰川的上游，較緩的那一面指向冰川流動的方向。鼓丘不會單獨出現，而是成群羅列，名為**鼓丘田**。紐約州羅徹斯特市就有這樣一片鼓丘田，估計內含 1 萬個鼓丘。流線的形狀顯示它們是在冰川活躍時期，在流動帶內塑形而成的。地質學家認為，鼓丘是冰川前進到原先沉積的冰積物上方時，重新把這些物質塑形而生成的。

你知道嗎？

研究顯示，冰川的後退可能會減弱斷層的穩定性，加速地震活動。
移除了冰川的重量之後，地面會彈性回跳，
在構造活動活躍的地區，若經歷了後冰期的地面回跳，
可能會比冰存在時更快發生地震，且地震的強度有可能更強。

蛇形丘與冰礫阜

在曾有冰川流動的地方，有時會發現主要由砂粒、礫石組成的彎曲小脊。這些叫做**蛇形丘**的小脊，是冰川末緣附近，在冰下暗道內流動的河川產生的沉積物。它們可能有數公尺高，延伸長度卻有好幾公里。有些地區的蛇形丘已被砂石業者開採，挖取砂與礫石，因而消失無蹤了。

冰礫阜是陡峭的山丘，跟蛇形丘一樣，大多由漂磧層組成（圖 4.14）。冰礫阜之所以形成，是冰川溶融的水把沉積物沖到靜止不動的冰川末緣，進入裂隙或窪地，等冰最終都融化了，漂磧層會留下來，形成土石堆或小丘。

冰期冰川的其他影響

冰期的冰川除了會進行大規模的侵蝕與沉積作用外，冰層對於地景也會產生影響，有時影響還非常深遠。舉例來說，當冰川前進與後退時，動物與植物被迫遷移，這種變化帶來的壓力可能會使某些生物無法忍受。此外，許多現今河流的路徑與前冰期的路徑，幾乎毫不相似。密蘇里河在過

去是向北流到加拿大的哈德森灣，密西西比河則是流經伊利諾州中部，而俄亥俄河的上游最遠只到印第安納州（圖 4.15）。比較圖 4.15 的兩張圖，可看出五大湖是在冰期間因冰川的侵蝕作用產生的。早在更新世之前，被現今的大湖泊占據的盆地，其實是有河流流過的低地，而當時的河流是向東流到聖羅倫斯灣的。

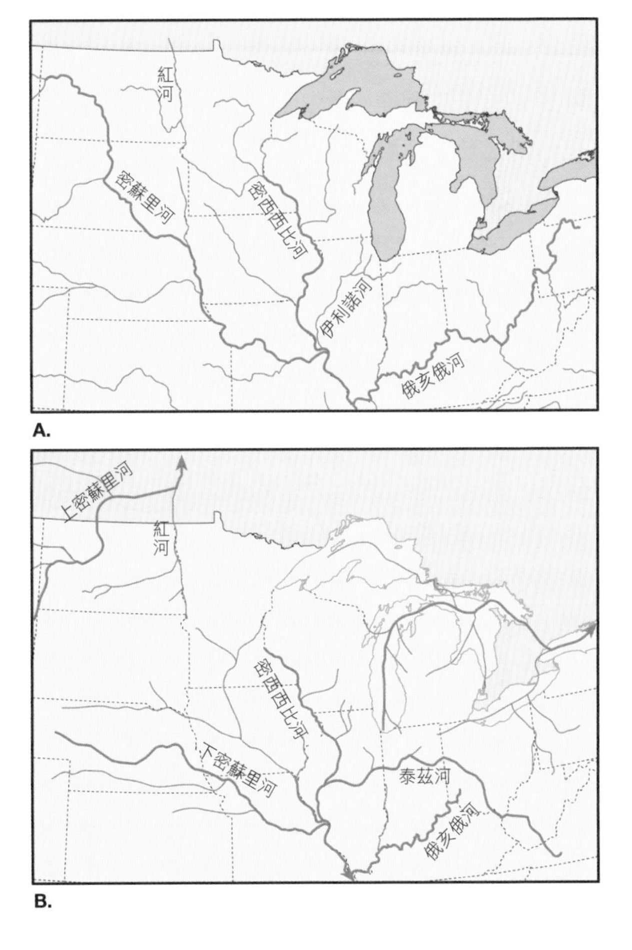

圖4.15

A. 這張地圖顯示美國五大湖與現今中部為人熟知的河流形態。更新世的冰層在形成這些河流型態的過程中，扮演了主要角色。

B. 重建美國中部在冰期前的水系，當時的河流型態與今日差異非常大，五大湖也不存在。

在那些曾經是冰進行堆積作用的中心地區，例如斯堪地那維亞半島與加拿大北部，在過去幾千年之間，陸地悄悄上升了。陸地原本被壓在 3 公里厚的巨大冰塊下，因為重壓而向下彎曲，等到巨大的荷重移除後，地殼便向上回跳而逐漸調整。

冰層與高山冰川可以像水壩一樣，堵住冰川的融水與阻擋河水，形成湖泊。這種湖泊的規模有些相對較小，而且壽命不長，但有些規模卻很大，可以存在幾百年或幾千年。

圖 4.16 的地圖所繪的是阿格西湖（Lake Agassiz），這是北美地區在冰期時形成的最大湖泊。冰層後退時，產生大量的融水，而北美大平原（Great Plains）基本上是向西上升的斜坡。當冰層的末端向東北後退時，融水被阻隔在一邊是冰、另一邊是斜坡的位置，造成阿格西湖變深，並擴展漫延成一大片。阿格西湖大約在 1 萬 2 千年前出現，存在了 4 千 5 百年，這樣的水體為外堰湖（proglacial lake），意指湖泊的範圍超過冰川或冰層的最外邊界。

冰期的一個深遠影響，就是冰層每次前進與後退所伴隨的全球海平面改變。補注冰川的雪，最初的來源是從海洋蒸發的水氣，因此當冰層的範圍擴大，海平面會下降，海岸線也會向海洋移動（圖 4.17）。據估計，冰期的海平面，比起今日要低 100 公尺之多，因此美國的大西洋海岸大約是在今日紐約市東方 100 多公里的地方。此外，法國與英國，在今日英吉利海峽的地方，也應該連在一起；阿拉斯加與西伯利亞之間也沒有白令海峽阻隔，而相連在一起；東南亞與印尼群島之間，則是以乾旱的陸地相連。

氣候發生重大改變，產生的顯著反應是冰層的形成與增長，但是冰川本身的存在卻觸發了冰川之外地區的氣候變化。在各大陸的乾燥與半乾燥地區，溫度較低，代表蒸發速率也較慢，在此同時，降雨量卻是適中的。這種較涼爽溼潤的氣候，會導致許多稱做**雨源湖**的湖泊形成。在美國北方，雨源湖集中於內華達州與猶他州廣大的盆嶺區，然而大部分的雨源湖

圖4.16　地圖顯示冰期時阿格西湖的範圍。這個外堰湖大約在1萬2千年前出現，存在了大約4千5百年。阿格西湖非常廣闊，比現今五大湖加在一起還要大。而今日殘存的水體，仍是主要的地景。

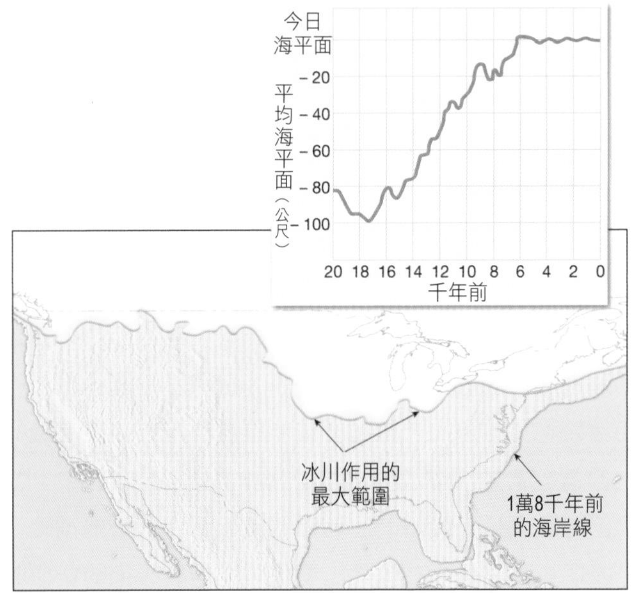

圖4.17　過去2萬年之間的海平面變化。

大約在1萬8千年前，當冰川最後一次前進到最遠時，海平面比今日還要低將近100公尺。因此，今日由海水覆蓋的陸地，當時曾經暴露在大氣中，而海岸線也與今日的十分不同。隨後冰層開始融化，海平面上升，海岸線也跟著移動。

你知道嗎？

若我們把五大湖全加在一起，它們將構成地球上最大的淡水水體。
五大湖在 1 萬到 1 萬 2 千年前形成，
目前五個湖所含的總水量，
約占地球表面淡水水量的 19%。

現在都已經消逝無蹤，只留下少數殘存者，其中最大的是猶他州的大鹽湖。

冰期冰川

冰期時的冰層和高山冰川，比它們現今的規模還要遼闊許多。曾經有一段時間，人們對冰積物之所以存在，最盛行的解釋是，冰積物是冰山帶來的物質，或只是大洪水橫掃過陸地的結果。然而到了十九世紀，許多科學家進行野外調查後，提供了令人信服的證據，說明冗長的冰期是這些沉積物以及其他許多地質特徵存在的原因。

到了二十世紀初，地質學家已經大致確定了冰期的冰川作用範圍。此外，他們發現許多冰川作用的地區，並非只有一層冰積物，而是累積了好多層。仔細調查這些較老的沉積物後發現，它們是化學式風化與土壤生成發展良好的地帶，另外還加上植物殘枝，這些環境都需要溫暖的氣候條件才能進行。證據已經非常清楚：冰川前進的過程不只一次，而是有好幾次，每一次都間隔很長一段時間，期間的氣候跟今日一般溫暖，甚至還要溫暖許多。冰期並不只是冰在陸地上前進、逗留與後退的一段時間，而是一段複雜的時期，特徵是冰川發生了數次前進與後退。

冰川在陸地上留下的紀錄，會受許多侵蝕缺口給打斷，讓重建整個冰期事件的過程產生困難。然而，洋底的沉積物卻提供了這段冰期內氣候循環的連續紀錄。這些海底沉積物的研究顯示，冰河期／間冰期的循環大約每 10 萬年發生一次，而且在我們稱為冰期（Ice Age）的期間，已經確定有大約 20 次這樣變冷與變暖的循環。

在冰期期間，地球陸地面積的 30% 幾乎都留下了冰的足跡，包括北美的 1 千萬平方公里、歐洲的 5 百萬平方公里，以及西伯利亞的 4 百萬平方公里（圖 4.18），而北半球冰川的量差不多是南半球的兩倍。主要的原因是，南半球的中緯度只有少許陸地，因此南極的冰不能向外延伸到離南極洲太遠的地方。但相形之下，北美和歐亞提供了遼闊的陸地，讓冰層得以擴展。

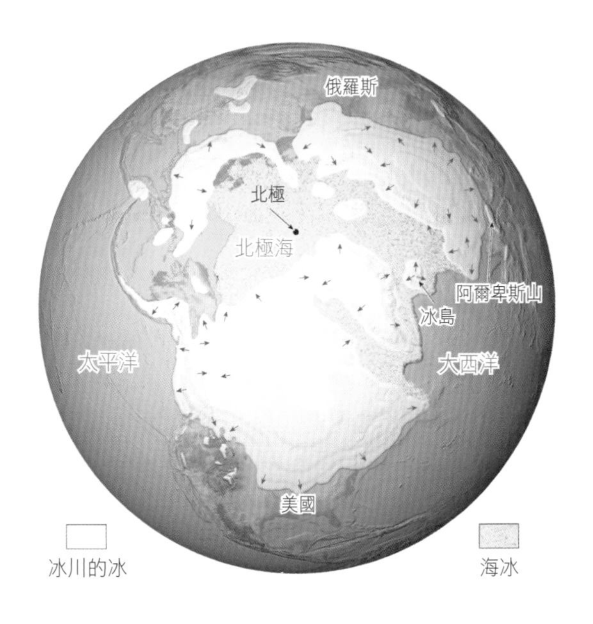

圖4.18　冰期時，北半球的冰川作用擴及的最大範圍。這裡的海冰（環繞北極的北極海裡的冰）並不是來自冰川，而是海水上層部分凍結的冰。

南極冰層非常重，
重到把地球的地殼向下壓了約莫 900 公尺，
甚至可能壓得更深。

現在我們知道，冰期開始於 200 萬到 300 萬年前之間，這代表大部分主要的冰川事件，都發生在地質年代表裡的更新世年代中。雖然更新世常常拿來當做冰期的同義詞，但這一個世代並不包含全部的冰期，比方說，南極冰層至少是在 3,000 萬年前就形成了。

沙漠

全世界的乾燥地區面積廣達 4 千 2 百萬平方公里，占了地球陸地面積的 30%，乍聽之下，這個數字的確令人吃驚，因為沒有任何其他類型的氣候能夠囊括這麼大範圍的陸地面積。沙漠的英文原文 desert，在字面上的意思是「被遺棄的」、或「無人居住的」，而對許多乾燥地區而言，這兩個形容詞都非常適切。然而，雖說沙漠裡有水源的地方花木扶疏，動物得以繁衍，不過乾燥地區仍是地球上除了極地之外，最令人陌生的土地。

沙漠地景通常看起來光禿禿的，外觀沒有土壤覆蓋與植物茂密來軟化，而是貧瘠、帶有陡峭與稜角斜面的岩石露頭。有些岩石呈現橘色與紅色，不同地區的岩石卻呈現灰色與棕色，另外帶點黑色條紋。對許多遊客而言，沙漠景色的美令人震撼，也有人卻認為這樣的風景單調乏味。不論沙漠引發出何種感覺，顯然它與我們大多數人生活的較為潮溼的地方，迥然不同。

如同你將讀到的，乾燥地區並非由單一地質作用所主導，構造（造山運動）之力、流水與風，皆是明顯的地質作用。因為這些作用以不同的方式聯合發生，且此地不同於彼地，所以沙漠地景的外觀也差之千里。

乾旱土地的分布與成因

我們都知道沙漠是乾旱之地，不過到底「乾旱」的意義是什麼？也就是說，多少雨量可以分界出潮溼與乾旱地區的差別？

有時候，單單用一個降雨數字就可以確切定義出來，比方說一年降雨 25 公分。然而，乾旱的概念是相對的，是指任何存在缺水的情況；氣候學家則定義，乾燥氣候是年降雨量沒有補足因蒸發造成的水的損失。

在這種缺水地區，通常可看到兩種氣候類型：**沙漠**（乾燥）與**貧草原**（半乾燥）。這兩種氣候具有許多相同的特徵，只差在程度不同。貧草原型氣候位於沙漠邊緣，屬於比較溼潤的沙漠，代表的是圍繞在沙漠周圍的轉型帶，也分隔了沙漠與其毗鄰的潮溼氣候地區。從全球沙漠與貧草原分布圖可以看出，乾燥的陸地集中在副熱帶與中緯度地區（圖 4.19）。

非州北部的撒哈拉沙漠是全世界最大的沙漠，它從大西洋延伸到紅海，涵蓋面積大約 900 萬平方公里，幾乎是一個美國大小的面積。
相較之下，美國最大的沙漠——內華達州的大盆地沙漠，面積只有撒哈拉沙漠的 5% 不到。

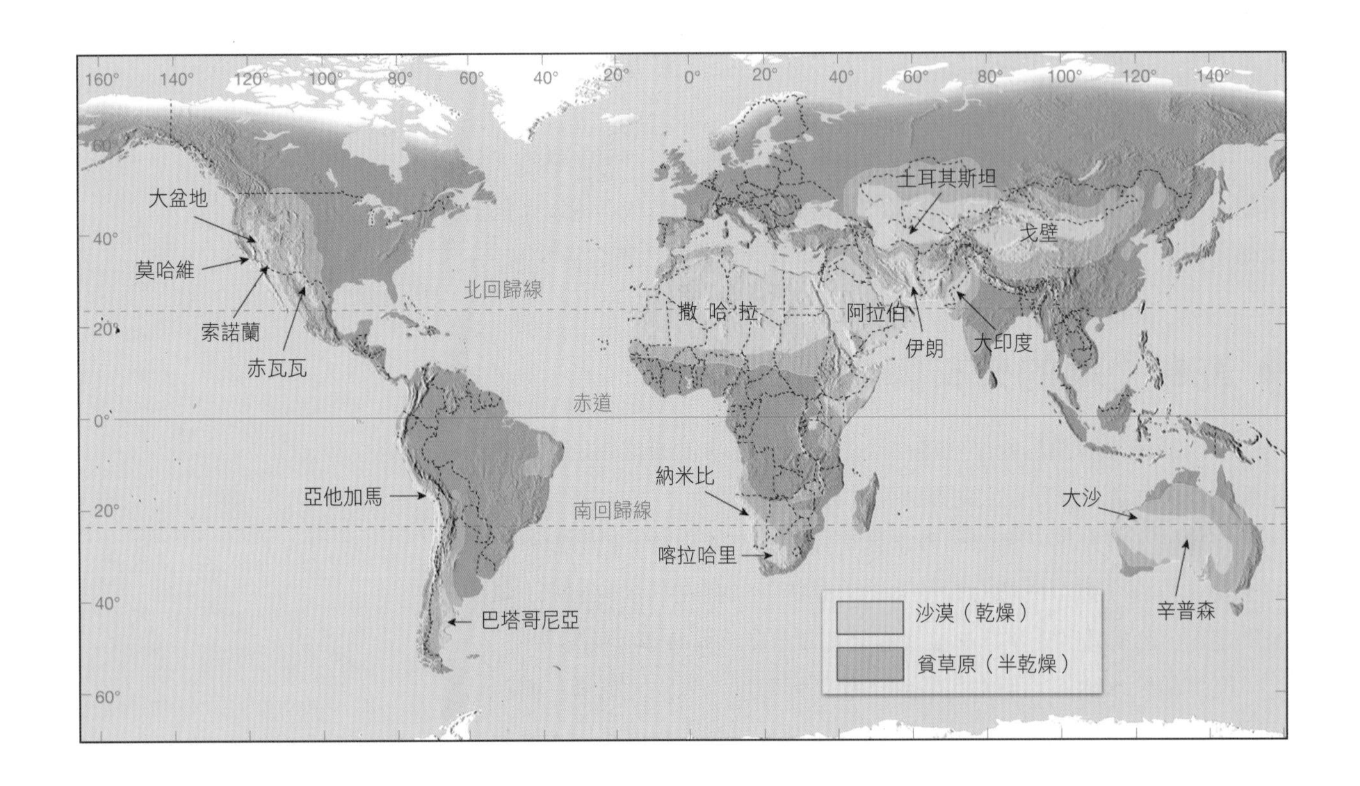

圖4.19 乾燥與半乾燥氣候籠罩了地球陸地面積的30%左右，沒有其他任何氣候類型能涵蓋如此廣大的區域。低緯度的沙漠，例如撒哈拉、喀拉哈里與大沙沙漠，都與來自地球副熱帶的高壓帶產生的乾燥沉降氣團有關。中緯度的沙漠，例如戈壁、大盆地沙漠，都位於大陸內部深處，以及山巒的雨蔭區。

非洲、阿拉伯與澳洲等地的沙漠，主要是全球氣壓與盛行風分布的結果（圖 4.20），這與低緯度的乾燥地區是高氣壓帶的論點相符，這樣的高氣壓帶我們稱為副熱帶高壓。這些氣壓系統的特徵是下沉的氣流，空氣下沉時，會被壓縮並變得溫暖，這種情況剛好和成雲成雨所需的條件相反，因此，這些地區擁有眾所周知的萬里晴空、日落餘暉，以及永無終止的乾旱。

中緯度的沙漠和貧草原之所以存在，主要是因為它們由大塊陸地保護在深深的內陸裡，遠遠隔絕在大海之外，而海洋正是成雲降雨所需溼度的最初來源。此外，阻擋盛行風吹拂的高山，更進一步阻絕了攜帶水氣的海

圖4.20　在這幀從太空拍攝的地球影像中，北非的撒哈拉沙漠、旁鄰的阿拉伯沙漠，以及南非的喀拉哈里沙漠與納米比沙漠，正位於照片中棕色、無雲的地帶，這些低緯度沙漠受到與副熱帶高壓有關的下沉乾空氣支配。相反的，從中非延伸至相鄰海洋的雲帶，剛好與赤道低氣壓帶，也就是地球上最多雨的地點一致。
（Photo by NASA）

上氣團進入這些地區。在北美的海岸山脈、內華達山脈與喀斯開山脈，都是阻擋太平洋水氣的最前沿山脈屏障（圖 4.21），而美西那片既乾旱又遼闊的盆嶺區，就處在這些山脈的雨蔭區裡。

並非所有沙漠都酷熱，中緯度的沙漠就會有低溫，
比方說在蒙古烏蘭巴托的戈壁沙漠，
一月的平均高溫只有－ 19℃！

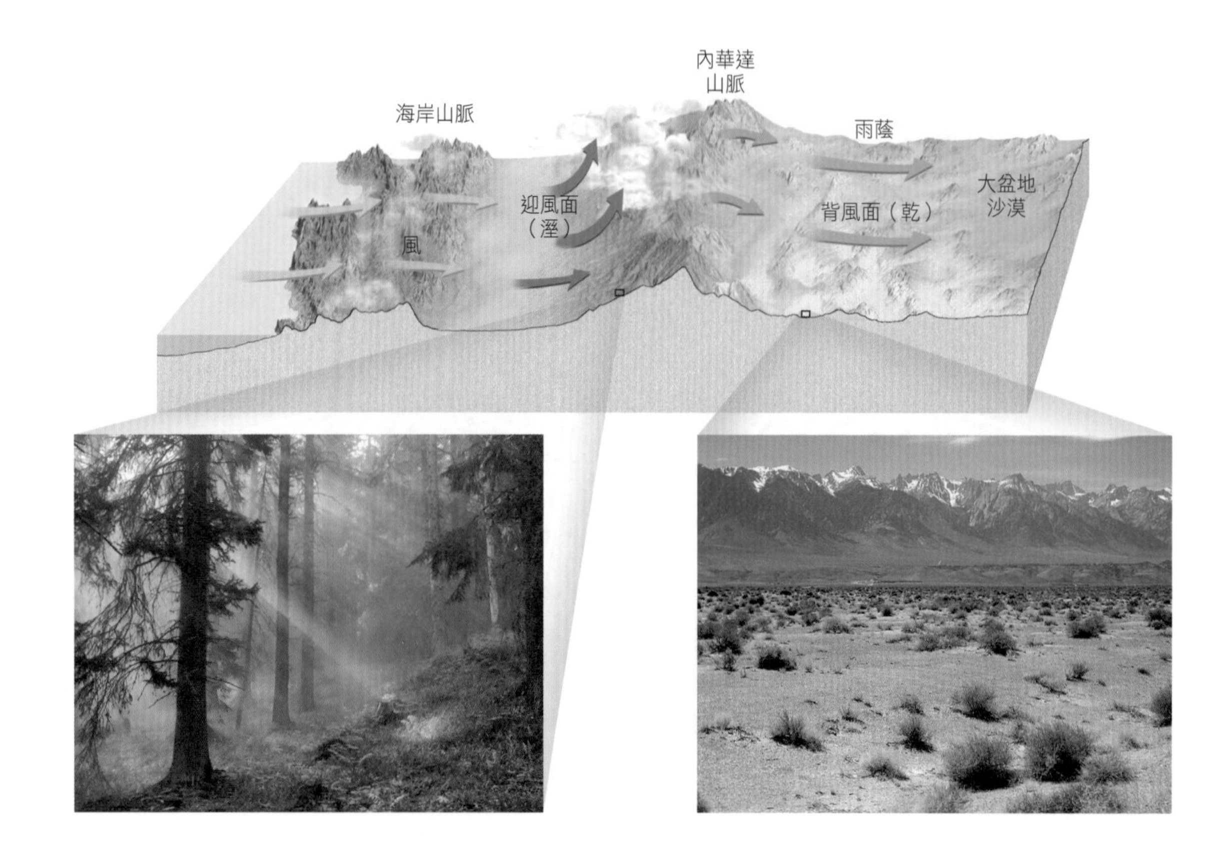

圖4.21 讓中緯度形成乾燥地區的始作俑者，便是山脈，因為山脈製造了雨蔭區。當流動的空氣遇到了高山屏障，會被迫上升，在山的迎風面成雲與降雨，而在山的背風面下沉的空氣就乾燥多了，因此山脈有效率的為背風面切斷了水氣來源，製造了雨蔭區。大盆地沙漠就是雨蔭沙漠，它覆蓋了幾乎全部的內華達州，以及其他鄰近州的某些部分。（Left photo by iStockphoto/Thinkstock; right photo by Dennis Tasa）

中緯度的沙漠，提供了造山作用如何影響氣候的實例，若是沒有這些山脈，今日的這些乾燥地區，會是處於較為溼潤的氣候環境。

水在乾燥氣候中扮演的角色

永流河（permanent stream）在潮溼的地區再正常不過了，但所有沙漠中的河床，多數時間裡實際上都是乾涸的（圖 4.22A）。沙漠中有**暫生河**，指的是只在特定降雨事件中輸送水源的河流。典型的暫生河，一年之內可能只有幾天，或只有幾小時有流水；在有些年裡，河道甚至可能一滴水也沒有。

即使對一般的旅客來說，這個事實也非常明顯，因為沙漠中有許多座橋的下方，並沒有河川流過，而沿路面傾斜而下的地方，只見到乾枯的河道。然而，一旦發生罕見的大雨，在很短的時間裡降下很多的雨水，地面無法完全吸收。因為沙漠中的植被非常稀疏，大量的逕流毫無阻攔的形成，時常很快就沿谷地造成暴流（圖 4.22B）。這種洪水與溼潤地區的洪水十分不同。像密西西比河氾濫的洪水，可能要花幾天的時間才能抵達洪峰，然後消退，但是沙漠中的洪水來得突然，去得也快，這是因為沙漠表面的物質並沒有受植物牽繫住的緣故，所以單一短暫的降雨事件，發生的侵蝕作用就很驚人。

在乾燥的美國西部，暫生河有許多其他不同的稱呼，例如沖積表層（wash）或旱谷（arroyo）。在地球上其他地方，乾涸的沙漠河流可能被叫做乾谷（wadi，阿拉伯和北非）、雨谷（donga，南美）或是乾溝（nullah，印度）。

溼潤地區具有發展良好的水系，但是在乾燥地區，河流通常缺乏廣大的分支系統，事實上沙漠中的河流具有一個基本特徵，就是短小、且在抵達海洋之前就消失了。因為地下水面通常比地表低許多，沙漠中的河流很少能像溼潤地區的河流那樣，擷取地下水進入河道，因此沒有穩定的水源供給，加上蒸發與滲透的雙重作用，河水很快就枯竭了。

少數像科羅拉多河與尼羅河這樣能穿越乾燥地區的永流河，是發源於沙漠之外的地方，且通常是降雨豐沛的山區，因為水源的供應必須多到足

A.

B.

圖4.22
A. 大多數時間裡，沙漠中溪流的河道是乾涸的。
B. 這幀照片中的暫生河，是在大雨過後沒多久所拍攝的。
儘管這樣的洪水只能維持短暫時間，但卻能發生大規模的侵蝕作用。（Photo by E. J. Tarbuck）

以彌補河川穿越沙漠所遭受的流失。舉例而言，當尼羅河離開上游及中非的湖泊與山巒後，須穿越將近 3,000 公里的撒哈拉沙漠，沿途沒有任何支流注入。

我們應該特別強調的是，儘管流水罕見，但流水仍然是沙漠中大部分侵蝕作用發生的肇因，這與我們一般認為的「風是刻劃沙漠地景最重要的侵蝕營力」，有所違背。雖然風的侵蝕作用在乾燥地區的確比其他地區來得重要，大部分的沙漠地形卻是由流水塑造出來的。如同你在本章稍後將會讀到的，風扮演的主要角色是沉積物的搬運與堆積，藉此創造與塑形出我們稱之為沙丘的山脊與小丘。

盆地與山嶺：多山沙漠地景的演變

因為典型的乾燥地區缺乏永流河，所以乾燥地區的特徵之一，是具有內陸水系，意思是指不會從沙漠向外流入海洋的不連續的間歇河水系型。美國的盆嶺區就是最好的例子，這個區域包括猶他州、加州東南部、亞利桑納州南部與新墨西哥州南部。「盆嶺」這個詞非常貼切，因為這一片大約 80 萬平方公里的土地，由超過 200 座相對小規模的山脊（900 至 1,500 公尺高），參差羅列在盆地上，形成盆地分隔山嶺的地形特徵。

在盆嶺區，以及世界上其他類似的地區，大部分侵蝕作用的發生與海洋（永久基準面）無關，因為內陸水系根本到不了海洋。即使在有永流河流注海洋的地方，也很少有支流存在，而且只有河流附近的那一條窄窄的陸地，能夠降到與永久基準面的海平面同高。

圖 4.23 的立體模型，描繪了盆嶺區的地景如何演變出來。在山脈隆起

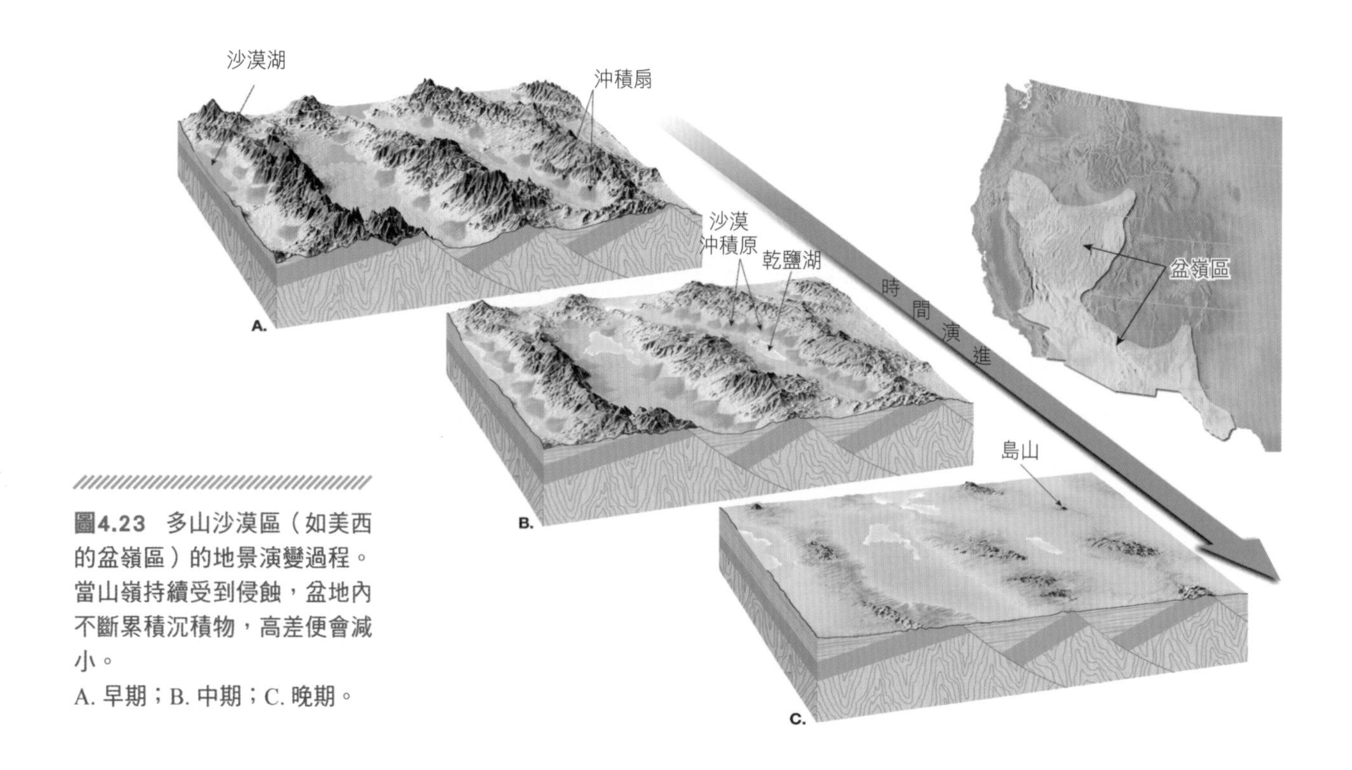

圖4.23 多山沙漠區（如美西的盆嶺區）的地景演變過程。當山嶺持續受到侵蝕，盆地內不斷累積沉積物，高差便會減小。
A. 早期；B. 中期；C. 晚期。

之時和之後，流水向下切割已抬升的陸地，並在盆地內沉積了大量的沉積物。在此早期階段，高差（一個區域內高點與低點的高度差）很大，但是當侵蝕作用削低了山嶺，同時沉積物填塞了盆地，高差就會減小。

當偶發性的大雨或融雪期產生的洪流，向山區峽谷傾注而下時，攜帶了大量的沉積物荷重。從狹谷邊緣溢出的逕流，在山腳的緩坡流散，很快就失去了流速，因此大部分的沉積物荷重在很短的時間內就會下沉，在峽谷出口處形成扇狀的岩屑堆，即是所謂的**沖積扇**。經年累月，沖積扇漸漸擴大，最後與旁鄰的狹谷沖積扇結合在一起，沿山的前緣形成一片沉積物裙地，稱做**沙漠沖積原**。

當發生罕見的豐沛降雨時，沙漠中的河流可能會流過沖積扇，進入盆地的中心，把盆地底部變成淺淺的**沙漠湖**。在蒸發與滲透作用把水耗乾之前，沙漠湖只能維持幾天或幾星期的時間，遺留下來的乾枯平坦湖底稱為乾鹽湖（playa）。乾鹽湖偶爾會在表面上形成一層硬硬的鹽（鹽灘，salt flat），這是鹽溶於水後、水又蒸發掉所留下來的。圖 4.24 是加州死谷的一部分衛星影像，是經典的盆嶺地景，許多方才敘述過的地質特徵在影像中都很顯著，包括沙漠沖積原（山谷左側）、沖積扇、沙漠湖，以及廣闊的乾鹽湖。

隨著山脈持續受到侵蝕，以及伴隨而來的沉積作用，局部的高差會逐漸減少，最終幾乎整座山脈都化為烏有。因此，到了侵蝕的晚期階段，高山的部分會降低成幾座大型的基岩圓丘（稱之為島山，inselberg），突出於填滿了沉積物的盆地之上。

圖 4.23 描繪了地景在乾燥氣候中演變的每一個階段，而盆嶺區正是可以觀看這些地景的地方。在美國南奧勒岡州與北內華達州，可以發現侵蝕作用早期才剛隆起的山脈，而死谷、加州和南內華達州，是較成熟的中期階段，晚期才有的島山，可以在南亞利桑納州看得到。

你知道嗎？

智利的亞他加馬沙漠（Atacama Desert）是世界上最乾燥的沙漠。這一條狹窄的乾燥土地，沿南美的太平洋海岸延伸了大約 1,200 公里（請見第 44 頁的圖 4.19）。傳聞亞他加馬沙漠裡的某些部分，有超過 400 年的時間沒有受到雨水滋潤！一定有人會質疑這種說法吧，然而對於留有紀錄的地方而言，智利的阿里卡城（Arica）位於亞他加馬沙漠的北部，已經有 14 個年頭沒有見到珍貴的甘霖了。

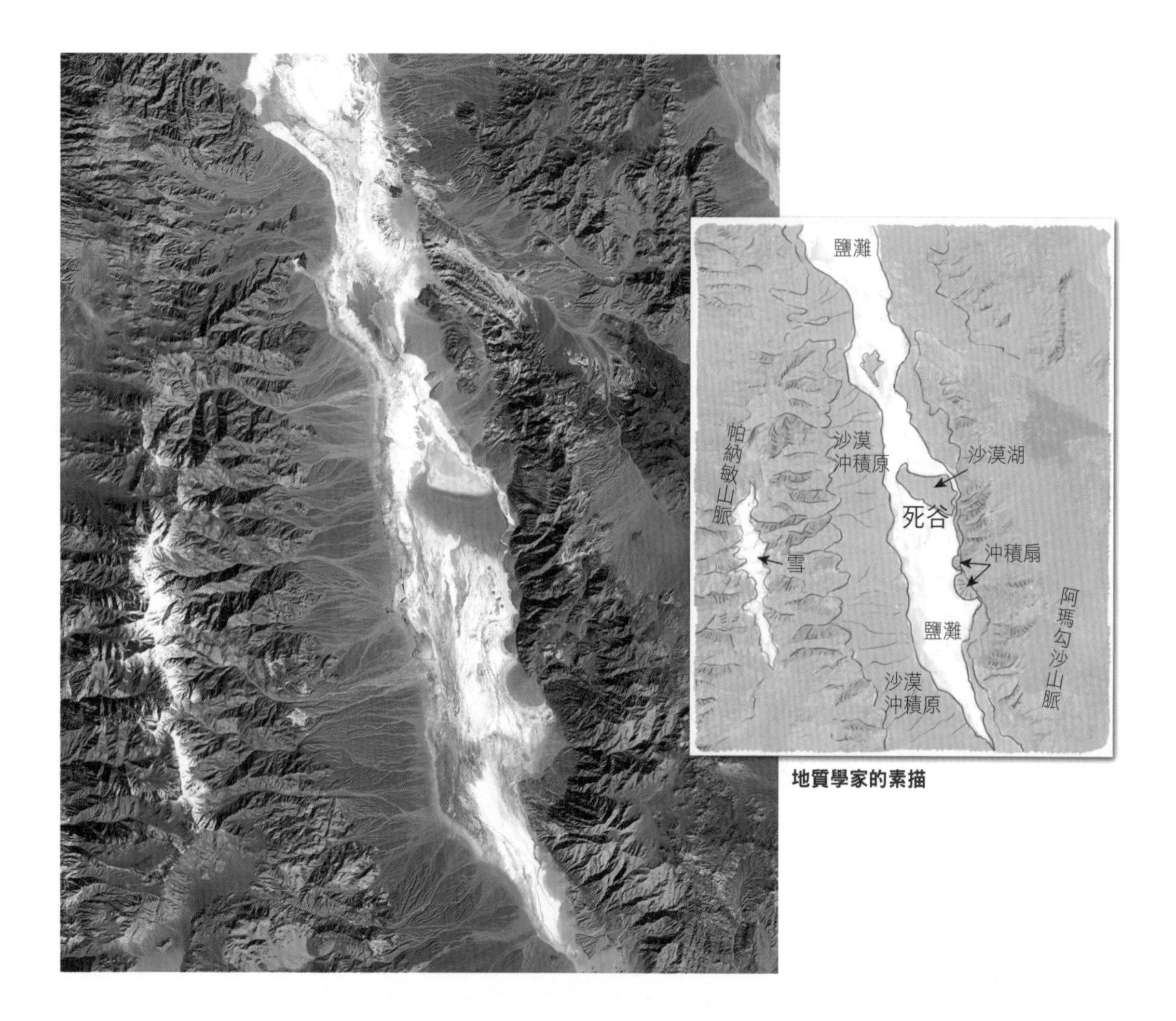

圖4.24 加州死谷的部分衛星影像，是典型的盆嶺地景。這幀影像是在2005年2月拍攝的，在這之前沒多久，幾場大雨導致一座沙漠湖形成，也就是盆地底部的一池綠色水塘。到了2005年5月，這座沙漠湖又回復到由一層鹽所覆蓋的乾鹽湖了。（Photo by NASA）

風的侵蝕作用

流動的空氣就跟流動的水一樣，是洶湧的，而且能夠撿拾鬆動的岩屑，把它們搬運到其他地點。風速隨距離地表的高度而增加，利用懸浮方式搬運細小的顆粒，較重的顆粒則是當做河床荷重來攜帶（圖 4.25），這一點也與河川相同。然而，風與流水搬運沉積物的方式有兩點迥然不同。首先，跟水比起來，風的密度較低，這使風撿拾與搬運粗粒沉積物的能力較弱；再者，由於風並沒有受到河道的限制，所以風可以把沉積物散播到很大的範圍，也可以吹到大氣層那麼高。

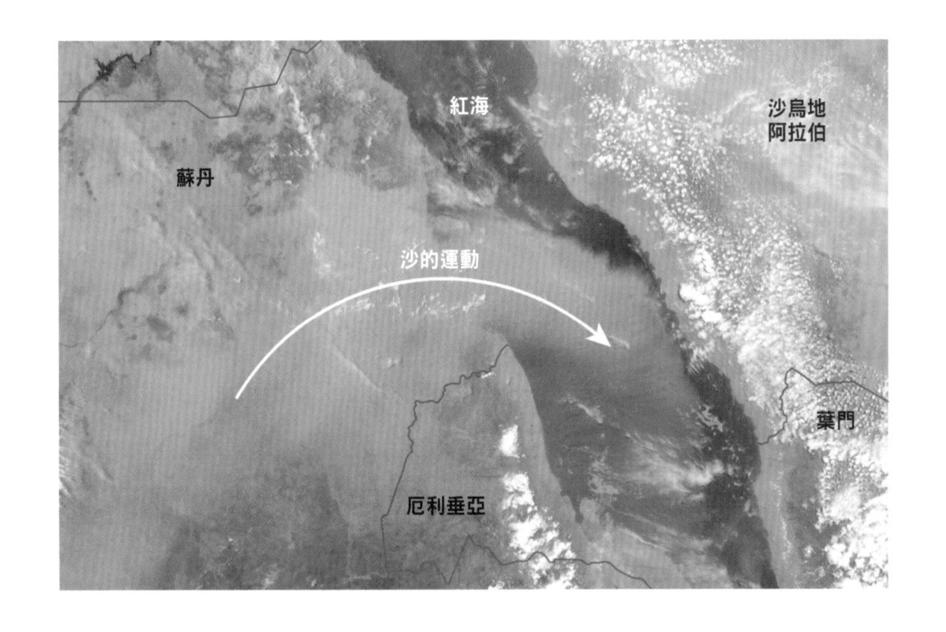

圖4.25　這幀衛星影像圖顯示，2009年6月30日，厚厚的羽狀沙塵由風從撒哈拉沙漠吹過紅海，這樣的沙塵暴在北非很常見，而且事實上，這個地區是全世界最大的沙塵來源。衛星是在全球尺度下，研究沙塵搬運作用的絕佳工具，從衛星影像可以看出，沙塵暴能夠涵蓋廣大的面積，也可以把沙塵搬運很長一段距離（Photo by NASA）。

跟流水與冰川相比，風是較不重要的侵蝕營力。回想一下我們曾經探討過的，即使在沙漠，大部分的侵蝕作用都是由間歇出現的流水造成的，而不是風。

風的侵蝕作用在乾燥地區比溼潤地區來得有效果，這是因為溼潤地區的水氣會把沉積顆粒黏在一起，植物也會固定住土壤的緣故。若風是有效的侵蝕營力，乾燥與貧瘠的植被是不可獲缺的要素，有這些條件存在，風就可能拾起、搬運與沉澱大量的細小沉積物。

在 1930 年代，美國大平原的部分地區經歷了巨大的沙塵暴（圖 4.26），繼嚴重的乾旱之後，為了耕種而犁過的田，造成自然植被下方的土壤暴露在風的侵蝕之下，導致這個地區被貼上了沙塵窩（Dust Bowl）的標籤。

圖4.26　這幀歷史悠久的照片所拍攝到的，是1930年代沙塵窩事件造成的沙塵暴，把美國科羅拉多州的天空遮蔽成黑壓壓一片。
（Photo by U.S.D.A./Natural Resources Conservation Service）

風的侵蝕方式之一：風蝕作用

風侵蝕的方式之一是風蝕作用，也就是把鬆動的沉積物挖起並移走的過程。風能夠使之飄浮的物質，只有像黏土與粉塵一般的細小沉積物，大一點的沙粒則是沿地表滾動與跳躍（此過程稱為跳動，saltation），構成了岩床荷重。比沙粒大的沉積物通常很難由風搬運。由於整塊地表在風蝕作用之下是同時降低的，所以有時候風蝕作用的效應很難讓人注意到，然而它的作用力可能非常驚人。

在有些地區，風蝕作用最顯著的結果，就是被稱為風蝕窪地的淺凹地（圖 4.27）。從美國德州北部到蒙大拿州的大平原地區，可以看到幾千個風蝕窪地，從不到 1 公尺深、3 公尺寬的小凹洞，到深度超過 45 公尺、寬幾公里的大窪地都有。

許多沙漠的表面，部分具有一層粗粒卵石與礫石，這些石頭因為太大而無法被風吹走。這樣的礫石表層，叫做漠地礫面，可能是當風蝕作用從淘選度差的物質中把沙粒跟粉砂移走，使地表降低時形成的。如圖 4.28A 所繪，當細小顆粒被風吹走，較大顆粒會逐漸集中在地表，最後留下延綿不絕的粗顆粒表面。

沙漠其實不全是由風吹成的一堆堆連綿沙丘，
令人吃驚的是，沙的堆積只代表整個沙漠地區的一小部分。
在撒哈拉沙漠，沙丘只覆蓋了 1/10 的沙漠面積，
就連世界上最多沙的阿拉伯沙漠，也只有 2/3 的面積由沙覆蓋住。

圖4.27 A. 風蝕窪地是因風蝕作用造成的凹地，乾燥且大部分未因植物牽繫而受保護的土地，特別容易受到風蝕作用侵襲。B. 以這幀照片為例，風蝕作用已經移除掉1.2公尺的土壤，大約是從照片中那位人士伸出的手臂，到他腳底的高度。（Photo by U.S.S.A./Natural Resources Conservation Service）

研究顯示，圖 4.28A 所描繪的作用，並不適合用來解釋所有漠地礫面存在的環境，因此有了另一個可能的解釋，也就是圖 4.28B 描繪的過程。這個假說暗示，礫面是從本來就由粗粒卵石組成的地表上發展出來的，隨著時間過去，突出於地表的礫石，會把風吹過來的細小顆粒牽絆住，這些顆粒穿過表層較大顆粒間的縫隙，向下沉積。雨水的滲透也會促進這個作用的進行；結果導致漠地礫面向上抬升。

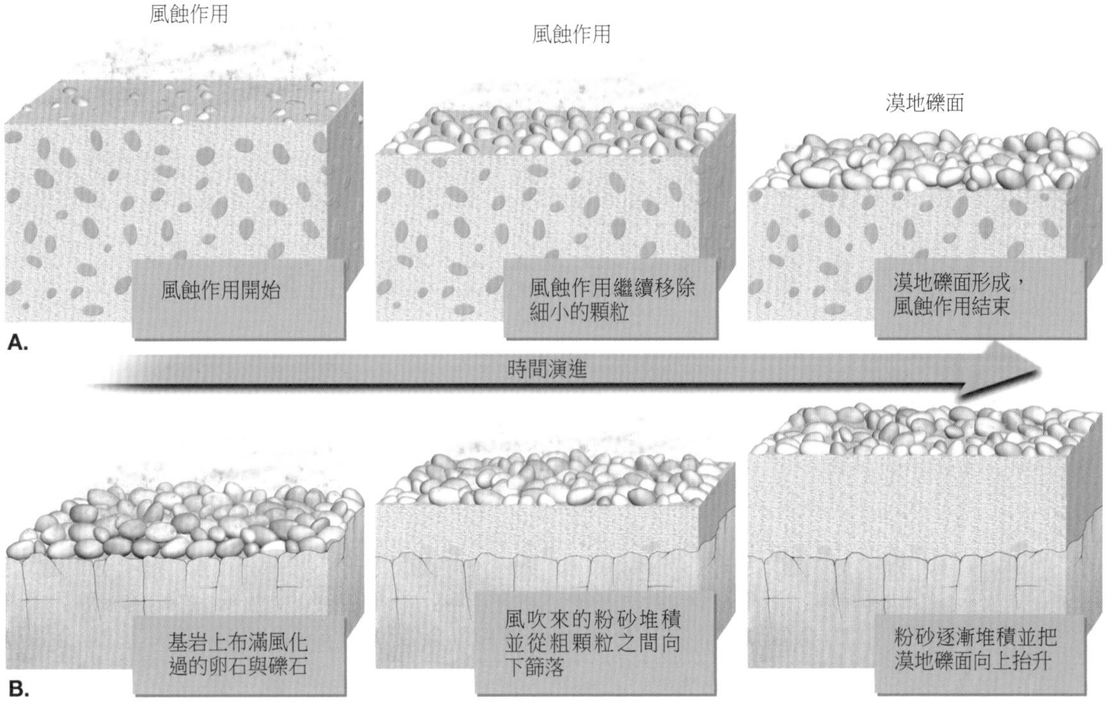

風蝕作用
風蝕作用
漠地礫面
風蝕作用開始
風蝕作用繼續移除細小的顆粒
漠地礫面形成，風蝕作用結束
A.
時間演進
基岩上布滿風化過的卵石與礫石
風吹來的粉砂堆積並從粗顆粒之間向下篩落
粉砂逐漸堆積並把漠地礫面向上抬升
B.

圖4.28 形成漠地礫面的兩種模型。

A. 這個模型描繪的是一個淘選度差的表層沉積區。當風蝕作用把沙粒與粉砂移走，降低了地表，造成粗顆粒逐漸集中，變成緊密聚集的粗顆粒表層。這裡的漠地礫面是風侵蝕作用的結果。

B. 此模型顯示，漠地礫面是在最初布滿卵石與礫石的地表上形成的。風吹過來的沙塵堆積在此地表上，逐漸向下篩落到大顆粒之間的縫隙裡，雨水的滲透也會促進此作用進行。這樣的沉積作用會使地表上升，並產生一層粗粒的卵石與礫石，這層礫面的下方，則是厚厚一層細粒沉積物。

一旦漠地礫面形成（這是耗費幾百年才能完成的過程），如果沒受到外來干擾，這樣的表面將很不受後來的風蝕作用侵襲。然而，這層礫面只有一兩顆石頭那麼厚，車輛與動物的通行即可能破壞礫面，使底下的細粒物質暴露出來。假使發生這樣的情況，地表就不再免受風蝕作用的侵襲了。

風的侵蝕方式之二：磨蝕作用

如同冰川與河流，風的侵蝕有一部分是因為磨蝕作用。在乾燥地區以及海灘沿岸，風吹沙會切割與摩擦暴露在外的岩石表面，大家都認為這是磨蝕作用造成的，然而這其實超越了它實際的能力。像平衡岩（balanced rock）那樣高高站在狹窄平台上，以及高山峰頂上如同裝飾點綴般的巨石等地質特徵，都不是風吹沙的磨蝕作用造成的。沙粒很少能被風吹離地面超過 1 公尺，因此吹沙效應顯然在垂直方向上受到了限制，但是在容易發生吹沙作用的地區，曾有電話線桿在接近底部的地方被削斷。基於這個原因，人們常常為電話線桿綁上護環，以免被風沙「鋸」倒。

風的沉積作用

儘管相較而言，風在刻劃出侵蝕特徵方面並不是重要的營力，但在某些地區，風卻可以創造出顯著的沉積地形。在世界上的乾燥土地與許多沙質沿岸，受風吹拂的沉積物在堆積後，尤其顯眼。風的沉積有兩種特別的類型：⑴ 廣闊的粉砂層，稱為黃土，它們曾經靠著飄浮的方式移動；⑵ 沙丘陵與沙脊，稱之為沙丘，來自風的岩床荷重。

黃土

在世界上的某些地區，地表的地形是由風吹來的粉砂層——我們稱為黃土的沉積所覆蓋。沙塵暴歷經幾千年，來沉積這些細粒物質，當黃土因河流或道路而削切，它會傾向保持垂直的峭壁，並缺少肉眼可分辨出的地層分界。

圖4.29　住在黃土高原的人，以窯洞構築住宅。1556年發生的大地震，造成窯洞大量坍塌，死亡約83萬人，應是史上最慘烈的自然災害。
（Photo by Top Photo Group/Thinkstock）

全球黃土的分布說明了這種沉積物的兩個主要來源：沙漠，以及冰川沉積作用中的漂礫層。全世界厚度最厚、分布最遼闊的黃土沉積，出現在中國大陸的西方與北方（圖 4.29），它們是從中亞遼闊的沙漠盆地吹到那裡的。累積 30 公尺的黃土並非罕見，甚至還曾經量到過厚度超過 100 公尺的黃土層。黃河之所以稱為黃河，正是多虧了這種暗黃色的細粒沉積物。

在美國，黃土的沉積在許多地區都很顯著，包括南達科塔州、內布拉斯加州、愛荷華州、密蘇里州、伊利諾州，以及西北太平洋區的哥倫比亞高原。不似中國大陸的黃土源自於沙漠，美國與歐洲的黃土是冰川作用的間接產物，它的源頭是漂礫層的沉積——在冰層退後之際，許多河谷都被冰川的沉積物堵塞，當強勁的風橫掃過貧瘠的氾濫平原，撿拾起較細小的沉積物，隨後再掉落在河谷鄰近地區，形成一層覆蓋物。

沙丘

跟流水一樣，當風在風速減低或搬運作用所需的能量消失時，會釋放它的沉積荷重，因此每當有阻礙擋在風行進的路線上時，沙便會開始堆積。而與黃土沉積成一片遼闊的地毯狀黃土層不同的是，風的沉積通常是小丘或山脊的型態，我們稱為沙丘。

當流動的空氣遇到一個物體，譬如說一叢植物或一塊石頭，風會從其周圍或其上掃過，留下障礙物後方較弱且較慢速的氣流，以及障礙物正前方一小區塊的沉靜氣流。有一些沙粒隨著風來到這個風幕（wind shadow），並沉積下來。當沙繼續堆積，會形成更有效率的擋風障礙物，牽絆住更多的沙粒。假若沙的供應量源源不絕，且風穩定吹拂了足夠的時間，那麼這座沙粒堆成的小山，有朝一日會茁壯成沙丘。

許多沙丘的外觀都不對稱，在背風面（遮蔽處）的斜坡陡峭，迎風面的斜坡則較為平緩。風吹拂的力，使沙粒滾上迎風面的平緩斜坡，然而就在沙丘峰頂的正前方，風速會減弱，沙粒因此堆積。等到沙粒愈積愈多，坡面變得愈陡，最後有些沙就在重力的下拉之下滑落。因此，稱為**滑落面**的沙丘背風坡面，始終保持較為峻峭的角度。當沙持續堆積，且沙間歇下滑到滑落面，結果是沙丘往氣流移動的方向慢慢遷移。

當沙粒堆積在滑落面，會在風吹拂的方向上形成傾斜的層面，這樣傾斜的層面就叫做**交錯層**。當沙丘最終被掩埋在一層層沉積物之下，變成沉積岩紀錄的一部分時，沙丘的不對稱形狀會遭受破壞，但是交錯層卻仍然可做為來源的證據。全世界沒有一個地方比美國南猶他州錫安峽谷的砂岩壁，還更能明顯呈現出交錯層的層理（圖 4.30）。

你知道嗎？

全世界最高的沙丘，座落在非洲納米比沙漠、沿西南海岸一帶，
有些地點的沙丘，高度甚至可以高到 300 到 350 公尺。
北美最高的沙丘，位在南科羅拉多州的大沙丘國家公園內，
沙丘的高度比周圍的地勢要高出 210 公尺以上。

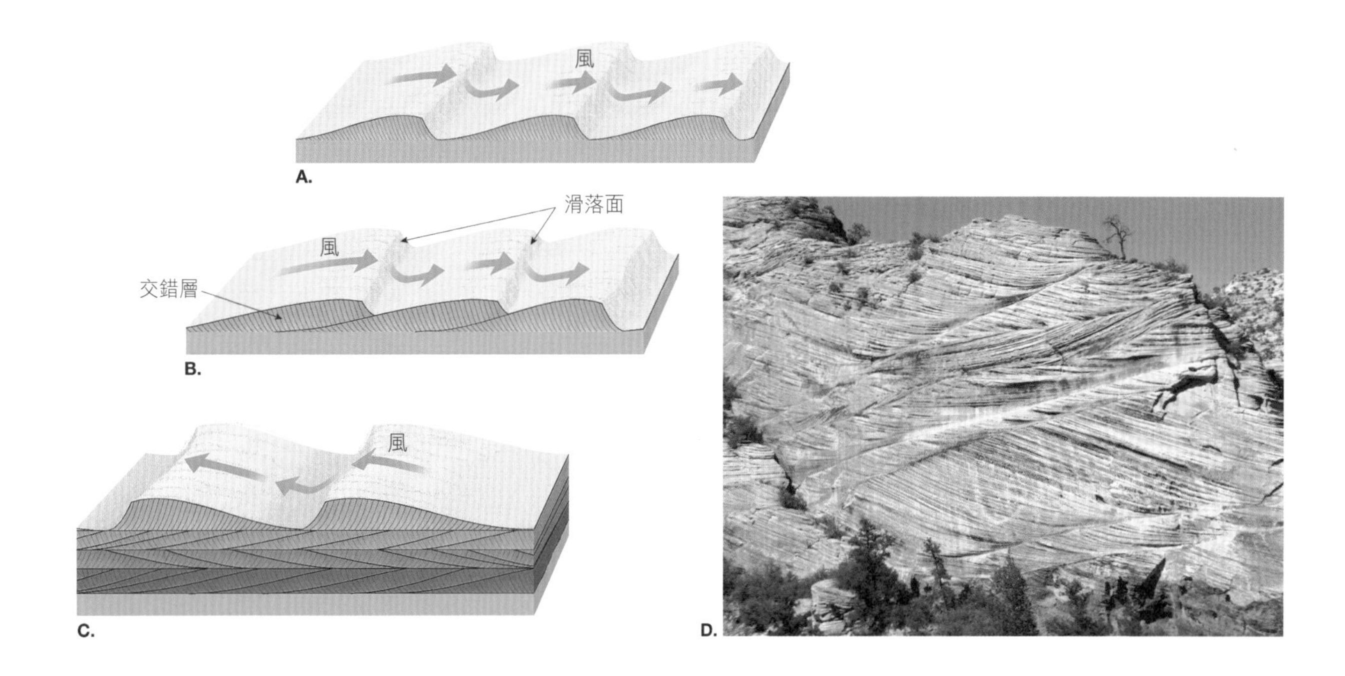

圖4.30

A. 與 B. 沙丘通常具有不對稱的形狀，較陡的背風面稱滑落面，堆積在滑落面的沙粒，會形成沙丘的交錯層。

C. 經年累月下，發展出複雜的形態，而且要注意的是，當沙丘深埋，變成沉積紀錄的一部分，交錯層的構造依然會保存下來。

D. 交錯層是美國猶他州錫安國家公園之納瓦霍沙岩（Navajo Sandstone）的顯著特徵。（Photo by Dennis Tasa）

■ 冰川來自於被壓密與再結晶的雪，在陸地上形成的厚大冰塊，它顯示出過往或現今運動的證據。今日在山區發現的山谷冰川或高山冰川，通常是沿著過去曾經是河谷的山谷前進，而冰層存在的規模比較大，覆蓋了大部分的格陵蘭與南極洲。其他種類的冰川包括冰帽與山麓冰川。

■ 冰川的移動方式就某種程度而言是流動。冰川表面的冰易碎，然而冰面下 50 公尺處，壓力很大，冰會變得像塑性物質一樣，並且會流動。冰川運動的第二個重要機制，是整塊冰沿冰川底部滑動。

■ 冰川在冬季降雪比夏季融雪還要多的地區形成，雪的堆積與冰的形成發生在聚冰帶，在此範圍外是消冰帶，消冰帶的冰川是淨損失的。冰川的平衡或不平衡，視冰川末緣上方的聚積與末緣尾端之間的消耗是否達到平衡。

■ 冰川主要藉冰拔作用（從原地挖起基岩碎片）與磨蝕作用（在岩石表面上研磨與刮削）來侵蝕陸地。山谷冰川造成的侵蝕特徵包括冰河槽、懸谷、冰斗、刃嶺、角峰與峽灣。

■ 任何來自於冰川的沉積物都叫做冰積物。冰積物分為兩種不同類型：⒜ 冰磧土，直接由冰川堆積出來的物質；以及 ⒝ 漂磧層，從冰川的融水中沉澱出來的沉積物。

■ 冰川沉積作用所產生地質特徵中，分布最為廣闊的是層狀或脊狀的冰磧土，稱為冰磧。跟山谷冰川有關的是側磧（沿山谷兩側形成）與中磧（在兩條結合在一起的山谷冰川之間形成）；端磧（標示出冰川上一個冰鋒的位置）與底磧（冰鋒後退時所沉積出來，具有起伏的層狀冰磧土）則是山谷冰川與冰層都常見的特徵。

■ 在冰期內發生的幾次冰川前進的證據中，最有說服力的或許就是陸地上分布廣闊的多層冰積物，以及保存在海底沉積物中、無間斷的氣候循環紀錄。除了大量的侵蝕與沉積作用，其他冰期冰川帶來的影響，包括動物被迫遷徙、河流路徑的改變、大量冰川荷重除去後的地層彈性回跳、冰川存在本身造成的氣候變遷等。在海洋中，冰期帶來的最深遠影響，是每次冰層前進與後退所伴隨的全球海平面變化。

■ 低緯度沙漠的位置，符合所謂副熱帶高壓的高氣壓帶。中緯度沙漠之所以存在，是因為它們位在大塊陸地的深深內陸裡，遠遠的隔絕在大海之外。高山也扮演了阻絕海上氣團進入這些地區的角色。

■ 實際上所有沙漠中的河流，在大多數時間裡都是乾涸的，因此叫做暫生河。雖然如此，流水仍然是沙漠中大部分侵蝕作用發生的肇因。雖然風的侵蝕作用在乾燥地區比其他地區明顯，風在沙漠裡的主要角色，仍然是搬運與堆積沉積物。

■ 美國西部盆嶺區的許多地景特徵是具有內陸水系，水系內的河流會侵蝕上升的山脈，並在內陸盆地沉澱沉積物。沖積扇、沙漠沖積原、乾鹽湖、沙漠湖以及島山等地質特徵，常常與這些地景有關。

- 乾燥加上貧乏的植被，會使風的侵蝕作用更有效力。風蝕作用就是把鬆動的物質挖起並移走的過程，通常會形成稱做風蝕窪地的淺凹地，並且也會把沙粒跟粉砂移走，而使地表降低。磨蝕作用（風的吹沙效應）時常讓人誤以為具有製造出沙漠特徵的能耐，不過磨蝕作用的確可以切割與摩擦接近地表的岩石。

- 風的沉積有兩種不同類型：⑴ 廣闊的粉砂層，稱為黃土，它們曾經藉著風飄浮移動；⑵ 沙丘陵與沙脊，統稱為沙丘，來自風所攜帶的岩床荷重中的部分沉積物。

刃嶺 arête 狹窄的刀刃狀山脊，分開兩座冰川作用下的山谷。

山谷冰川 valley glacier 請參見「高山冰川」。

山麓冰川 piedmont glacier 是當一條或多條高山冰川從狹窄的山谷壁中跳脫而出，並向外發散時，在山腳低地上形成的寬闊冰原。

中磧 medial moraine 當兩條高山冰川結合時，側磧會結合在一起形成中磧。

內陸水系 interior drainage 沒有流到海洋的間歇河不連續水系型。

外洗平原 outwash plain 在冰層邊緣前端出現的一種相對平坦的緩坡平原，是由融水沉積的物質所組成的。

交錯層 cross bed 相對薄層的沉積物，與主要岩層以同一傾斜角度層層堆疊的結構。由風力吹拂或水流形成。

冰川 glacier 陸地上的雪，經壓實作用與再結晶作用形成的厚層冰塊，能夠顯示過去與現在流動的證據。

冰川漂礫 glacial erratic 由冰川搬運而來的巨礫，而不是來自於所在位置附近的基岩。

冰川擦痕 glacial striation 因冰川的磨蝕作用，造成基岩上的刮痕與刻槽。

冰斗 cirque 在山谷冰川上游形成的盆地，形狀如同圓形競技場般，是由冰楔與冰拔作用造成的。

冰拔作用 plucking 基岩岩塊被冰川從原地拔起的過程。

冰河槽 glacial trough 因冰川而加寬、加深與變直的山谷。

冰壺 kettle 冰塊因停滯而被埋在冰川沉積物之下，隨後冰融化而產生的凹洞。

冰帽 ice cap 大塊冰川的冰覆蓋在高地或高原上，並向四面八方延伸。

冰棚 ice shelf 冰棚是大塊的、相對平坦的浮冰，冰棚從岸邊朝海的方向延伸，但仍有一邊或好幾個邊與陸地相接。

冰隙 crevass 冰川脆弱表層上的深裂隙。

冰層 ice sheet 非常大塊又厚層的冰塊，從一個或多個堆積中心向外四面八方流動。

冰磧土 till 直接由冰川堆積出來，未淘選的沉積物。

冰積物 glacial drift 所有來自於冰川的沉積物總稱，而不論以何種方式沉積、在哪裡沉積、以及沉積成何種形狀。

冰礫阜 kame 由砂粒與礫石組成的兩側陡峭的山丘，是當冰川的冰靜止不動時，裡面的沉積物集中在裂隙或窪地而生成的。

更新世 Pleistocene epoch 第四紀的次分區，約起自二百六十萬年前，結束於一萬年前。這個時期以包括大面積大陸冰河而著稱。

沙丘 dune 風所沉積的沙質小丘或山脊。

沙漠 desert 兩種乾燥氣候的其中之一；乾燥氣候中最乾燥的一種。

沙漠沖積原 bajada 多山沙漠區沖積扇相連在一起，因此沿山的前緣形成一片沉積物裙地。

沙漠湖 playa lake 乾鹽湖內的暫時湖泊。

沖積扇 alluvial fan 當河流坡度突然減緩時，在峽谷出口處形成的扇狀岩屑堆。

角峰 horn 冰川作用形成的金字塔形山峰，由 3 個或更多冰斗所包圍。

谷磧列 valley train 山谷冰川的融水河流在河谷谷地所沉澱出來的漂磧層，是相對細窄的沉積體。

岩粉 rock flour 因冰川的磨蝕作用而產生的粉狀岩石。

滑落面 slip face 沙丘陡峭的背風坡面，角度始終保持在大約 34°。

底磧 ground moraine 當冰鋒後退時沉積出來的一層波浪狀冰磧土。

雨源湖 pluvial lake pluvial 是從拉丁文 pluvia 來的，意為「雨」。在降雨量增多的季節形成的湖泊。更新世時期，在冰川前進的那段時間，這種湖泊曾出現在一些未受到冰川作用的地區。

風蝕作用 deflation 風吹起並移走鬆散物質的作用。

風蝕盆地 blowout 風在很容易被侵蝕的沉積地上挖掘出的凹地。

峽灣 fiord 當冰河槽部分隱沒到海中，所形成兩旁陡峭的深海灣。

消冰帶 zone of wastage 雪線以下的的冰川，在此區段中存在著冰川的淨損失，過往冬季所降下的雪全都融化了，連冰川裡的冰也融了一些。

高山冰川 alpine glacier 局限於山谷的冰川，而這些山谷的前身大多數都是河谷。

側磧 lateral moraine 沿著高山冰川兩側形成的脊狀冰磧土，主要是由從谷壁掉落到冰川內的岩石碎屑所組成的。

蛇形丘 esker 冰川末緣附近，在冰川底下的暗道內流動的河川所產生的沉積物，大部分是由砂粒與礫石組成的彎曲小脊。

貧草原 steppe 兩種乾燥氣候中的一種，位於沙漠邊緣，屬於比較溼潤一點的沙漠，分隔了沙漠與其毗鄰的潮溼氣候地區。

黃土 loess 風吹來的細沙沉積而成，缺乏可見的分層，通常是暗黃色，足以支撐近乎垂直的崖面。

鼓丘 drumlin 由冰磧物組成的不對稱流線型小丘，較陡的那一面指向冰川的上游方向。

漠地礫面 desert pavement 當風把細小物質移除所產生的粗顆粒卵石與礫石層。

漂磧層 stratified drift 冰川融水所沉澱出的沉積物。

端磧 end moraine 標示出前一個冰鋒位置的脊狀冰磧土。

聚冰帶 zone of accumulation 雪線以上的冰川，以雪的聚積與冰的形成為特徵。在冰川的這個區段，每年冬天下的雪比夏天融的雪還多。

暫生河 ephemeral stream 通常呈乾涸狀態的河流，因為只有在反應特定的降雨事件時，才會輸送流水；大多數的沙漠河流皆屬於這一種。

磨蝕作用 abrasion 水、風或冰所攜帶的岩石顆粒因摩擦力與撞擊，對岩石表面產生的摩擦與刮削作用。

懸谷 hanging valley 進入冰河槽的支冰川山谷，高度比谷底要高出許多。

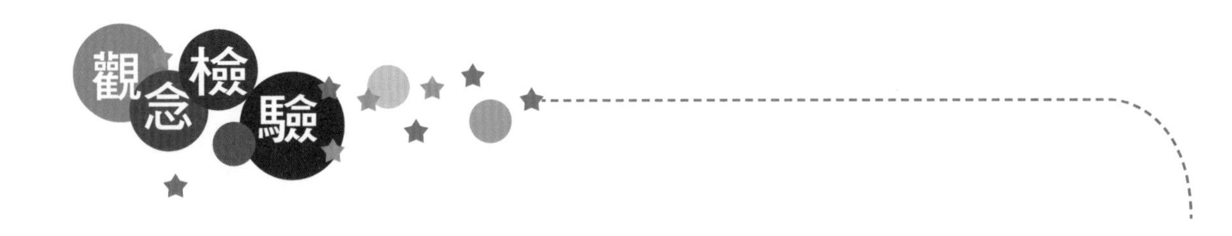

1. 什麼是冰川？地球上的陸地有多少百分比是由冰川所覆蓋？
2. 請比較山谷冰川與冰層。
3. 請描述冰川在水循環裡的定位。它們在岩石循環裡又扮演何種角色？
4. 請描述冰川流動的兩種要素？冰川移動的速率是多少？在山谷冰川中，所有的冰都以相同的速度在移動嗎？請提出解釋。
5. 為什麼冰隙只在冰川的上層部分形成，而不會在深度 50 公尺以下的部分形成？
6. 在什麼情況下，冰川的末緣會前進、後退或保持靜止不動？
7. 請描述冰川的兩種基本侵蝕作用。
8. 冰川作用過的山谷，其形狀與未遭受冰川作用的山谷有何不同？
9. 在目前有山谷冰川存在或最近曾經存在的地區，你認為可能可以看到哪些侵蝕特徵？請舉例並說明。
10. 什麼是冰積物？冰磧土與漂磧層有何不同？冰川的沉積對於地景的一般作用為何？
11. 請列舉並簡短敘述四種基本的冰磧。這些冰磧的共同點為何？
12. 請列舉並簡短敘述除了冰磧之外的沉積地形。

13. 冰壺是如何形成的？

14. 請問現今地球的陸地表面，有多少百分比在過去某一段時間是由更新世的冰川所覆蓋？那麼跟今日由冰層與山谷冰川覆蓋的面積相比，是多還是少呢？（請把答案跟問題 1 的答案核對一下。）

15. 請列舉冰期冰川所產生的三種間接效應。

16. 請問地球上的乾燥區域分布有多廣？

17. 大多數的沙漠河流都稱為暫生河，請問這代表什麼意思？

18. 請問沙漠中最重要的侵蝕營力是什麼？

19. 請問多山的沙漠地區，像是美國西部的盆嶺區，在演變過程中的幾個階段，各有何相關的地質特徵？請描述之。

20. 為什麼風的侵蝕作用在乾燥地區比溼潤地區來得相對重要？

21. 請列出兩種風的侵蝕作用，以及它們所產生的地質特徵。

22. 雖然沙丘在風的沉積物中最為知名，但是黃土的堆積對世界上的某些地區來說卻意義重大。請問何為黃土？可以在哪些地方找到這樣的沉積物？它們的來源為何？

23. 請問沙丘如何遷移？

第三部
內營力

05

板塊構造
——科學理論解密

學習焦點

留意以下的問題，
對掌握本章的重要觀念將相當有幫助：

1. 支持大陸漂移假說的證據有哪些？
2. 反對大陸漂移假說的主要論點為何？
3. 什麼是板塊構造學說？
4. 板塊構造學說與大陸漂移假說最大的差異是什麼？
5. 板塊交界處有哪三種類型？
6. 支持板塊構造學說的證據有哪些？
7. 用來解釋板塊運動驅動機制的模型有哪些？

1960 年代之前，大多數的地質學家認為，海洋和陸地的位置是亙古不變的。但不到十年間，學者開始理解陸地並非靜止不動，相反的，這些陸塊正在緩慢移動，範圍橫跨整個地球。部分陸塊的移動造成彼此碰撞，重新改造了陸塊相接處的地貌，創造出地球上最雄偉的山脈（圖 5.1）。偶爾，陸地出現裂痕，當陸塊彼此分離，中間就會出現新的海洋；同時間，其他地方的海床則是向下隱沒到地函裡。簡而言之，學者對地殼構造過程*的看法，出現了戲劇性的改變。

科學思維出現這樣截然不同的看法，被視為是一場科學革命。這場革命起源於二十世紀初期，當時出現一種新看法，稱為**大陸漂移假說**，但接下來的五十多年，陸地可以移動的概念不被視為有科學根據的論點☆，尤其是北美的地質學家並不認同大陸漂移的說法，也許是因為多數的佐證蒐集自非洲、南美洲和澳洲，都是北美地質學家不熟悉的區域。

二次世界大戰之後，現代精良的儀器取代了傳統的地質鎚。地質學家和一群新領域的研究者，包括地球物理學家和地球化學家，藉由這些更先進的工具，揭露了幾項驚人的發現，重燃大家對大陸漂移假說的興趣。直至 1968 年，這些發展引領出一套更加完整的解釋，稱為**板塊構造學說**。

本章將檢視引領科學論點產生戲劇性轉變的相關事件，藉此深入瞭解科學運作的邏輯。本章也會回顧大陸漂移假說的發展歷程，檢視為何大多數科學家一開始不願接受它。我們也要考究大陸漂移假說的相關證據，說明為何它最後發展成大家都認可的理論，也就是板塊構造學說。

★ 構造過程（tectonic processes）是指改造地殼形貌的歷程，創造出巨大的結構特徵，包括山脈、陸地和海洋盆地（oceanic basin）。

☆ 當時只有幾位地質學家支持大陸漂移的假說，包括南非的杜托依特（Alexander du Toit）和英國的荷馬斯（Arthur Homers），不過很明顯的，他們只是少數份子。

圖5.1　喜馬拉雅山脈是由印澳板塊與歐亞板塊碰撞而形成。（Photo by Jupiterimages/Getty Images/Thinkstock）

大陸漂移：一個領先時代的概念

早在十七世紀，當世界地圖的繪製技法愈來愈好，就有人發現南美洲和非洲大陸的外形，可以像拼圖般的嵌合在一起。但是沒有人多加留意其中的含意，直到 1915 年，德國氣象學家兼地球物理學家韋格納（Alfred Wegener, 1880-1930）撰寫了《大陸與海洋的起源》一書，上述觀點才開始受到重視。這本書曾翻譯成不同語言版本，內容說明韋格納提出的大陸漂移假說，大膽挑戰了長久以來相信陸地及海洋亙古不變的觀點。

韋格納提議：地球上曾經存在一塊*超大陸*，含括所有的陸塊，韋格納將之命名為**盤古大陸**。韋格納進一步假設：在二億年前，約莫是中生代初期，盤古大陸開始分裂成較小的陸塊，歷經幾百萬年之後，這些陸塊慢慢「漂移」到現在的位置。這個大陸漂移的概念啟發，應該是來自韋格納參加丹麥遠征隊到格陵蘭期間，觀察到海冰破裂的現象。

韋格納與其他投身大陸漂移假說的研究人員，蒐集了豐富的證據來驗證這個觀點，包括南美洲與非洲的形狀相符、化石的地理分布、以及古氣候遺留的證據，都支持分開的陸地曾經結為一體。以下讓我們來檢視部分的證據。

證據之一：大陸拼圖

對於陸地曾經相連的觀念，韋格納一開始也抱持懷疑的態度，直到他注意到大西洋兩側陸地海岸線的相似度，但當時他只採用陸地可見的外形來拼圖，馬上就遭遇其他地球科學家的挑戰。爭議點在於海岸線長期受到波浪侵蝕和沉積作用而改變外形，就算曾經發生陸地位移，陸地形狀也不太可能還可完美的嵌合在一起。韋格納原本提出的陸地拼圖比較粗糙，據推測，他自己也意識到這個問題（圖 5.2）。

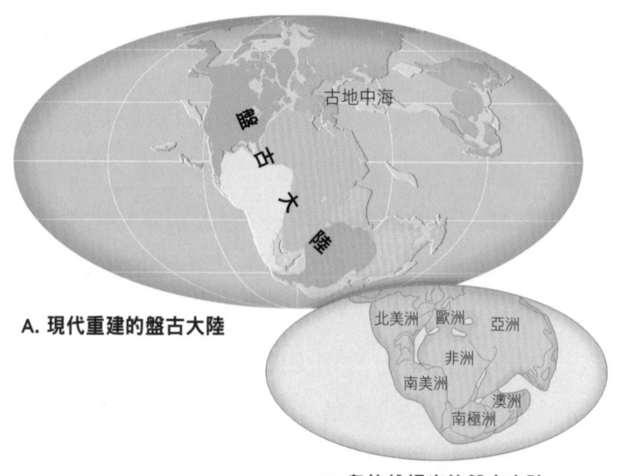

圖5.2 重新建構的盤古大陸地圖，盤古大陸被認為存在於二億年前。

日後科學家發現最好的拼圖外形，是採用隱藏在海平面以下數百公尺的大陸棚邊緣。1960 年代早期，布拉德（Edward Bullard, 1907-1980）爵士和兩位同袍，調查南美洲和非洲的大陸棚位置，研究結果超乎原本的預期，他們發現，採用海平面以下 900 公尺深的等高線圖（圖 5.3），可以讓陸塊形狀變得更加吻合。在圖 5.3 中可以看到部分陸塊彼此重疊，那是因為大陸漂移、分離的過程中，陸地邊緣歷經被拉扯和薄化而變形，其他變形則歸因於大河系統的沉積作用。以尼日河為例，自從盤古大陸分裂後，河川沉積作用在非洲西南側出海口，增加了一大片三角洲。

圖5.3　這張圖片說明了南美洲和非洲最佳的拼圖線，位於大陸棚約900公尺深的位置。陸塊相疊之處用棕色標示。

證據之二：跨海相符的化石分布

當韋格納得知，南美洲和非洲都發現相同的化石，他更相信大陸漂移假說的正確性了。透過文獻回顧，他得知大多數的古生物學家（研究古代生物遺骸化石的科學家），都同意部分陸地曾經相連，這樣才能解釋相隔遙遠的陸地，何以會有相同的中生代生物化石。以現代生物種類來推論，北美洲的原生種完全不同於非洲和澳洲的原生種，那麼在中生代期間，相隔遙遠的陸地應該也會孕育不同的生物。

中龍

為了增加論點的可信度，韋格納找了幾種不太可能渡海生存的生物，研究生物化石分布的文獻。最經典的例子是中龍（*Mesosaurus*），牠是一種水棲爬蟲動物，化石遺骸分布在南美洲東側和非洲西南側，而且只限於二疊紀（約二億六千萬年前）的黑色頁岩層中（圖 5.4）。

如果中龍真的有能力跨越南大西洋，進行長途生存戰，那麼牠分布的範圍應該更廣寬，但研究顯示並非如此。因此韋格納堅信，在那段地球歷史中，南美洲和非洲大陸一定是相連的。

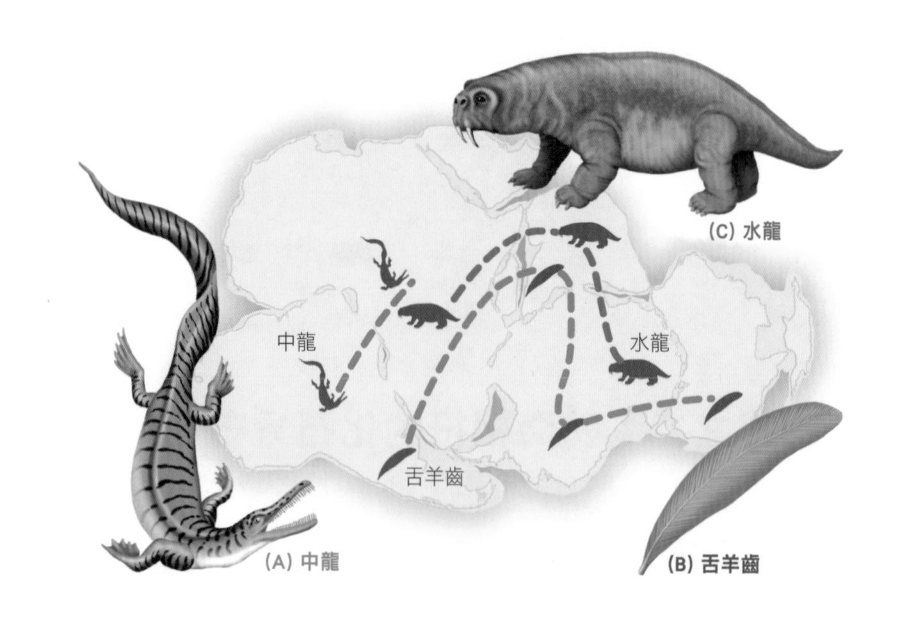

圖5.4 化石證據支持大陸漂移說。（A）中龍化石只有在南美洲東側及非洲西側的「非海成堆積區」發現。中龍是生活在淡水區域的水棲爬蟲類，沒辦法游泳橫渡五千公里的大海洋，抵達另一個陸地。（B）在古生代末期二疊紀地層中發現的舌羊齒化石和其他相近的植物群化石，分布遍及澳洲、非洲、南美洲、南極洲和印度大陸，這些地區的近代氣候類型各自相異，然而在古生代末期，植物化石說明這些地區都屬於副極地氣候。（C）水龍（*Lystrosaurus*）是一種陸棲爬蟲類，化石遺跡分布也廣及南極洲、印度大陸和非洲三個陸塊。

反對大陸漂移假說的人，又如何解釋相隔數千公里遠的陸地，怎麼會有同樣的生物化石呢？最常聽到的生物遷徙解釋包括：木筏作用（生物攀附在漂流木上頭，隨波逐流）、跨海地橋（又稱地峽）、島嶼跳板。例如八千年前結束的冰河期，海平面下降，讓分離的俄羅斯和阿拉斯加暫時相連，可以讓哺乳類（包括人類）橫越狹窄的白令海峽。那麼非洲和南美洲之間，有沒有可能曾經出現一條地橋，但之後淹沒在海平面以下呢？現代的海底地圖顯示，如果地橋曾經存在，大部分還是會沉在海平面以下。所以地橋的說法推翻不了韋格納的論點。

舌羊齒

韋格納還援引蕨狀種子植物舌羊齒（*Glossopteris*）的化石分布案例，做為支持盤古大陸曾經存在的證據（圖 5.4）。這種植物的特徵是舌頭狀的葉子，因為種子太大，無法隨風飄散、播種，但是它的分布卻廣達南美洲、非洲、印度大陸和澳洲，之後也在南極洲發現舌羊齒的化石*。此外韋格納也得知，這種蕨狀種子植物和相近的植物群，只能在副極地氣候下生存，因此他進一步推論，當這些陸塊相連時，位置應該更靠近南極。

證據之三：相同的岩石類型和地質特徵

任何玩過拼圖的人都知道，完成的成果不僅是每一小片拼圖外形要能相符，同時還要確認圖像的連續性。因此要符合「大陸漂移拼圖」的「圖

★ 1912 年，史考特（Robert Scott）船長和兩位同伴，企圖當上第一批抵達南極的先鋒，卻遭逢失敗，回程途中凍死，身旁遺留一塊 16 公斤重的石頭。後人發現史考特船長三人的遺體時，也一併攜回這塊從畢德摩冰河（Beardmore Glacier）冰磧蒐集回來的標本，經研究確認含有舌羊齒化石。

像」，岩石類型和地質特徵也要有連續性。如果陸地曾經相連，那麼從其中一個陸塊特定地區發現的岩石類型，在相連陸塊的相對位置，應該也要找到一致的岩石類型。韋格納在巴西發現了二億二千年前的古老火成岩，他在非洲相對位置也找到相似的岩石。

類似的證據還有連綿的山脈——在某個陸塊的海岸線突然中止，然後又在大洋另一側的陸地再度出現。以美國東海岸的阿帕拉契山脈為例，山脈呈西南—東北走向，在紐芬蘭沒入海中（圖 5.5A），而在大西洋另一側的不列顛群島和斯堪地那維亞半島，則發現與阿帕拉契山脈相似的岩石年代和地質構造。當這些陸塊拼在一起（圖 5.5B），兩側山系幾乎形成連續的山脈。

韋格納曾說：「就像將撕碎的報紙重新拼在一起，先確認紙片邊緣相符，再檢查文章可以順利閱讀，就可以確認這些撕碎的紙片，曾經是一張

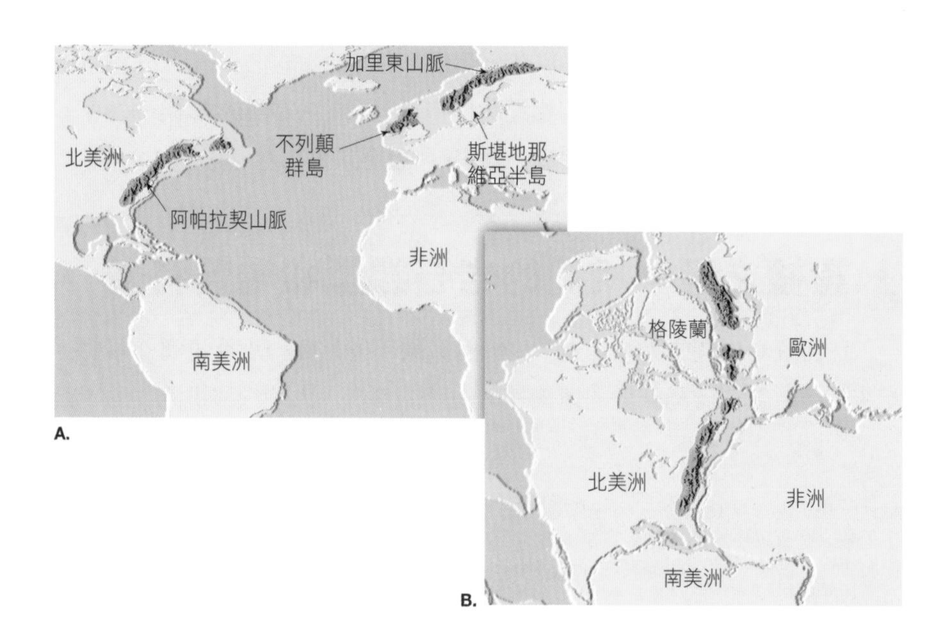

圖5.5A 阿帕拉契山脈沿著美國東部海岸線分布，在紐芬蘭海岸中止，而不列顛群島和斯堪地那維亞也發現相似的岩石年代及地質結構。

圖5.5B 當這些陸地拼接成漂移前的樣貌，這些古老的山系就形成了近乎連續的山脈。約莫三億年前、盤古大陸正在形成之際，陸地彼此碰撞而形成了這些山脈。

完整的報紙。」*，用這個比喻來形容大西洋兩側陸地為何有相似的地質特徵，再貼切也不過。

證據之四：古氣候資料

韋格納還在學習世界氣候時，就曾認為古氣候資料也許可以支持大陸漂移的論點。果然，古生代冰河期的相關證據，確實分布在非洲南部、南美洲、澳洲和印度，他的假說可說是又獲得了另一塊基石（圖 5.6A）。許多古生代冰河作用遺跡的發現地點，現今位置分布在南緯 30 度以內，屬於副熱帶或熱帶氣候。這些證據代表三億年前，曾經有大片的冰原覆蓋南半球，包括現今位在北半球的印度（圖 5.6B）。

為什麼赤道附近會有大規模的冰原呢？一種解釋是當時歷經全球冷化

A.

圖5.6A　大陸漂移的古氣候證據。當冰河拖著岩石碎屑前進時，會在岩床上留下溝槽的刮痕，也可以藉此推論出冰河移動的方向。（Photo by Gregory S. Springer）

★ Alfred Wegener, *The Origin of Continents and Oceans*, translated from the 4th revised German ed. of 1929 by J. Birman (London: Methuen, 1966).

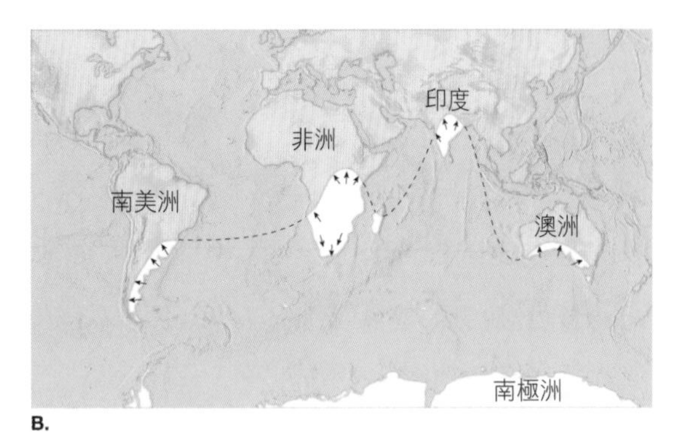

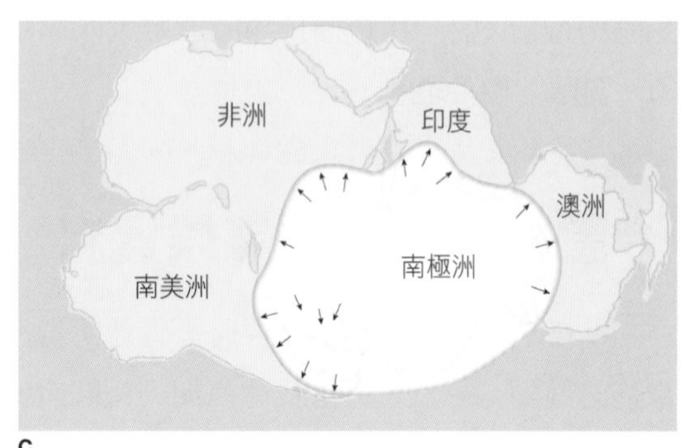

圖5.6B 古生代末期(約三億年前),大片冰原覆蓋南半球大片陸地,也包括北半球的印度。圖片中的箭頭代表溝槽(冰河刮痕)走向,顯示當時冰河移動的方向。

圖5.6C 把南美洲、非洲、印度大陸、南極洲、澳洲,拼成盤古大陸時,就可發現為何大片冰原能夠形成,也解釋了冰河移動的方向是從南極向外輻射。

的階段。但韋格納拒絕這種說法,因為在同樣的地質年代,北半球還有好幾個大型熱帶沼澤,裡面豐富的植物生態最終給埋入地底,轉變成煤炭,形成今日美國東部、歐洲北部和亞洲的大型煤礦區。這些煤炭中找到許多蕨類植物化石,特徵是大型葉片,符合溫暖潮溼的氣候;此外,這些蕨類植物化石缺乏年輪,這也是熱帶植物的特徵,因為一年四季溫度的變化很小。相反的,生長在中緯度的植物則有許多年輪,每個生長季節就會長出一圈年輪。

針對古生代冰河期的解釋,韋格納認為盤古大陸更能解釋真相,他主張:這些南半球大陸相連時,位置更接近南極(圖 5.6C),這樣才能解釋為何大片冰原可以覆蓋不同的陸地。於此同時,北半球的陸地則更接近赤道,因此有大片的熱帶沼澤和大片的煤炭沉積。韋格納非常相信自己的論點正確：「這個證據非常強而有力，讓其他講法黯然失色。」

乾燥、炎熱的澳洲中部怎麼會有冰河形成？陸地動物怎麼有辦法跨海遷移？由於這項古氣候證據的提出，讓科學社群在往後的五十年內，接受了大陸漂移的論點和邏輯。

大爭議

韋格納的假說原本沒有遭逢太多公開的批評，直到 1924 年，他的書開始翻譯成英文、法文、西班牙文和俄文；從此之後，到 1930 年韋格納過世之前，大陸漂移假說面臨了大肆抨擊。一位備受尊敬的美國地質學家張伯倫（R. T. Chamberlain）批評：「整體來說，韋格納的假說是一種天馬行空的觀點，沒有考量我們地球該有的限制條件；相較於其他理論的努力，他更是忽略了那些棘手、令人難堪的事實。提出這個假說，就像是在玩一場幾乎沒有規則、沒有明確準則的遊戲。」★

多數美國科學家對大陸漂移的看法，可用美國哲學會前任會長史考特（W. B. Scott）的簡短評語來代表：「簡直是狗屁倒灶！」

究竟是什麼力量讓大陸漂移？

反對大陸漂移假說的主要論點，是基於韋格納遲遲無法提出驅動大陸漂移的有效機制。韋格納認為月亮和太陽的引力可以造成地球的潮汐，也

★ A. Hallam. *A Revolution in the Earth Sciences.* New York, Oxford University ress, 1973, p 25.

可以慢慢引領大陸漂移，橫跨全球。但著名的物理學家傑佛瑞斯（Harold Jeffreys）反駁，若是真的存在足以推動大陸漂移的巨大潮汐力，應該會在短短幾年內，就讓地球自轉陷入停頓。

韋格納另一個錯誤的論點，是認為龐大而堅固的陸塊，就像破冰船一樣，可以壓破比較薄的海洋地殼。但是，沒有證據顯示海洋地殼會脆弱到可讓陸塊一壓即破。

1930 年，韋格納進行第四次、也是最後一次到格陵蘭冰原的旅程。雖然這次的探險主題，是在冰天雪地的小島上，研究惡劣的冬季極地氣候，但是韋格納仍然不忘繼續測試大陸漂移假說。就像早先的探險，他利用天文學的測量方式，企圖證明格陵蘭曾經從歐洲向西移動到現在的位置。

從伊斯米特基地（Eismitte，位於格陵蘭中部的實驗基地）離開後，韋格納和其中一位同伴不幸遇難身亡。但是他那套充滿魅力的概念和測量行動，並沒有因此沉寂。丹麥研究人員繼續測量格陵蘭的位置（1936 年、1938 年及 1948 年），不過都沒有找到大陸漂移的證據。因此，韋格納最終的努力和驗證，終究沒有成功。

（現今的科學家利用全球定位系統 GPS，已可測量到陸地極為緩慢的位移。）

韋格納以大陸漂移假說廣為人知，寫過無數關於天氣和氣候的科學文章。為了追尋氣象學的真相，他四度前往格陵蘭冰原，研究當地惡劣的冬季天氣。1930 年 11 月，花了將近一個月的時間，跋涉走過冰原，韋格納和一位同伴不幸遇難身亡。

關於大陸漂移的原因，曾有一群科學家提出一個不正確但很有趣的解釋：早期的地球直徑只有現在的一半，全部都覆蓋著大陸地殼，隨著時間演進，地球逐漸膨脹，導致大陸地殼分裂成現在的樣貌，新的海洋地殼則填充在大陸漂移後新生成的空間裡。

板塊構造學說

第二次世界大戰之後，海洋學家接受美國海軍先進的研究工具和豐富資金，展開史無前例的海洋探險時代。接下來的二十年間，大面積的海洋底部圖像愈來愈清晰，進而發現全球的**洋脊系統**幾乎遍布各大海洋，就像棒球上的縫線一樣（圖 5.7）。

此外，西太平洋的地震研究，顯示板塊活動發生的地點，是在非常深的**深海溝**；海洋底部的地殼年代，沒有一處老於一億八千萬年，這也是同等重要的發現。還有，原本預期深海盆地的沉積物應厚達數千公尺，但研究顯示厚度不深。

1968 年，這些海洋研究的成果，發展出一套比大陸漂移假說更為完善的學說，稱為板塊構造學說，這個學說的蘊含，已經廣泛成為今日解釋地質歷程最主要的框架。

根據板塊構造模型，上部地函疊了一層堅硬的地層，稱為**岩石圈**。岩石圈分裂成大小不一的板塊（圖 5.8），最薄的岩石圈位置在海洋裡，以中洋脊兩側最薄，只有幾公里厚，向外延伸至深海盆地，則可達 100 公里厚。相對的，大陸地殼的厚度通常都超過 100 公里，有些還厚達 200 至 300 公里。

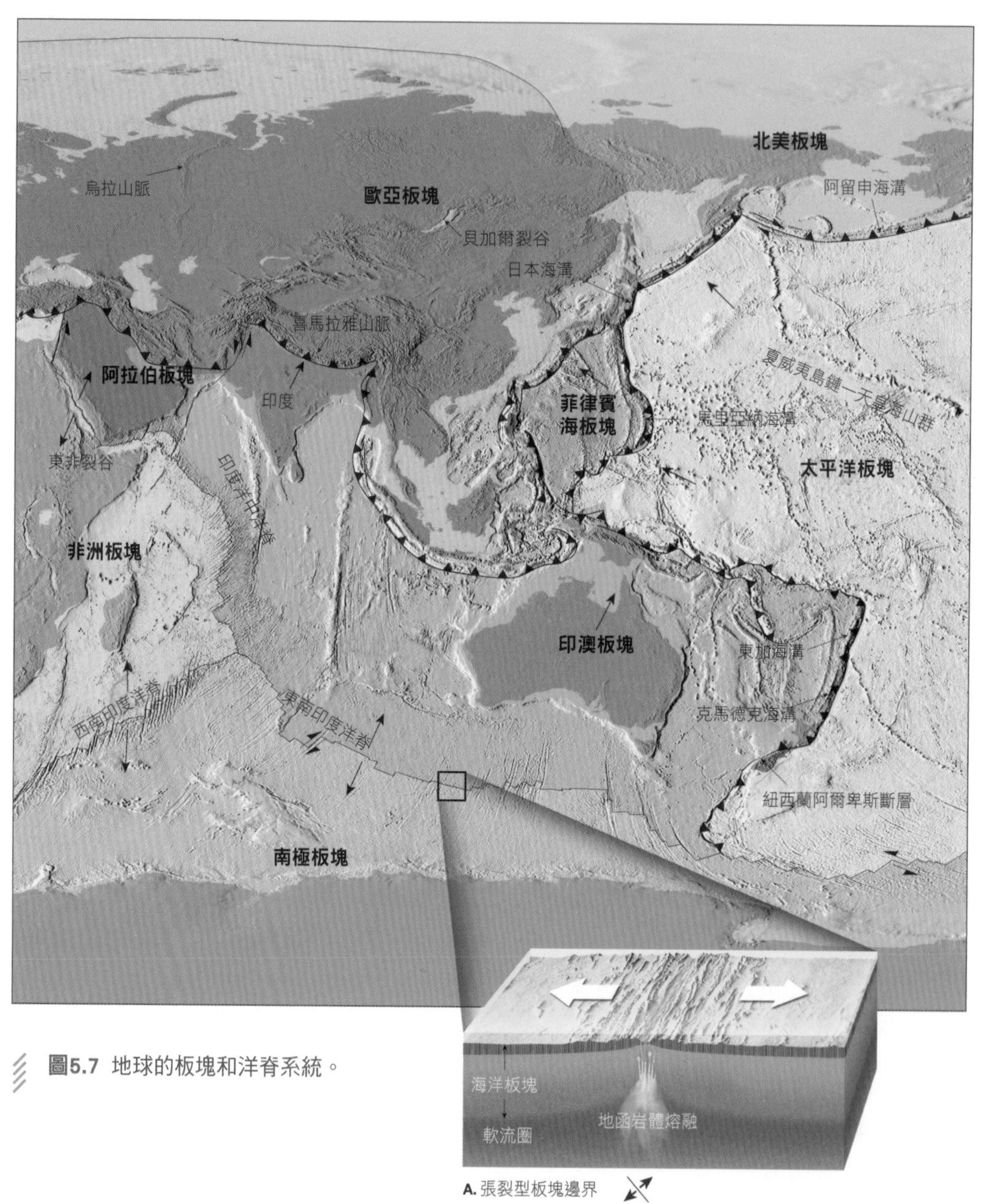

圖5.7 地球的板塊和洋脊系統。

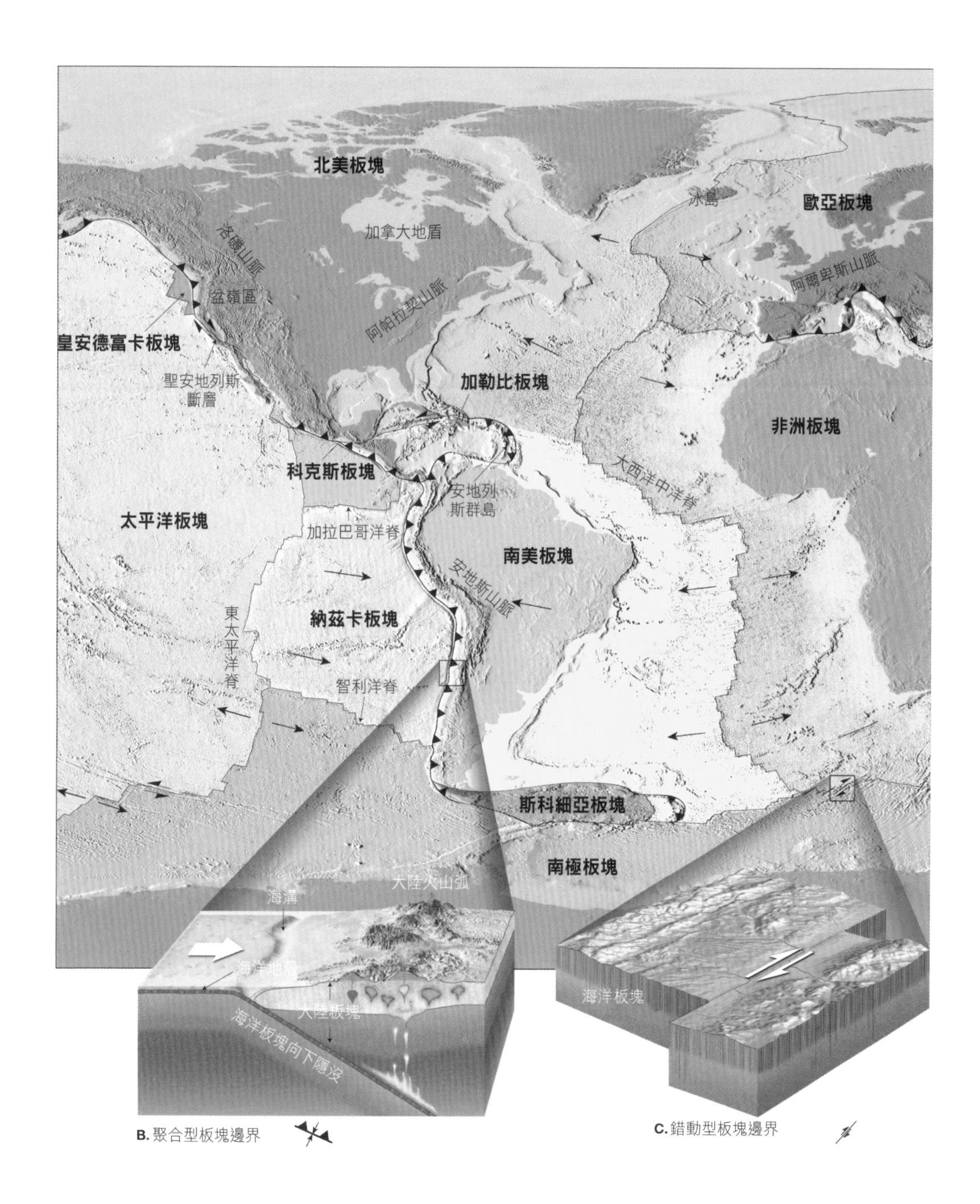

B. 聚合型板塊邊界

C. 錯動型板塊邊界

岩石圈下方有一層較軟的地函，稱為**軟流圈**。軟流圈上部（上部地涵，約 100 至 200 公里深）的高溫和高壓狀態，讓岩石近乎融化。熔融的岩漿出現對流現象，不斷拉扯著岩石圈，讓分裂的板塊緩緩移動。這就是大陸漂移的驅動機制。

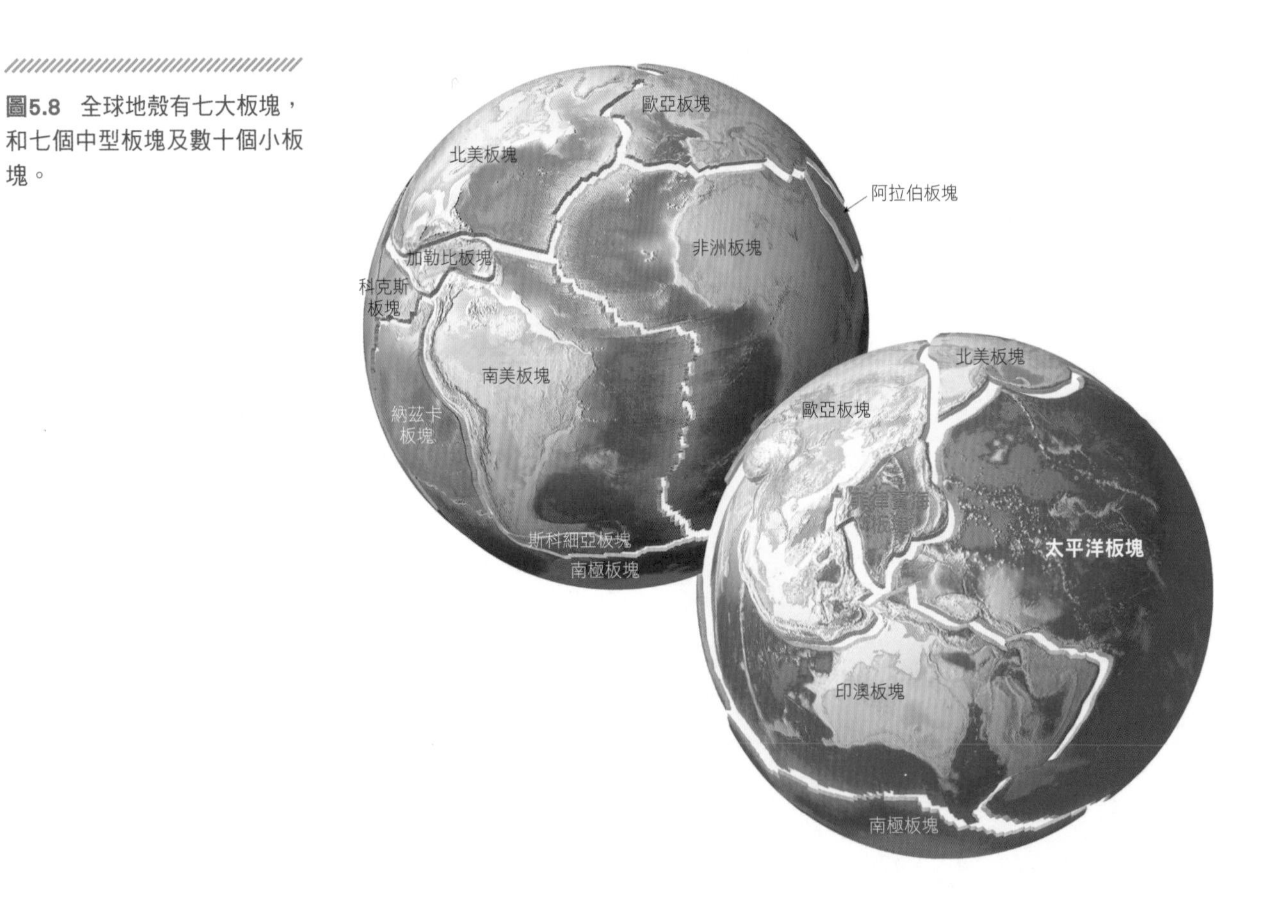

圖5.8 全球地殼有七大板塊，和七個中型板塊及數十個小板塊。

地球的主要板塊

岩石圈約莫由 20 塊大小不一、形狀各異的**板塊**組成，彼此相依、又互相牽制。如圖 5.7 呈現的，全球有七大板塊，覆蓋超過 94% 的地球表面積，分別是：北美板塊、南美板塊、太平洋板塊、非洲板塊、歐亞板塊、印澳板塊和南極板塊。

太平洋板塊的面積最大，幾乎包括整個太平洋盆地，其他六個大板塊則含括所有的大陸和一部分的海洋。請留意圖 5.7 與圖 5.8 的南美板塊，它包括整個南美洲大陸和一半的南大西洋，這是與韋格納大陸漂移假說最大的不同：韋格納的假說認為陸塊分裂後，陸地是向海洋移動，而不是跟海床一起移動。請注意，沒有任何一個板塊的形狀，是用單一大陸的邊緣來定義的。

中型板塊包括：加勒比板塊、納茲卡板塊、菲律賓海板塊、阿拉伯板塊、科克斯板塊、斯科細亞板塊和皇安德富卡板塊；其中除了阿拉伯板塊之外，幾乎都由海洋地殼組成。此外，還有好幾十個小板塊已經確認，只是沒有在圖 5.7 與圖 5.8 中一一秀出。

板塊邊界

板塊構造學說最主要的論點，認為板塊之間是連動關係。當板塊移動時，位在不同板塊上的兩個城市，如紐約（位於北美板塊）和倫敦（位於歐亞板塊）的距離，會隨著板塊移動而逐漸改變；但是同一個板塊上的兩個城市，例如紐約和費城的距離，相對維持不變。

因為板塊移動總是會牽動另一個板塊，因此板塊互動的位置（還有主要的變形）都是發生在板塊交界處。事實上，板塊交界處的研究，起因於研究地震和火山頻繁發生的地點。科學家進而瞭解到，板塊之間有三種不同的邊界類型和相對運動方向。圖 5. 7 下方有標注不同的邊界類型，以下是簡單的說明：

1. **張裂型板塊邊界**：當兩個板塊互相分離，導致地函熾熱的物質湧升，形成新的海床（圖 5.7A）。
2. **聚合型板塊邊界**：當兩個板塊互相碰撞，導致海洋地殼向下隱沒到另一個板塊下方，最終與地函融為一體；或是兩個大陸板塊互相推擠、導致地層隆起，形成新的山脈（圖 5.7B）。
3. **錯動型板塊邊界**（轉形斷層板塊邊界）：兩個板塊之間的錯動，既沒有創造新的海床，也沒有造成新的山脈（圖 5.7C）。

張裂型和聚合型板塊邊界大約各占全球板塊邊界的 40%，錯動型板塊邊界則占 20%。接下來的章節，會更仔細的介紹這三種類型。

你知道嗎？

如果有外星生物持續在觀測地球，歷經了幾百萬年的觀測後，
一定會注意到地球上的陸地和海洋盆地確實有緩慢移動。
另一方面，月球的大地構造運動已經停止，
未來的幾百萬年還是不會有任何地貌改變。

張裂型板塊邊界

張裂型板塊邊界大多是沿著洋脊的稜線而分布，由於會生成新的海床，可視為建設型或生長型的板塊邊界（圖 5.9）。張裂型板塊邊界正是海底

擴張發生的地點，因而又稱為**擴張中心**。兩個相鄰板塊在這裡互相分離，在海洋地殼中間生成一條狹長的破裂帶，滾燙的岩漿從地函湧升，在兩個板塊撕裂之際填補空隙。這些熔融的岩漿逐漸冷卻之後，形成新的海床。於是，兩個相鄰的板塊以一種緩慢但永無止盡的方式逐漸分離，中間則生成新的海洋地殼。

洋脊及海底擴張

大多數張裂型板塊邊界與**洋脊系統**有關，位在海床相對較高的區域，特徵是伴隨著非常高溫的海底熱流和火山活動。全球洋脊系統是地球表面最長的地形特徵，全長超過 70,000 公里。如圖 5.7 所示，不同區域的洋脊系統已經有了命名，包括大西洋中洋脊、東太平洋脊、印度洋中洋脊等等。

洋脊系統大約占地球表面的 20%，貫穿各大海洋，就像棒球上的縫線一樣。雖然洋脊系統的脊頂，通常比鄰近的海洋盆地高出 2 至 3 公里，但多數人可能會被「脊」這個字詞誤導，以為洋脊是尖聳拔高的地形，其實不然，洋脊的底座寬度可達 1,000 公里，甚至寬達 4,000 公里。此外，部分洋脊的稜線旁邊出現非常深的斷層構造，稱為**裂谷**（圖 5.9），這正是海底的張力把海洋地殼沿著洋脊頂端拉扯開來的證據。

沿著洋脊系統產生新的海床的機制，統稱為**海底擴張**，典型的擴張速率平均每年 5 公分，這也是你我手指甲的平均生長速率，就算你凝視了半天，也察覺不到它在成長。海底擴張速率最慢的地點，位在大西洋中洋脊，平均每年擴張 2 公分，相對的，東太平洋脊的擴張速率最快，平均每年超過 15 公分（這就是環太平洋地震帶，地震頻仍的根本原因）。

從人類的時間尺度來看，海底生成的速率實在有點慢，但對地球而言，過去二億年來，不曾停止的擴張已經足以讓盤古大陸分裂、漂移成現

圖5.9 大多數張裂型板塊邊界，沿著洋脊的稜線分布。

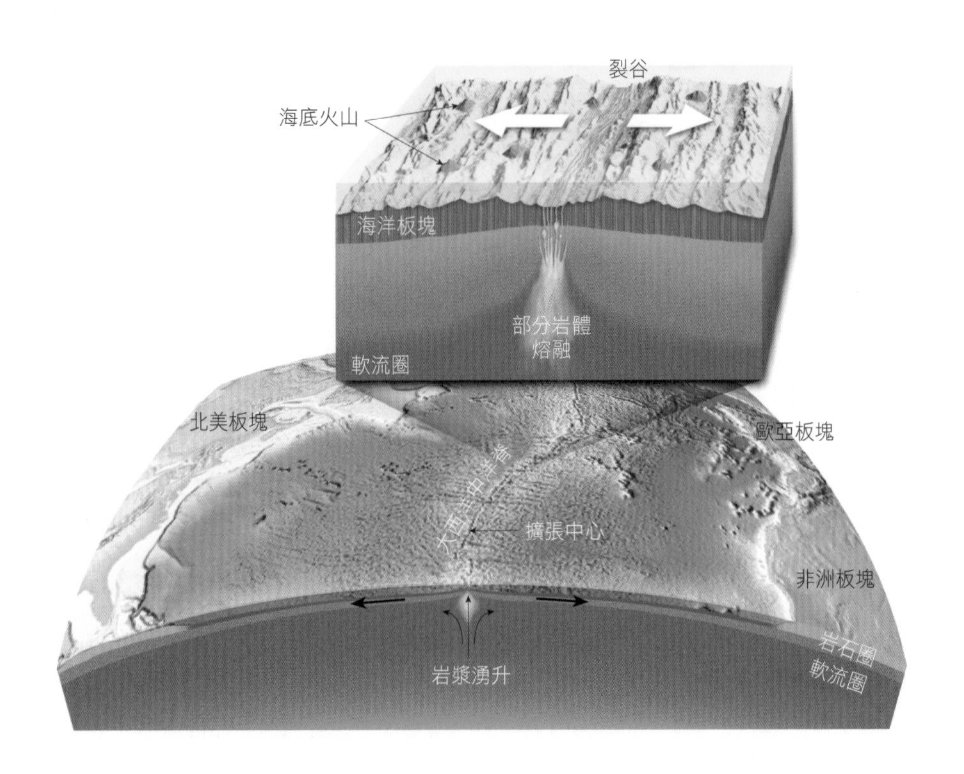

今各大洲的模樣。事實上，目前的研究發現，沒有任何一處海床岩石的年代老於一億八千萬年。

為什麼張裂型的板塊邊界會形成隆起的洋脊？那是因為洋脊頂端新生成的海洋地殼溫度極高，這些新生地殼比起更早生成、已先行冷卻收縮的岩層，密度來得低些，因此堆疊在上頭。一旦岩漿持續湧升，繼續形成新的海洋地殼，冷卻的地殼便逐漸被推擠遠離洋脊的稜線。新生海洋地殼的冷卻、收縮至穩定，約莫需要八千萬年的時光。到那時候，曾經位於洋脊頂端的新生地殼，早已老成，挪移到深海盆地了，而且很可能已遭大量的海洋沉積物給覆蓋。

冷卻收縮、密度增加的海洋地殼，會有足夠的強度，來支撐上頭較熱的岩石，鞏固整個海洋板塊，同時讓海洋板塊的厚度增加。換句話說，海洋地殼的厚度與岩石年齡相關。最老（最冷卻）的岩石，代表板塊厚度愈厚。超過八千萬年的海洋地殼，大約 100 公里厚，而這也是目前海洋地殼最厚的厚度了。

大陸裂谷

張裂型板塊邊界也會發生在陸地內側，讓陸塊分裂成兩半。最初的分裂始於地函湧升，上方的岩石圈產生了大規模的撓曲、抬升（圖 5.10A），然後岩石圈被拉伸，導致脆弱的地殼破裂成大塊的岩層，隨著大地構造作用力持續將地殼拉開，這些岩層便向下陷落，形成一個狹長的凹地，稱為大陸裂谷（圖 5.10B）。

現代仍持續進行張裂運動的著名案例，便是東非大裂谷（圖 5.11），這個裂谷最終是否將非洲一分為二，仍是研究中的課題。不過，東非大裂谷仍是大陸分裂早期階段的最佳模型，張裂型的力量持續將地殼薄化和拉裂，讓底下熔融的岩漿從地函上衝噴發。近期火山運動的證據包括幾座大火山，如非洲最高峰吉力馬札羅火山和肯亞峰。

研究顯示，如果張裂持續發生，裂谷將變得更長、更深，最後更將劃破陸地邊界（圖 5.10C），變成一個狹長的海域，與海洋相連。

以紅海的構造特徵為例（圖 5.11），正是阿拉伯半島與非洲分裂時產生的海域。

從紅海的實例，我們可以窺見大西洋初誕生之時的樣貌（圖 5.10D）。

圖5.10 大陸裂谷和新的海洋盆地形成。

A. 大陸分裂的最初階段，包括地函湧升，導致岩石圈產生大規模的隆起。持續性的張力，以及岩石圈受熱鼓起的力量，讓地殼開始破裂。

B. 當地殼持續遭到拉裂，大片的岩層陷落，產生裂谷。

C. 裂谷持續擴張，終於與海洋相連，海水湧入，形成一個狹長的海域，就像今日東非的紅海。

D. 最後，一個更大的海洋盆地和洋脊系統慢慢成形。

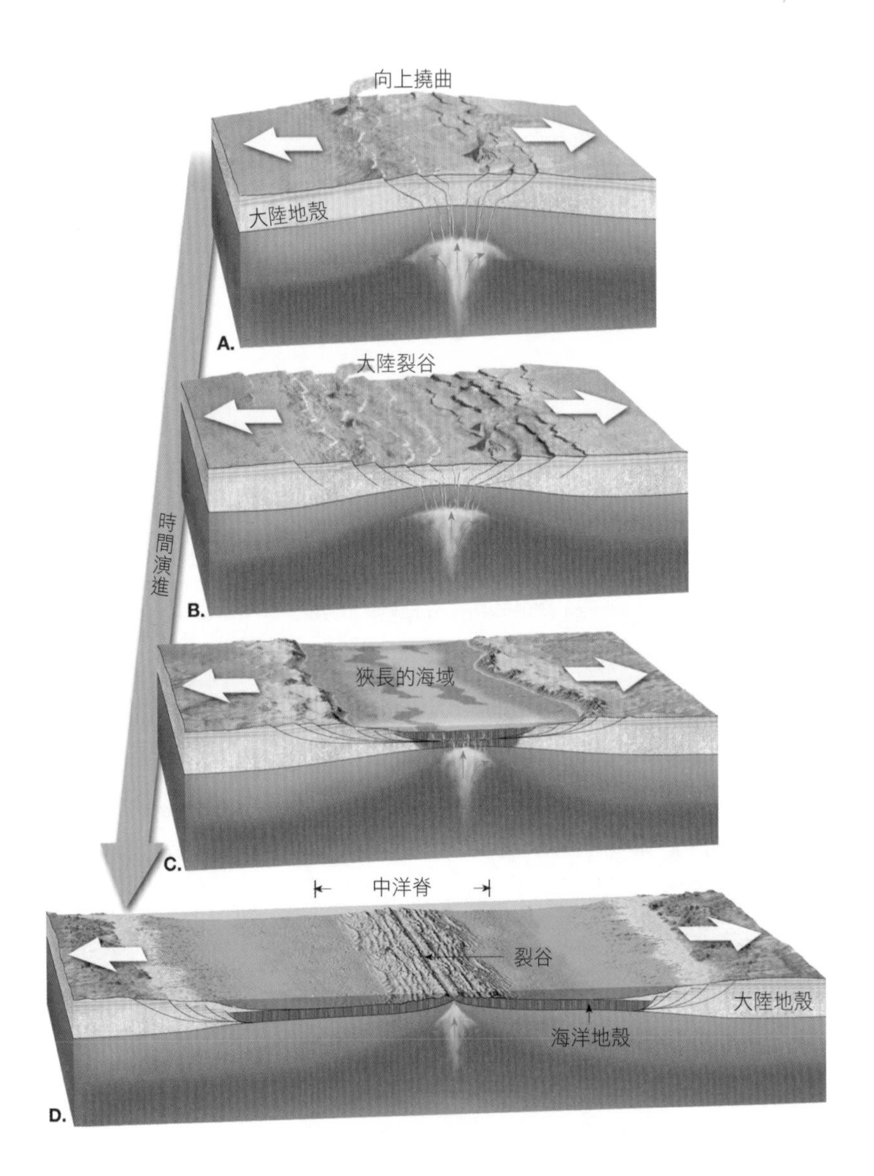

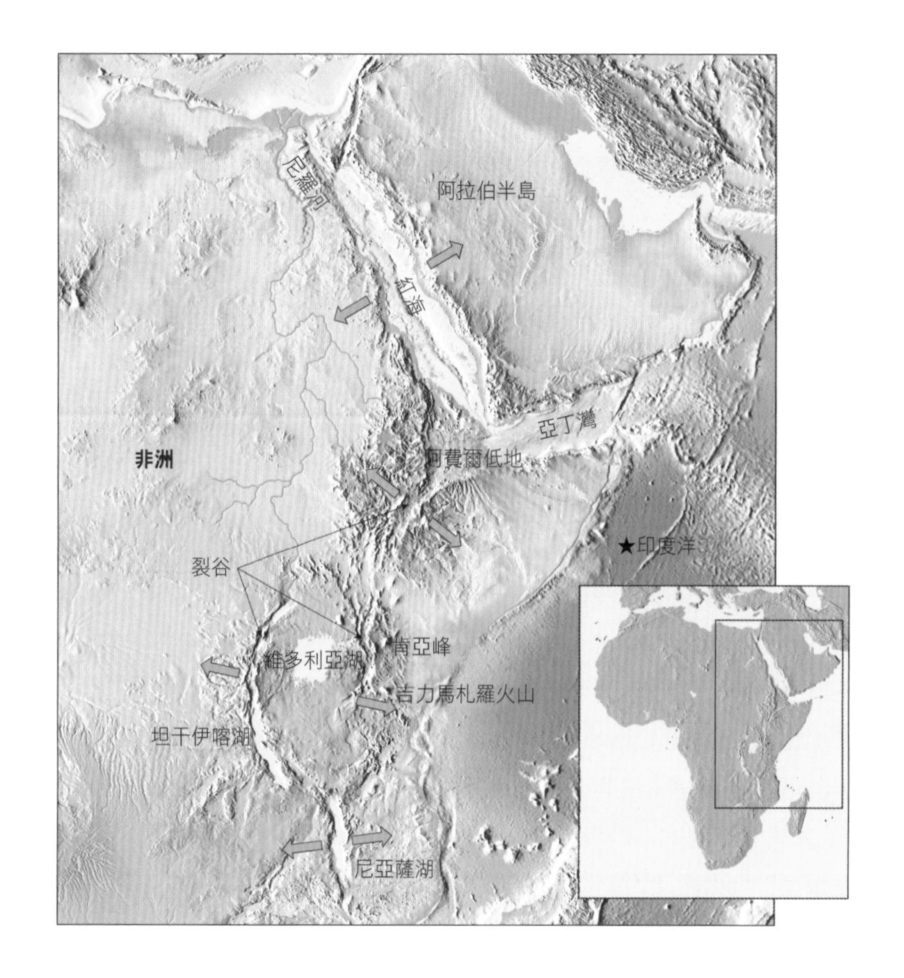

圖5.11　東非大裂谷及紅海的地質特徵。

巧人（*Homo habilis*）和直立人（*Homo erectus*）是目前發現最早期的人種，由考古學家夫妻檔路易士．李基與瑪麗．李基（Louis and Mary Leakey）在東非大裂谷發現，因此科學家認為此地是人類物種的起源地。

聚合型板塊邊界

洋脊不斷產生新的岩石圈，但地球的大小並沒有因此而改變，表面積仍然維持一致。維持表面積平衡的原因，可歸因於有一部分年代久遠、密度沉重的海洋地殼，以海床生成的同等速率，隱沒到地函中。這種隱沒活動發生在聚合型板塊邊界，兩個板塊在這裡對向相碰，其中一塊向下彎曲，滑落至另一個板塊下方。

聚合型板塊邊界又稱為**隱沒帶**，因為這正是地殼向下衝至地函的位置，隱沒的原因在於：下沉板塊的密度大於底下的軟流圈。一般而言，海洋地殼的密度比軟流圈大，大陸地殼的密度較小，足以抵抗隱沒。因此，只有海洋地殼會下沉到地底深處。

當海洋地殼隱沒至地函下，地表通常會形成**海溝**（圖 5.12）。這些線狀的下沉區域，綿延相當長且深浚。南美洲西海岸的祕魯智利海溝，長度超過 4,500 公里，深度大約是海平面 8 公里以下。西太平洋的馬里亞納海溝和東加海溝，平均深度又大於東太平洋的海溝。

海洋地殼隱沒入地函的角度，會因為地殼本身的密度而異，從淺淺的傾斜、到近乎垂直（90 度）的角度都有。舉例來說，當擴張中心的位置很靠近隱沒帶，如祕魯智利海溝，由於地殼形成的時間沒有太久，本身的溫度稍高、密度較輕，使得隱沒的角度較淺，也使得隱沒的板塊和另一塊板塊有較多的互動，因此祕魯智利海溝附近經常發生大地震，如 1960 年 5 月 22 日的智利大地震，規模 9.5，仍是世界紀錄的保持者。

當海洋地殼開始老化（離擴張中心愈來愈遠），溫度逐漸冷卻，將會導致厚度愈來愈大，密度增加。例如西太平洋的海洋地殼年代，高達一億八千萬年，是現今厚度最厚、密度最大的海洋地殼。這樣沉重的大塊岩層以近乎 90 度的垂直角度下衝地函，這也解釋了為何西太平洋的海溝，大多比東太平洋的海溝深淺。

雖然所有聚合型板塊邊界都有相同的基本特徵，但因為地殼材質及大地構造作用力的類型不同，也形成許多差異。聚合型板塊邊界發生之處，可以分成三種：兩個海洋板塊之間、一個海洋板塊與一個大陸板塊之間，還有兩個大陸板塊之間。

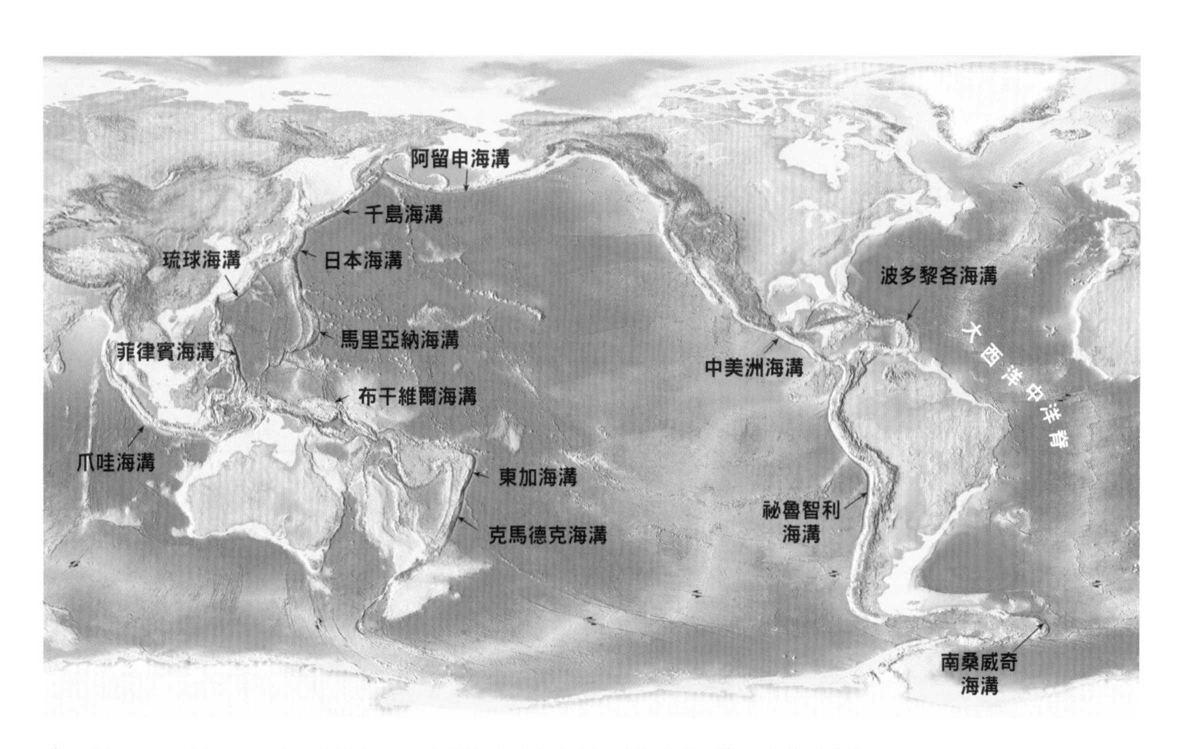

圖5.12　全球海溝、洋脊系統以及轉形斷層的分布圖。轉形斷層將洋脊截成小段，讓大西洋中洋脊可以改變走向。

海洋板塊—大陸板塊聚合邊界

當海洋板塊的前端遇上大陸板塊，上揚的大陸板塊仍然「漂浮」著，密度較大的海洋板塊則沉降到地函中（圖 5.13A）。當海洋板塊下衝到地底約 200 公里處，就會讓上方的楔形地函的岩體開始熔融。但為什麼冷卻的海洋地殼隱沒之後，會導致地函岩體熔融呢？

原因在於下衝板塊所含的水分——沉積物和海洋地殼含有大量的水分，可隨著隱沒板塊帶至地底深處。當板塊愈向下移動，高溫和壓力會將水分從岩石縫隙中逼出。

圖5.13 海洋板塊—大陸板塊聚合邊界。

A. 密度大的海洋板塊隱沒至大陸地殼下方，在軟流圈內熔融，產生熔融岩漿湧升至地表，這樣的火山（Osorno Volcano）作用形成上方地表的火山鏈，稱為大陸火山弧。

B. 奧索諾火山是智利安地斯山脈南側最活躍的火山，在1575年至1869年間，共計噴發過11次。座落在揚基威湖旁，奧索諾火山的外形就像日本的富士山。（Photo by Michael Collier）

在地底大約 100 公里深的地方，受到水分「溼潤」的地函岩體，凝固點會比「乾燥」的岩石的凝固點來得低些，因此更容易熔融。（道理類似把鹽灑至冰上，會讓冰的凝固點下降，加速冰塊融化。）

「溼潤」的地函岩體開始熔融的過程，稱為**部分熔融**。大約只有 10% 的地函岩體熔融，混雜著尚未熔融的地函岩體，密度變得比周邊地函輕，因此這團高溫熔融的物質開始慢慢向地表移動。根據不同的地表狀況，熔融的岩漿有可能會衝破地表，形成火山爆發。但大多數情況下，這類物質都到達不了地表，而是在地底逐漸冷卻固化，讓地殼愈來愈厚。

南美洲西岸的安地斯山脈正是一例，納茲卡板塊隱沒至南美板塊下方所引發的部分熔融的岩漿，在地底冷卻後，造就了今日高聳的安地斯山脈（圖 5.13B）。這類由於海洋地殼隱沒而形成的火山山系，如安地斯山脈，稱為**大陸火山弧**。縱貫美國華盛頓州、俄勒岡州和加州的喀斯開山脈也是一例，包括好幾個著名的火山，如雷尼爾峰、聖海倫斯火山。這個仍然活躍的火山弧也延伸至加拿大，包括加里巴迪山、銀座山等等。

海洋板塊—海洋板塊聚合邊界

兩個海洋板塊聚合邊界，與前述「海洋板塊—大陸板塊聚合邊界」有很多相似之處。當兩個海洋板塊聚合，其中一塊也會隱沒至另一塊下方，引發所有隱沒帶都會發生的火山運動機制（圖 5.14A），隱沒的海洋地殼遭到擠壓，水分從岩石縫隙中釋出，觸發隱沒板塊上方的楔形地函岩體開始熔融。只不過，火山是在海底噴發，而非在陸地上。

當隱沒作用持續發生，最終將形成一個鏈狀的火山構造，有些大到足以露出海面形成島嶼。火山島之間的平均間距約為 80 公里，具有弧狀排列的特徵，所以稱為**火山島弧**，或簡稱**島弧**（圖 5.14B）。

阿留申群島、馬里亞納群島和東加群島，就是一批相對年輕的火山島弧。島弧通常座落在海溝附近 100 至 300 公里處，上述島弧的位置分別可以對應到阿留申海溝、馬里亞納海構和東加海溝。

火山島弧大多數分布在西太平洋地區，只有二個分布在大西洋——座落在加勒比海東邊的小安地列斯群島，和位在南美大陸以南的南桑威奇群島。小安地列斯群島（包括美屬維京群島、英屬維京群島、英屬蒙瑟拉特島、法屬馬丁尼克島）是南美板塊的大西洋海床沒入加勒比板塊的產物。馬丁尼克島上的佩利火山曾於 1902 年噴發，摧毀聖匹鎮，估計造成 2 萬 8 千人死亡。在蒙瑟拉特島上，近期也觀察到許多活躍的火山活動（請見第 7 章）。

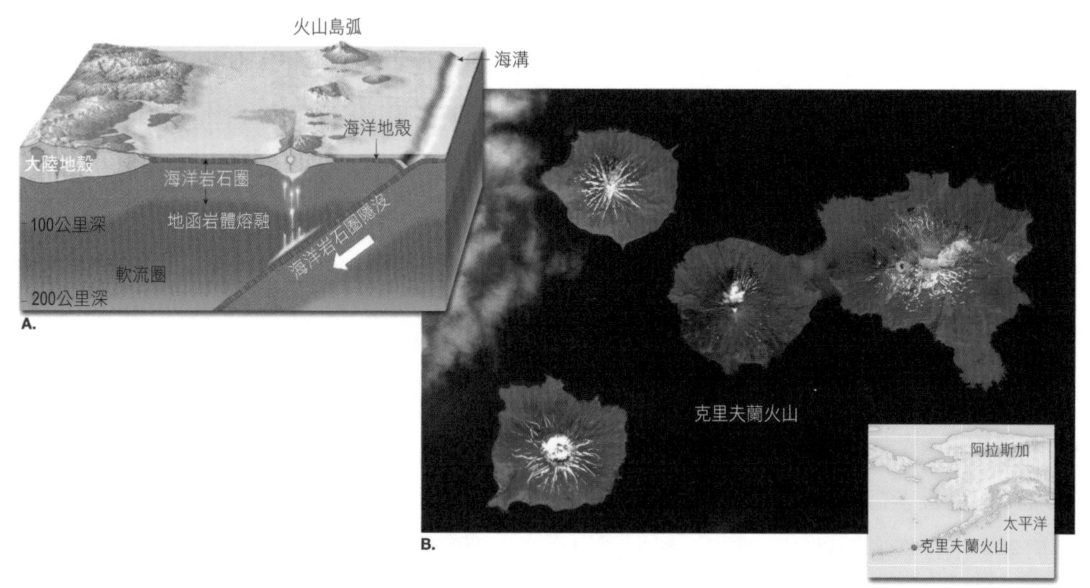

圖5.14 海洋板塊—海洋板塊聚合邊界。

A. 當海洋板塊彼此聚合，其中一個板塊會隱沒至另一塊下方，引發上「壓板塊」的火山作用，因而形成鏈狀的火山島弧。

B. 圖中四座火山島都屬於阿留申群島，形成火山的作用都是因為太平洋板塊的北端隱沒到北美板塊底下而引發的。近期觀察到克里夫蘭火山曾冒出大量蒸氣，代表現在仍有火山活動。（Photo by NASA）

年代相對年輕的島弧，只是由一堆火山錐組成的簡單構造，底下的海洋地殼較薄，通常不到 20 公里厚。相對的，年代久遠的島弧，構造比較複雜，通常包括早期隱沒帶的物質、或含有大陸地殼的碎片，底下的海洋地殼極度崎嶇，厚度可達 35 公里，這類島弧包括日本列島、印尼群島和菲律賓群島。

大陸板塊─大陸板塊聚合邊界

第三種板塊聚合邊界的發生，是因為兩個板塊之間的海床（圖 5.15A）已經完全隱沒，形成兩個陸塊直接碰撞（圖 5.15C）。相較於海洋地殼密度大且會沉入地函的特性，密度較低的大陸地殼並不會沉入地函，因此當兩個大陸板塊聚合時，碰撞隨之發生。

這樣的事件一旦發生，兩個大陸板塊上的沉積物和沉積岩，就像被巨大的老虎鉗緊緊夾住，嚴重擠壓變形，新的高山地貌因而形成，高山的岩石組成通常還會帶點海洋地殼的碎片。

這樣的碰撞曾經發生在五千萬年前，當時印澳板塊的陸地「猛然撞上」亞洲大陸，形成喜馬拉雅山脈，成為全球最雄偉的山系（圖 5.15B）。當碰撞發生時，大陸地殼彎曲、褶皺與破碎，也因此面積變小但變厚了。

（編注：台灣東部的花東縱谷是菲律賓海板塊與歐亞大陸板塊的聚合型邊界，但是屬於菲律賓海板塊的海岸山脈，一反常理，並未隱沒到歐亞板塊下方，使得得花東縱谷彷彿是兩個大陸板塊之間的聚合型邊界，造成台灣島每年有 7 至 8 公分的壓縮，以及每年 1 公分的隆起。）

其他如歐洲的阿爾卑斯山脈、北美的阿帕拉契山脈及俄羅斯的烏拉山脈，也都是因為陸地碰撞而形成的。這個主題將在第 6 章繼續深究。

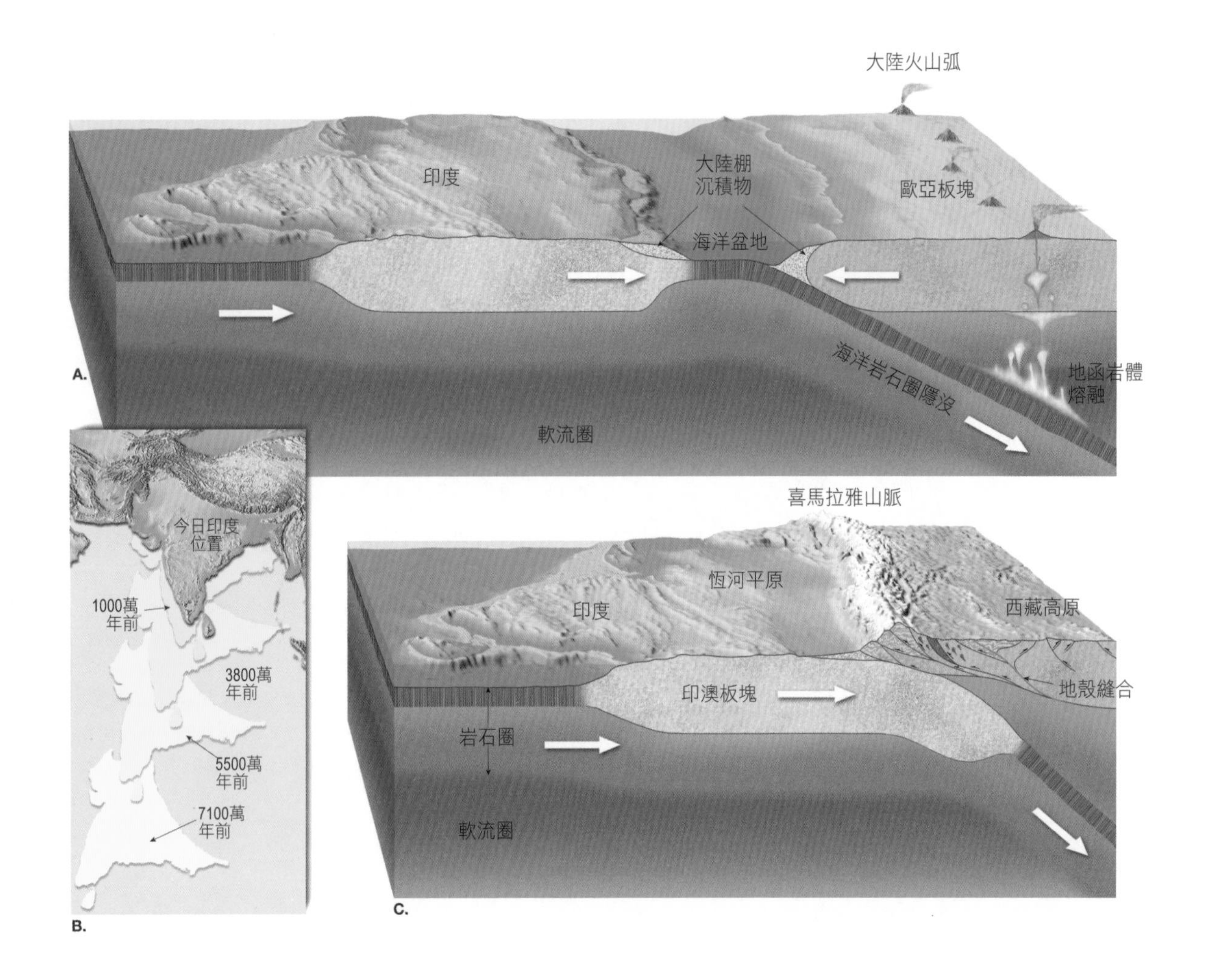

圖5.15 印澳板塊的印度大陸與歐亞板塊的亞洲大陸，自五千萬年前開始互相擠壓碰撞，創造了雄偉的喜馬拉雅山脈。

A. 板塊聚合處形成隱沒帶，當隱沒的海洋板塊引發地函部分熔融及噴發，便形成大陸火山弧。

B. 不同時期印度大陸的位置變化。

C. 兩個大陸板塊最終發生直接碰撞，板塊邊緣的沉積物被推擠隆起。

錯動型板塊邊界

沿著錯動型板塊邊界兩側，相鄰兩板塊平行錯開，既沒有產生地殼、也沒有破壞地殼，所以又稱為保守型板塊邊界。這型板塊邊界以**轉形斷層**為地形特徵，是由加拿大地質學家威爾遜（John Tuzo Wilson, 1908-1993）於 1965 年發現的，他認為這些大型斷層連結了兩個擴張中心（張裂型板塊邊界），或至少連結了兩個海溝（聚合型板塊邊界）。

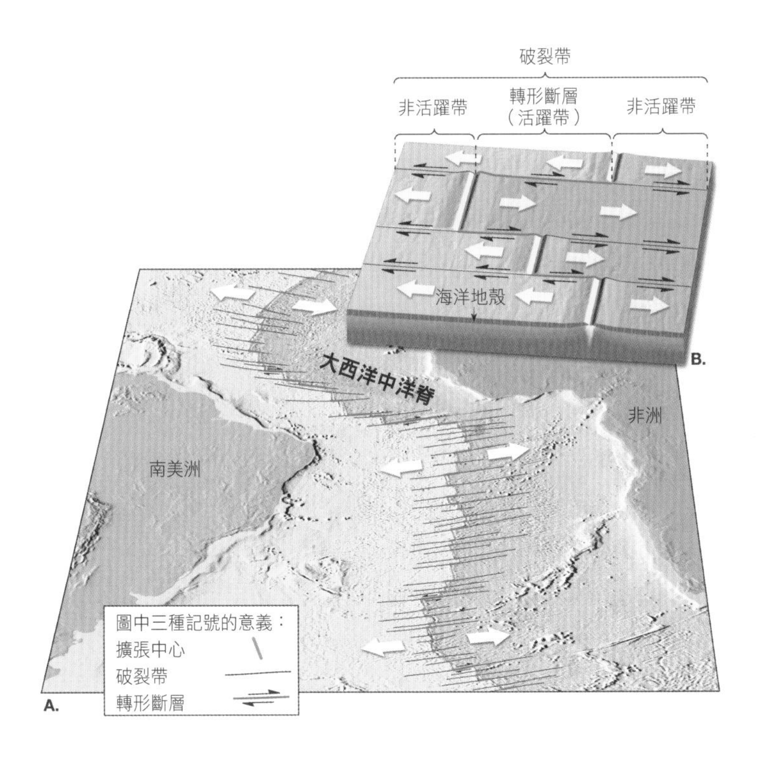

圖5.16　錯動型板塊邊緣。

A. 轉形斷層將擴張中心截成許多小段，形成階梯狀的板塊邊緣。ε 字形分布的大西洋中洋脊，大致反映了盤古大陸分裂時的形狀。

B. 破裂帶綿延萬里，狹窄的破裂面與分段的中洋脊互相垂直。持續運動中的轉形斷層及其錯動的遺跡，讓不同年代的海洋地殼並置。每一段洋脊之間的水平錯動長度，也就是轉形斷層的長度，並不會隨著時間而變化。

大多數的轉形斷層都位在海床（圖 5.16A），將擴張中心截成許多小段，形成階梯狀的板塊邊緣。請留意圖裡 ε 字形分布的大西洋中洋脊，正好反映盤古大陸分裂時的形狀（比較大西洋兩側大陸的外形，即可得知）。轉形斷層是海床上典型的線狀破裂帶的一部分，如圖 5.16B 所示，這種線狀破裂帶包括一段活躍的轉形斷層，還有位在轉形斷層的兩端、往板塊內部延伸的非活躍帶。轉形斷層的位置，只限於兩小段錯開的中洋脊之間，通常伴隨著微弱的淺源地震。每一小段中洋脊仍然持續產生新的海床，讓洋脊兩側的海床持續擴張，因此在轉形斷層兩側的海床，移動方向是相反的，造成彼此間的摩擦。至於非活躍帶兩側的海床，移動方向是相同的，它們會繼續保留線狀破裂帶的外觀。這些破裂帶大致與板塊最初移動的方向平行，因此這些構造有助於辨識板塊在地質年代中的移動歷程。

轉形斷層的另一種角色，是讓洋脊產生的新生海洋地殼，得以走向海溝這個毀滅之地。請留意圖 5.17，皇安德富卡板塊向東南方移動，最終將隱沒到美國西海岸下方。皇安德富卡板塊南方的邊界是一道轉形斷層，名為蒙多西諾斷層（Mendocino Fault），連結了皇安德富卡洋脊與喀斯開隱沒帶，它很有效率的把海洋地殼的物質帶入北美大陸下方。

就像蒙多西諾斷層一樣，轉形斷層板塊邊界大部分都分布在海洋盆地裡，只有少部分切過大陸板塊，例如加州的聖安地列斯斷層和紐西蘭的阿爾卑斯斷層。請看圖 5.17，聖安地列斯斷層連結了喀斯開隱沒帶和位在加利福尼亞灣的張裂帶。北太平洋板塊沿著聖安地列斯斷層向西北側移動，與北美板塊錯身而過。如果這樣的板塊運動持續進行，位在斷層帶西側的部分加州地區，還有墨西哥的下加利福尼亞半島，在很久很久以後，將會變成美國和加拿大西海岸的離島，最終可能會移動到阿拉斯加地區。不過，目前最應該關心的問題，是這個斷層持續運動引發的地震活動。

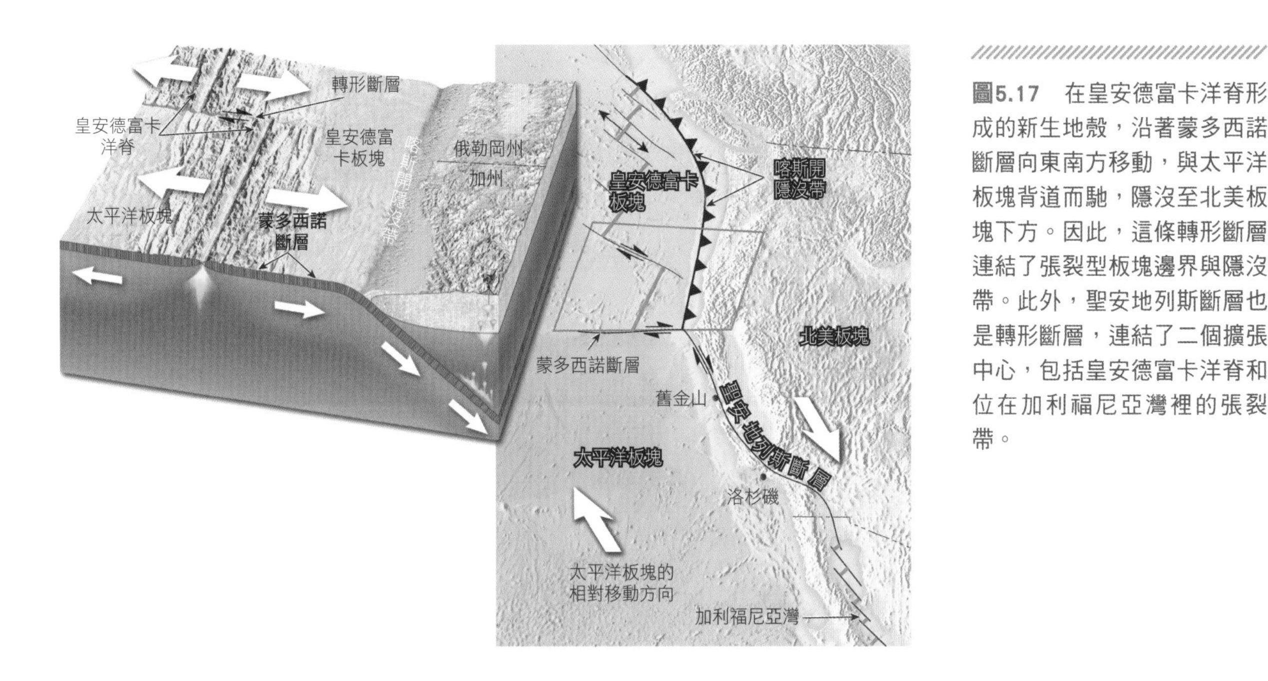

圖5.17　在皇安德富卡洋脊形成的新生地殼，沿著蒙多西諾斷層向東南方移動，與太平洋板塊背道而馳，隱沒至北美板塊下方。因此，這條轉形斷層連結了張裂型板塊邊界與隱沒帶。此外，聖安地列斯斷層也是轉形斷層，連結了二個擴張中心，包括皇安德富卡洋脊和位在加利福尼亞灣裡的張裂帶。

板塊間的邊界如何改變

雖然地球總表面積是固定不變的，但每個板塊的尺寸和外形卻是不斷在改變。舉例來說，非洲板塊和南極板塊的邊界是張裂型板塊邊界，不斷有新的海床生成，也就是板塊邊緣一直增加新的地殼，因此兩個板塊的面積就愈來愈大。相反的，太平洋板塊西側及北側隱沒入地函的速率，快過東太平洋脊新海床的生成速率，所以板塊面積正逐漸減小。

板塊運動的另一項結果，是邊界也會遷移。舉例來說，祕魯智利海溝是納茲卡板塊隱沒至南美板塊底下的產物（請見圖 5.7 和圖 5.8），它的位置一直隨著時間而改變：因為南美板塊持續向西漂移，壓迫相鄰的納茲卡板塊，使得祕魯智利海溝的位置也向西側移動。

依據板塊運動之間不同的作用力，新的板塊邊界可能創造新的地貌。以之前提過的紅海為例，自阿拉伯半島從非洲大陸脫離，時間還不超過二千萬年，所以紅海還是一個相對年輕的擴張中心。

新的板塊邊界也可能改變原有地貌，例如帶有大陸地殼的板塊互相碰撞，最終讓兩塊陸地縫合在一起。這種情況很可能發生在南太平洋地區，當印澳板塊上的澳洲大陸持續北移，向歐亞板塊南端的南亞移動，原本分隔南亞與澳洲的邊界終將消失，澳洲大陸與南亞諸島將合為一體。

紐西蘭的阿爾卑斯斷層是一個轉形斷層，也是兩個板塊的邊界，將南島一分為二。南島西北側位在印澳板塊上，南島的其他部分則屬於太平洋板塊。如同它的姐妹斷層——加州聖安地列斯斷層，斷層兩側位移的距離已達數百公里。

驗證板塊構造運動模式

隨著板塊構造理論逐漸發展，地球科學各方學者紛紛開始驗證這個新出現的地球運作模式。支持大陸漂移和海底擴張的部分證據，已經呈現在大家眼前。雖然陸續取得新的佐證，但通常是舊有資料的新詮釋，不過這還是會動搖意見的趨向。

海洋鑽探的證據

部分證明海底擴張的有力證據，來自 1968 年至 1983 年執行的深海鑽探計畫（Deep See Drilling Project），早期鑽探目的是為了建立海床生成的年代表，因此特別建造可以在幾千公尺深海底工作的科學探測船蓋洛瑪挑戰者號（Glomar Challenger），不僅鑽透海洋地殼表層的沉積物，還包括底下的玄武岩層，一共鑽了好百個洞。研究者摒棄傳統的放射線定年法，改利用地殼上沉積物殘留的微生物化石，來測定每個地點的海床年齡。（利用放射性定年法來測定海洋地殼的年齡並不可靠，因為玄武岩會因海水而變質。）

定年研究顯示，距離洋脊愈遠，沉積物年代愈老（圖 5.18）。海底擴張理論預期：生成海床的洋脊兩側是最年輕的海洋地殼，最古老的海洋地殼則是鄰近陸地。前述研究成果正驗證了海底擴張的理論。

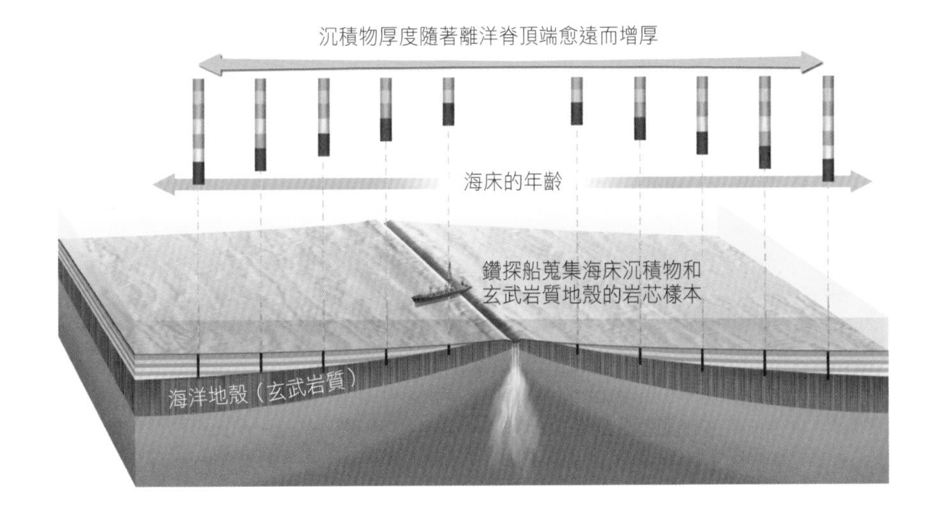

圖5.18 自1968年起，鑽探船已經在數百個地點蒐集海床沉積物和地殼岩層的岩芯樣本。這些研究顯示，洋脊頂端的海床確實比較年輕，這是第一個支持海底擴張理論和板塊構造邊界理論的直接證據。

深海鑽探取得的資料，也強化了海洋地殼的地質年代相對年輕的概念，因為沒有任何一筆地質年代資料超過一億八千萬年。相較之下，大多數的大陸地殼都超過好幾億年，有些地質年代甚至超過 40 億年，接近地球的年齡。

海洋沉積物的厚度變化，也可以做為海洋擴張的額外佐證。蓋洛瑪挑戰者號取得的岩芯顯示，洋脊頂端幾乎沒有沉積物，但距離洋脊愈遠，沉積物厚度愈厚（圖 5.18），如果海底擴張理論成立，就應該出現這樣的分布特徵。

深海鑽探計畫之後，又出現海洋鑽探計畫（Ocean Drilling Program），採用技術更先進的科學探測船聯合果敢號*，來接替蓋洛瑪挑戰者號的工作（圖 5.19）。儘管深海鑽探計畫已經證實了板塊構造大部分的理論，但聯合果敢號又進一步深入鑽探到海洋地殼，促成聚合型板塊交界處的地震帶研究，也直接解釋了海底高原和海底山的地貌形成。此外，海洋鑽探計畫更加擴展了我們對長期及短期氣候變遷的認識。

2003 年 10 月，聯合果敢號卸下海洋鑽探計畫的任務，繼續參與後續的整合海洋鑽探計畫（IODP, Integrated Ocean Drilling Program）。這個新計畫的主力是一艘具備更多元功能的科學探測船地球號（以日文發音 Chikyu 命名，意即地球），這艘大船長達 210 公尺，於 2007 年正式出海運作（請見第 1 冊圖 1.1）。整合海洋鑽探計畫其中一個目標，就是為了鑽探更完整的海洋地殼。

★ 譯注：聯合果敢號的英文是 JOIDES Resolution，其中 JOIDES 為深部地球採樣海洋聯合會的縮寫（Joint Oceanographic Institutions for Deep Earth Sampling）；Resolution 的命名則取自於兩百多年前庫克（James Cook）船長率領果敢號（HRM Resolution）探索太平洋與南極地區的冒險犯難精神，希望現今的聯合果敢號於科學研究與探測上也有相同的精神。聯合果敢號於 1978 年在加拿大哈利法克斯市建造，歷時六年完成，配備有導航定位系統、深海鑽探機具及海上實驗室。聯合果敢號曾於 2001 年 5 月 2 日來訪台灣，並與國內科學家於南沖繩海槽進行深海鑽探研究工作。（資料來源：海洋數位典藏）

A.

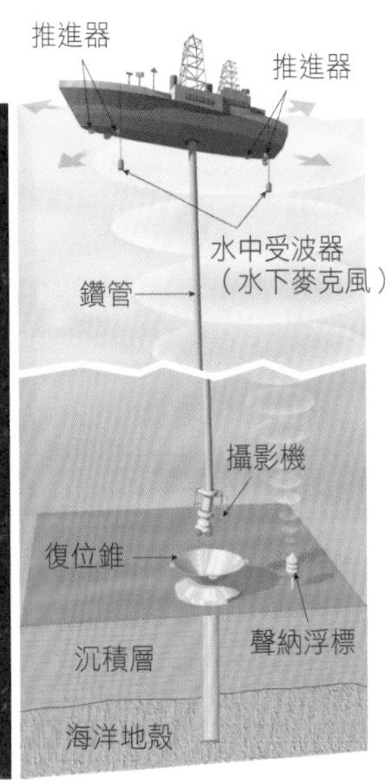

B.

圖5.19 聯合果敢號。

A. 聯合果敢號是海洋鑽探計畫其中一艘鑽探船。（Photo by ODP）

B. 聯合果敢號的船首也有推進器，可將船身固定在海上特定位置，再以船上配置的大型金屬油井塔進行鑽探工作。串接分段的鑽管，連成一條8,200公尺長的單一鑽管，當管子底部接觸海床，便開始進行鑽探，深度可達2,100公尺。就像把吸管旋轉插進夾心蛋糕，鑽探工作會切進沉積物和岩層，然後在中空的管徑裡取得圓柱狀的岩芯樣本，送回船上，並在先進的實驗室裡進行分析。

熱點及地函柱

如果將太平洋海面上的火山島和海底火山的位置，同時顯示在地圖上，可以得到幾條呈線狀分布的火山帶。其中研究資料最豐富的火山帶，包括至少 129 座火山，分布範圍從夏威夷群島、中途島，繼續向北延伸至阿留申群島（圖 5.20），稱為夏威夷島鏈—天皇海山群（Hawaiian Island-

Emperor Seamount chain），用放射線定年法研究每一座島嶼的生成年代，發現到：距離夏威夷大島愈遠的島嶼，生成年代愈久遠。這條火山帶裡最年輕的島嶼位在夏威夷，生成年代低於一百萬年，中途島的生成年代約莫二千七百萬年前；接近阿留申海溝的推古（Suiko）海底山，生成年代約莫六千五百萬年前。

許多研究者已經同意：夏威夷群島下方，有熾熱的地函物質，以類似圓柱狀的形狀向上湧升，稱為**地函柱**。當這些滾燙的物質穿過地函向上，原本的封閉壓力突然下降，促成部分熔融（這個過程稱為減壓熔融，將於第 7 章繼續探討）。地函柱衝至地表後，形成火山活動的區域，稱為**熱點**，此處有高溫熱流，地殼岩石也被向上抬升，範圍至少有一百多公里。地函柱的位置並不會變動，但是太平洋板塊會移動，因此就產生了一連串的火山，稱為**熱點軌跡**。每座火山的生成年代，就代表它移離開地函柱已有多長的時間，請見圖 5.20。

近看夏威夷五大島嶼，從年輕且火山活動旺盛的夏威夷島，一直到最古老且沒有火山活動的可愛島（Kauai），可發現生成年代的軌跡。五百萬年前，當可愛島座落在地函柱上方，它是當時唯一的夏威夷島嶼。可愛島的生成年代，用目視即可判斷它是很古老的，因為可愛島上遺留的火山特徵經過長年侵蝕，火山口已被切割成好幾座山峰及大峽谷。相反的，相對年輕的夏威夷島，島上還有許多熔岩流和五座主要火山，其中啟勞亞火山（Kilauea）至今仍然活動中。

研究顯示，有些地函柱起源在地球深處，也許是在地核與地函的邊界，但仍有不少在較淺處形成的地函柱。目前全世界已經辨識出 40 多處，其中超過 10 處是落在擴張中心附近。以位在大西洋中洋脊最北端的冰島為例，正是因為地底下的地函柱長年噴發，才形成由火山岩堆疊而成的島嶼地貌。

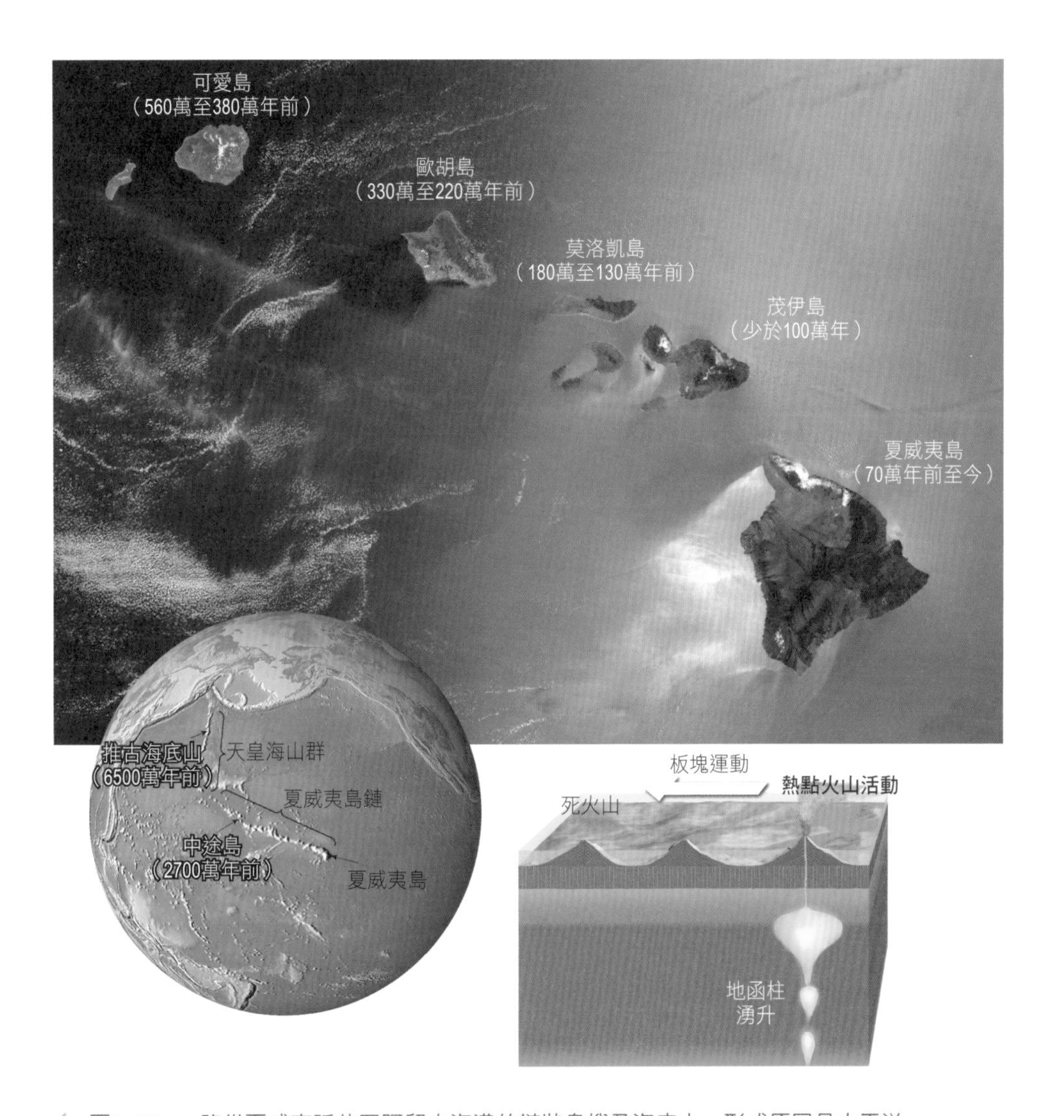

圖5.20　一路從夏威夷延伸至阿留申海溝的鏈狀島嶼及海底山，形成原因是太平洋板塊移動通過固定不動的熱點所致。進行夏威夷群島的放射定年，顯示火山活動隨著年代增加而減少。

奧林帕斯山（Olympus Mons）是火星上一座巨大的火山，外形類似夏威夷盾狀火山，海拔有 25 公里高！奧林帕斯山之所以能這麼巨大，是因為火星上沒有板塊構造運動，所以它不像夏威夷的火山島，會因為板塊運動而遠離地函柱噴發的位置。奧林帕斯山只能留在原地，讓火山規模愈長愈大。

古地磁學的證據

幾乎每個利用羅盤找方向的人，都知道地球的磁極有南北之分，磁極的位置與地極幾乎重疊，但仍略有差異。（地極的定義是：地球表面上，與地球自轉軸相交的兩個點，也就是北極和南極。）地球磁場的磁力線，就像在地球中心放一根巨大的棒狀磁鐵，看不見的磁力線便穿過了地球，還從一端往外繞回到另一端（圖 5.21）。羅盤的指針本身，就像一個可以自由旋轉的小磁鐵，會平行於地球的磁力線，指出磁極的方向。

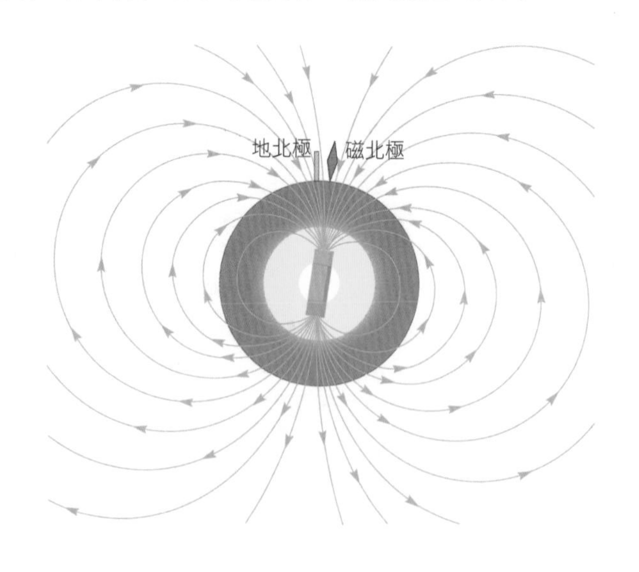

圖5.21 地球磁場的磁力線，就像在地球中心放一根巨大的棒狀磁鐵，所產生的磁場。

不像我們能感受到重力帶來的拉力感，我們無法感受到磁場，但可以利用羅盤指針來證明它的存在。此外，有些自然界的礦物帶有磁性，會受到地球磁場的影響，最著名的例子是含鐵量豐富的磁鐵礦，尤其是以玄武岩質為主的熔岩流最為豐富。*當玄武岩質岩漿自地表噴發時，溫度超過 1,000℃，遠遠超過物體磁性能夠穩定下來的臨界溫度，因此熔岩流中的磁鐵礦晶粒不帶磁性；但是當熔岩冷卻到這個臨界溫度以下，含鐵豐富的晶粒便開始帶有磁性，排列方向與當時的磁力線平行。這樣的臨界溫度稱為**居禮點**，磁鐵礦的居禮點大約 585℃。

一旦熔岩固化，磁鐵礦晶粒的排列方向就會「凍結住」，因此含鐵的礦物就像羅盤指針一樣，在冷卻過程中指向磁極的位置。數千萬年前或數百萬年前形成的岩石，都含有當時地球磁場南北磁極的紀錄，稱為**化石磁性**或**古地磁**。1950 年代期間，全球各地從熔岩流已蒐集了不少古地磁資料。

明顯的磁極移動

歐洲學者朗科恩（S. K. Runcorn）和同事建構了岩石磁性的研究，發現一個有趣的現象：這些含鐵量豐富的熔岩流所記錄的磁性資料，指出古地磁的磁極位置因時變化。一連串歐洲的資料顯示，過去五億年來，磁北極的位置從現今夏威夷北側，逐漸移至現在接近北極之處（圖 5.22A）。如此強而有力的證據，若不是說明磁極曾經移動（稱為**磁極移動**），就是代表這些熔岩流的位置改變了，換句話說，代表歐洲陸塊隨時間而漂移。

古地磁學家蒐集了不少地點的研究，得知過去數千年來，磁極的位置大都只在地極周邊移動，雖然無法歸納出移動路徑的規則，但多半仍繞著

★ 有些沈積物和沈積岩含有豐富的鐵礦粒子，也足以用來測量磁化強度。

地極在打轉。因此，上述非常明顯的磁極移動路徑，應該用韋格納大陸漂移假說的解釋：假設磁極位置固定不變，而這些帶有磁性的岩石隨著大陸漂移，產生了明顯的位移。

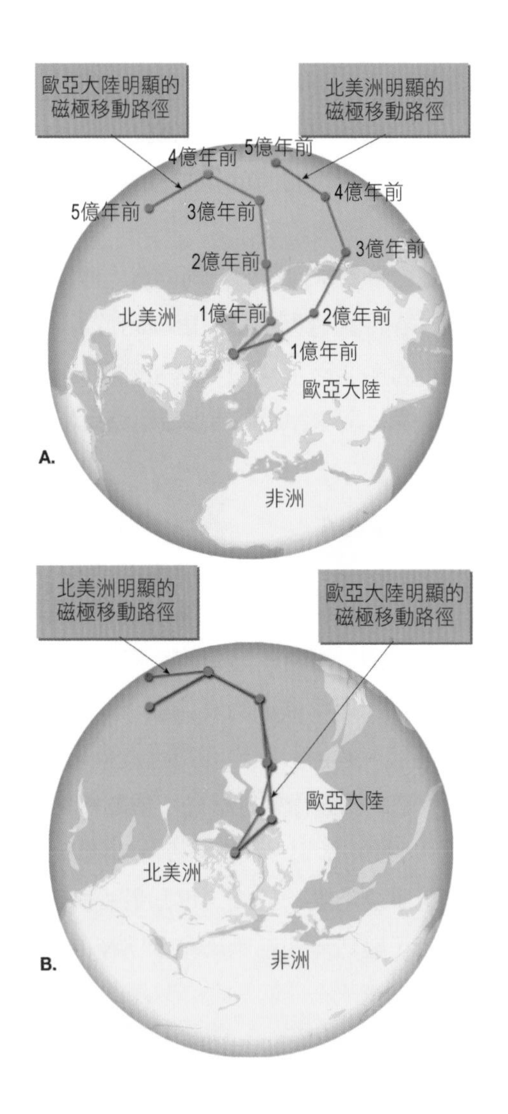

圖5.22 利用北美洲和歐亞大陸的古地磁資料，建立兩處的磁極移動路徑。

A. 分別從歐洲與北美洲的古地磁資料所建置的磁極移動路徑。

B. 如果把北美洲和歐洲拼回漂移前的位置，兩者的磁極移動路徑幾乎重疊。

幾年過後，北美洲也建置出磁極移動路徑，更加印證大陸漂移的說法（圖 5.22A）。在最初的三億年期間，北美洲和歐洲的磁極移動路徑非常相似，只是兩地相隔約 5,000 公里之遠，但是大約在中生代中期（約一億八千萬年前）之後，兩地的磁極資料開始指向現在的北極。由於大西洋約有 5,000 公里寬，這些磁極移動路徑可以用來解釋，北美洲和歐洲在中生代之前曾經相連，直到大西洋開始出現，自此之後，兩大洲之間的距離愈來愈遠。如果將北美洲和歐洲拼回漂移前的位置，兩者明顯的磁極移動路徑可以剛好重疊（圖 5.22B）。

你知道嗎？

當所有陸塊全部拼回盤古大陸，其他的地球表面就只剩下一片汪洋大海，稱為盤古大洋（Panthalassa，pan 代表全部，thalassa 代表海）。自盤古大陸分裂以來至今日，盤古大洋只剩下太平洋範圍，而且面積還在持續縮小。

地磁反轉與海底擴張

當地球物理學家發現幾百萬年來，地球磁場曾經多次週期性的反轉，這又成了海底擴張的另一項佐證。**地磁反轉**代表磁北極變成磁南極，而下一次反轉時，又變回磁北極。在地磁反轉的過程中，如果遇有熔岩噴發固化，岩石就會記錄下與現今磁場相反的磁性。如果岩石磁性與現今地球磁場相同，就稱為**正向磁極**，如果與現今磁場相反，則稱為**反向磁極**。

當地磁反轉的概念確認之後，學者們開始建構這些事件發生的年代表，任務包括測量數百筆熔岩流的地磁磁性，並利用放射線定年法測定每筆資料的年代。圖 5.23 正是一張包括數百萬年資料的**地磁年代表**，以時間編年區分，每一期大約持續一百萬年左右。隨著測量資料愈來愈多，研究者發現，每一期大約都有幾次短暫的地磁反轉（少於二十萬年）。

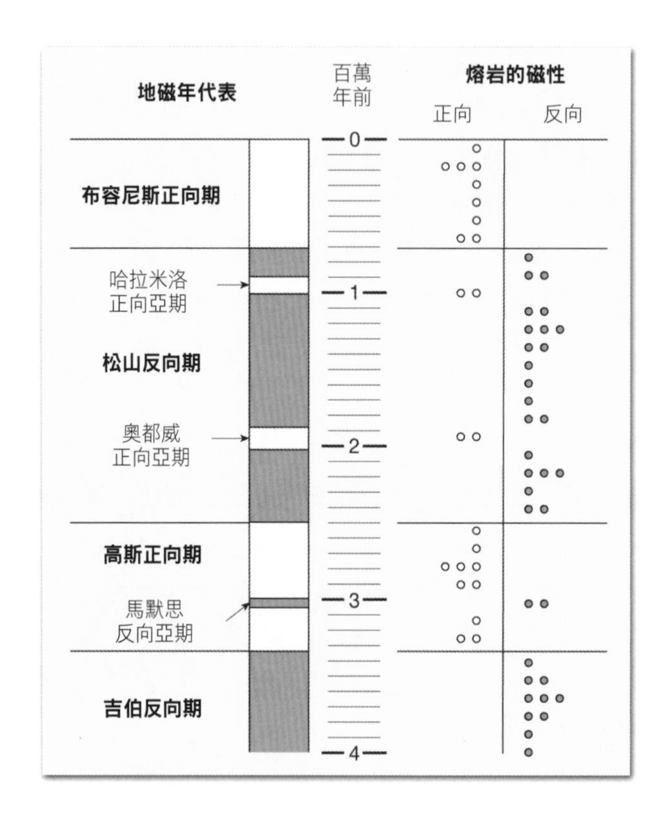

圖5.23 地球近期的地磁年代表，記錄下已定年熔岩的磁性。（Data from Allen Cox & G. B. Dalrymple）

約莫在同一時期，海洋學家也開始研究海床岩石的磁性，並連結先前製作精細的海床地形圖。利用科學探測船拖曳非常精密的測量儀器，稱為**磁強計**，才得以完成這項研究。這些地球物理研究的目的，是為了探求各地地球磁場強度的變化，來對應深埋地殼岩石之下的磁性變化。

這類研究的第一次完整研究地點，是在北美洲的太平洋沿岸，成果出乎原本預期。研究者發現磁性強弱交替出現的帶狀分布特徵，請見圖 5.24，這看似簡單的分布模式，直到 1963 年才獲得解釋，范因（Fred Vine）及馬修斯（D. H. Matthews）認為磁性強弱帶狀交替，支持了海底擴張的概念。范因及馬修斯認為高磁性強度的區塊，代表當時的地球磁場是正向期，這些富含鐵礦的岩石增強了地球磁場所留下的紀錄（圖 5.25）；相反的，低磁性強度帶則代表海洋地殼是在反向期，以致減弱了地球磁場所留下的紀錄。但是這些記錄下正反向磁場的平行帶狀區塊，為何在海床上呈現對稱分布呢？

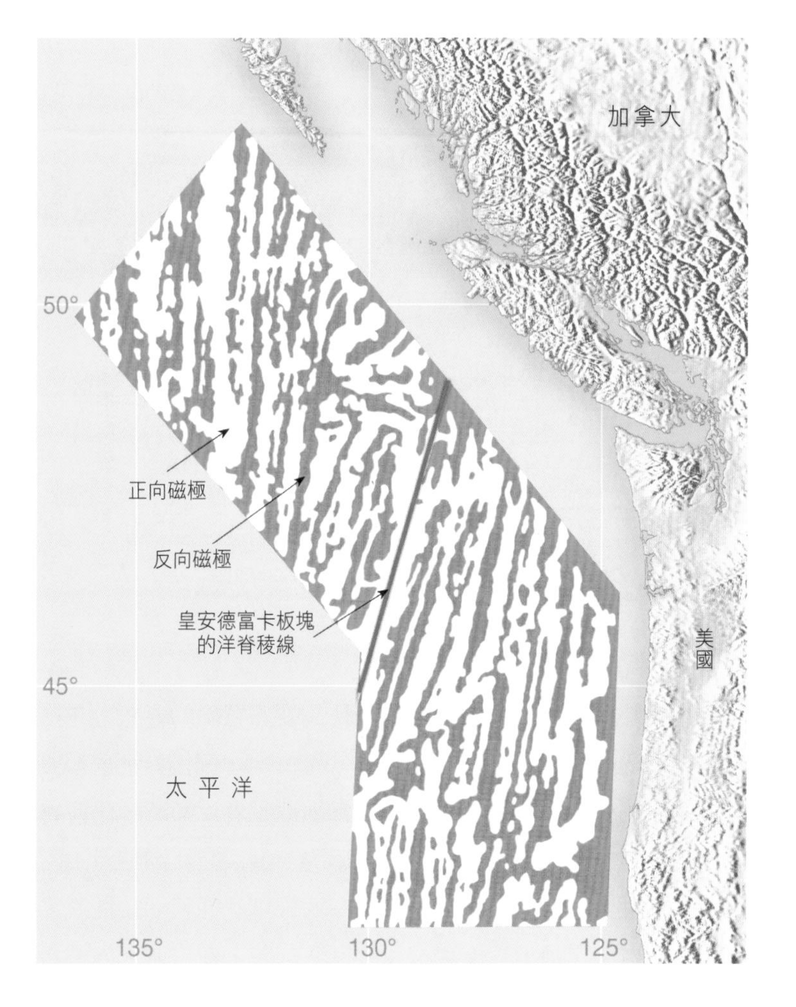

圖5.24　北美洲太平洋沿岸發現的磁場變化，記錄下磁性強度高低變化的分布特徵。

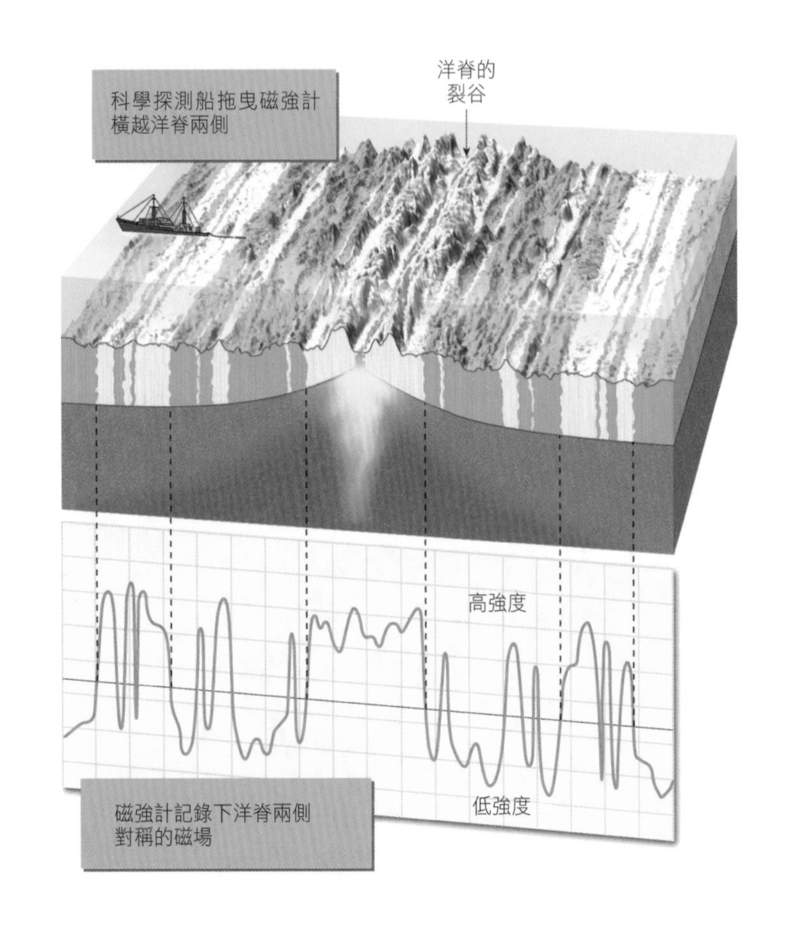

圖5.25 海床就像一座磁場錄音機。利用科學探測船拖曳磁強計橫越洋脊兩側，發現洋脊兩側磁性強弱的對稱分布。范因及馬修斯認為：高磁性強度的區塊，是因為強化了正向期的地球磁場；低磁性強度區域則是反向期的期間，減弱了磁場。

范因及馬修斯認為：從中洋脊狹長裂谷冒出的岩漿，在冷卻之際，岩石磁性也隨著當時的地球磁場固定（圖 5.26），又因為海底擴張作用，這些磁性固定的帶狀面積也隨之增加。當地球磁場反轉時，任何在中洋脊新形成的海底地殼，就會記錄下反轉的磁場。這個在反向期新生的海床，會將之前正向期生成的海床，區隔成左右兩條帶狀面積，並推擠它們往相反方向逐漸分離。之後地球磁場又反轉回正向時，在這個正向期新生的海床，又會將之前反向期生成的海床，區隔成左右兩條帶狀面積，也推擠它們往相反方向逐漸分離。如此就形成了正反向磁場的帶狀分布模式，如圖 5.26。因為新形成的地殼在中洋脊兩側均等分布，因此其中一側發現的分布模式（大小及磁性），也會在另一側形成鏡像分布。幾年之後在冰島南側中洋脊周邊進行的調查，也展現出磁性強弱帶狀分布的模式，充分顯示洋脊兩側的對稱性。

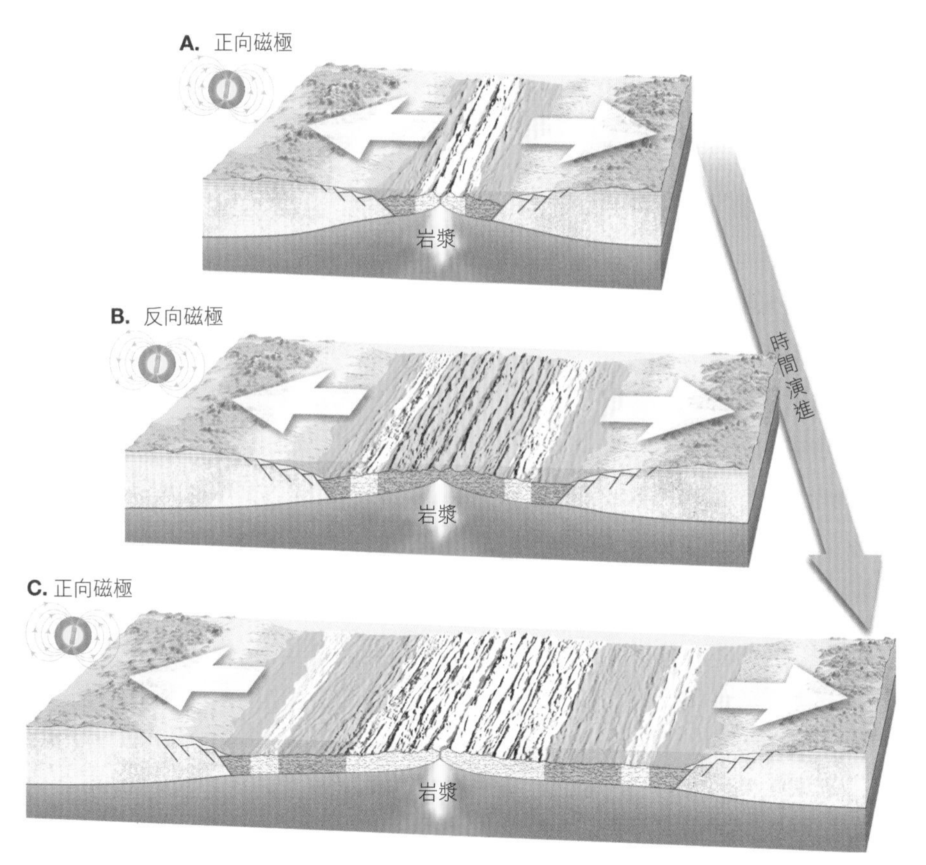

圖5.26　當中洋脊噴出的玄武岩冷卻，會依當時地球磁場狀態而磁化，因此海底玄武岩就像錄音機一樣，記錄下地球磁場每次的反轉。

地磁反轉對於人類的活動，有何影響？

根據岩石保留的紀錄顯示，地磁在最近的一千萬年當中，每一百萬年就會有4至5次反轉，雖然這並沒有固定週期可言，但上一次地磁反轉距離現在已經長達75萬年，高出平均值20多萬年好幾倍，而最近又觀察到地磁強度正在減弱，因此常有人說「下一次地磁反轉的時候已經來了」。

地磁反轉會對人類有什麼影響呢？如果人類只靠羅盤來辨別方向，此時就會感到疑惑，不過現代人有很多資訊可以參考，因此應該不至於失去方向感，但是其他靠著地磁來辨識方位的動物可能就會受到影響。目前已知的動物包括候鳥、鯨豚、海龜、迴游魚類，還有一些蜜蜂、白蟻等昆蟲。萬一地磁反轉後，牠們還能找到回家的路嗎？有的科學家因此提出地磁反轉導致生物大滅絕的假說，但是從目前已解讀的岩層所記錄的地球歷史來看，地球上的生物滅絕與地磁反轉看不出任何關係，因此這方面的假說無法成立。或許地磁反轉要花幾千年的時間，這對於每一代生物而言都僅是微小改變，大家有辦法找到新的適應方式。

此外，也有人擔心在過渡期間地磁太弱甚至為零的時候，來自太陽或其他天體的高能粒子有機會到達地表，使生物產生病變。但是地表上的生物不僅受到地磁保護，地球大氣也有保護作用，即使在沒有磁場的情況下，目前所知最高能量的輻射都可以被大氣阻擋下來，只有身在高空的太空人風險會升高。此外，高空的人造衛星在這情況下也很脆弱，這方面可能要事先準備好其他備用方式來協助通訊、定位、與預測氣象，屆時對現代文明的衝擊才能減到最小。

（范賢娟 撰）

盤古大陸的分裂

韋格納利用化石、岩石類型和古氣候證據，建立各大陸間的拼圖關係，進而提出盤古大陸的概念。憑著相似的理念，地質學家運用韋格納時代尚未發展的現代工具，重建盤古大陸分裂的階段：最早的分裂開始於二億年前，爾後個別陸塊分裂的時間和相對的移動關係，也慢慢逐一建構完整了（圖 5.27）。

盤古大陸分裂最重要的結果，就是產生新的海洋：大西洋。盤古大陸並不是同時沿著現今大西洋的邊緣分裂，最先的分裂發生在北美洲和非洲之間。這裡的大陸板塊非常破碎，讓大量岩漿得以沿著地殼縫隙噴發至地表，岩漿固化後形成火成岩，經長期風化侵蝕，逐漸沖刷至美國東海岸海底，被覆蓋在形成大陸棚的沉積岩下方。這些固化的岩漿經放射線定年法測定，指出最早的大陸漂移開始於一億八千萬年前至一億六千萬年前之間，這段時間可說是北大西洋的「出生階段」。

大約在一億三千萬年前，南大西洋開始在現今南非南側尖端出現，當非洲大陸與南美洲大陸逐漸分離，南大西洋的雛形已漸漸出現（請比較圖 5.27B 及圖 5.27C）。盤古大陸塊南側繼續分裂，將非洲和南極洲一分為二，又將印度大陸切割出來向北漂移。在新生代早期，約五千萬年前，澳洲自南極洲分裂成形，南大西洋已發展成一個完整的海洋系統（圖 5.27D）。

現代地圖（圖 5.27F）則顯示印度大陸最後與亞洲大陸相互碰撞，因此在五千萬年前形成喜馬拉雅山脈和青藏高原。約莫同一時期，格陵蘭從歐亞大陸分離出來，完成北半球陸地分割的現況。在過去二千萬年間，阿拉伯半島開始與非洲大陸分離，形成紅海，而下加利福尼亞半島與墨西哥分離，出現加利福尼亞灣（圖 5.27E）。此時，巴拿馬弧也連結了北美洲和南美洲*，形成今日我們最熟悉的世界地圖。

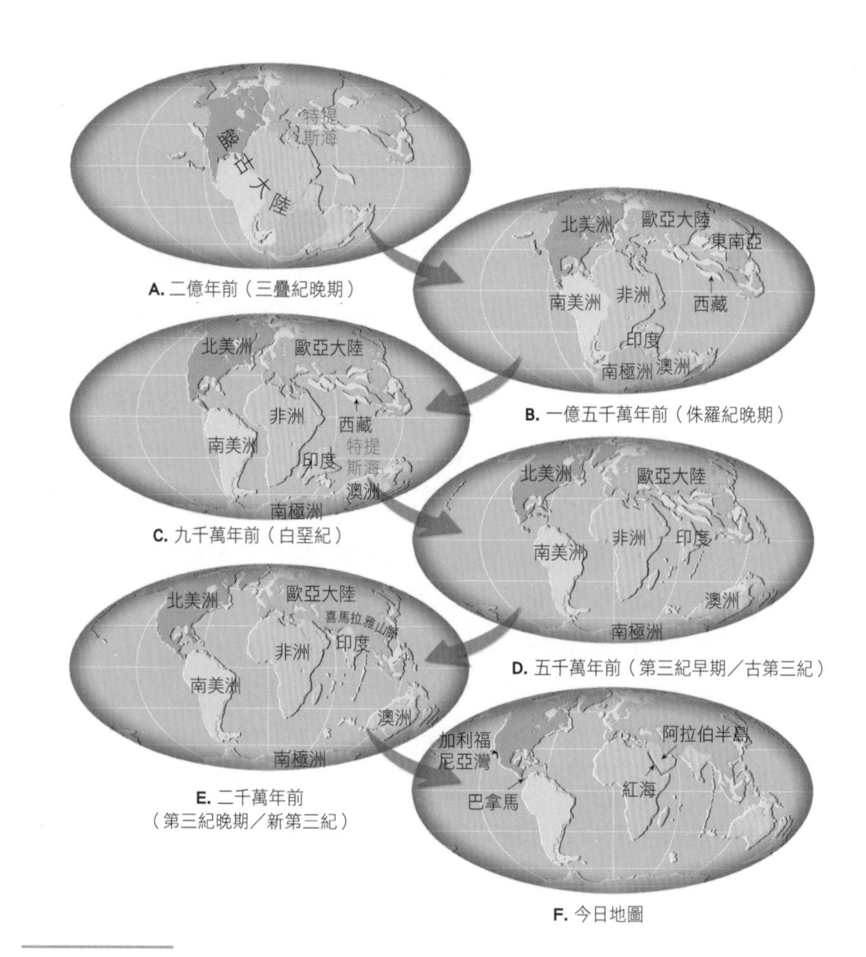

圖5.27 盤古大陸在過去二億年間的幾個分裂階段。

★ 譯注：中美洲原先有個巴拿馬海道，是連通東太平洋和大西洋的洋流通道。從中新世開始（二億三千萬年前），巴拿馬海道逐步封閉，切斷了東太平洋和大西洋海水的直接交流。據研究指出，海道的關閉不僅改變了太平洋和大西洋海水的物理性質和洋流模式，還可能對新生代中晚期的氣候變化，特別是北半球大冰期的開始有重要作用。但目前仍有眾多爭議尚待研究釐清。（資料來源：《海洋地質與第四紀地質》期刊）

科學家估算：平均每五億年左右，這些大陸便能拼接碰撞出超級大陸。
自從盤古大陸在二億年前分裂以來，
我們只要再等三億年，就能看到下個超級大陸出現。

你知道嗎？

什麼力量驅動了板塊運動？

板塊構造理論只是描述了板塊運動，還有這類運動如何創造與改變地殼的形貌。因此，接受這個理論，不代表我們已經確知驅動板塊運動的力量，畢竟目前提出的各種解釋模型，都還不能全面性的解讀板塊運動。

板塊—地函對流

從地球物理學的證據顯示，雖然大部分的地函是固態岩石，但地底的高溫和壓力，仍足以讓岩石軟化，出現液態狀的對流流動。最簡單的對流型式，就像燒開一鍋水（圖 5.28），從底下加熱，讓底層物質就像薄片般或泡沫般向上漂升，上升至表層後又因冷卻而變重（密度增加），又下降至底層，重新被加熱，直到有足夠的浮力又再次上升。

地函對流，當然比上面的描述更加複雜，光是地函的形狀，就不像是一個燒燙的鍋子，而是一個環狀區域，上方有大面積的上層界線（地球表面），下方又有面積較小的下層界線（地核—地函交界）。此外，地函對流是由三種熱變化所組成的綜合作用：第一是地核熱量的散失，導致地函底

圖5.28 對流是熱傳遞的一種形式，是物質藉由實際的移動來進行熱傳遞。圖中是一鍋由底部加熱的冷開水，當水逐漸加熱，密度變小（變得更具有浮力）而上升；同時間，表面密度大的冷水則下沉。

部加熱；第二是放射性同位素衰變時釋放的熱量；第三是地球表面的冷卻作用，形成厚重而冷卻的岩石圈，下沉至地函中。

當海底擴張學說誕生之後，地質學家認為板塊運動的主要驅動力，來自地函深處，這股湧升的地涵抵達岩石圈底部時，便往側向擴張流動，帶動了板塊移動。因此，當時認定板塊是因為地函對流而被動的漂移。但是根據實際蒐集的證據，洋脊下方的湧升流位置不深，與下部地函的深層對流無關，反倒是岩石圈板塊自洋脊的裂谷水平向外側移動，才引發地函的湧升流。

因此，現代的解釋模型認為：板塊是地函對流的一部分，甚至扮演更主動的角色，而非被動的角色。

雖然我們還不夠瞭解地函對流，但多數的科學家都同意下列的論點：

1. 2,900 公里厚的地函對流作用（也就是，溫暖且具浮力的岩漿上升，冷卻且密度重的岩石下沉），正是驅動板塊運動的力量。

2. 地函對流和板塊構造都屬於同一套系統。海洋板塊隱沒時，將會驅動對流機制中冷卻下沉的力量，海洋洋脊底下淺層的湧升流和上揚的地函柱，則是對流機制向上流動的部分。

3. 地函對流是地球內部熱量向外傳輸至地表的主要機制，這些熱量最後將輻射至外太空。

不過，目前還無法確知對流的實際結構。且讓我們先來瞭解驅動板塊運動的不同力量，然後再檢視描述板塊—地函對流的兩種模型。

驅動板塊運動的力量

地球科學家普遍同意：冰冷且高密度的海洋板塊向下隱沒，是板塊運動的主要動力（圖 5.29），因為冰冷的海洋地殼比底下軟流圈的密度重，當這些板塊尖端沉入軟流圈，拉著後方的板塊移動，就像「岩石一樣下沉」，這種現象稱為**板塊拉力**。

另一個主要動力是**洋脊推力**（圖 5.29），來自海洋洋脊不斷增高而產生的重力驅動機制，讓地殼「滑」到洋脊的兩側。對板塊運動而言，洋脊推力的貢獻小於板塊拉力，證據來自比對不同洋脊的高度和海底擴張速率。舉例來說，儘管大西洋中洋脊突出海床的平均高度，遠高於東太平洋脊，但前者的海底擴張速率卻比後者來得慢。

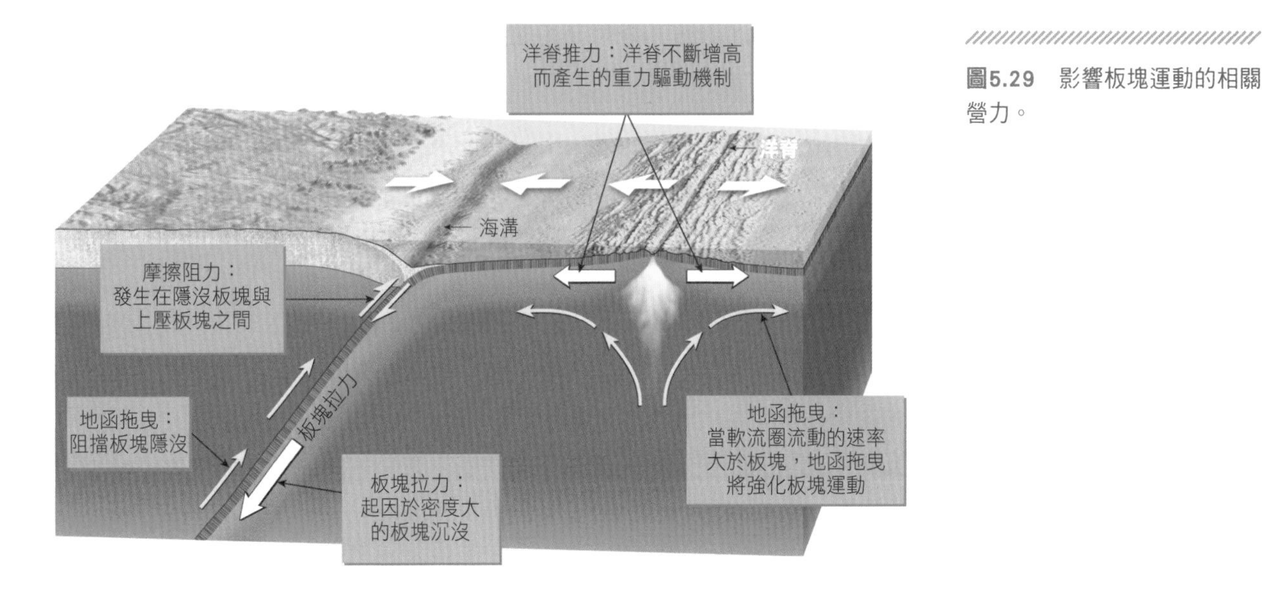

圖5.29　影響板塊運動的相關營力。

此外，相較於慢速漂移的板塊，快速移動的板塊在板塊邊緣擁有大規模的隱沒帶，案例包括太平洋板塊、納茲卡板塊和科克斯板塊。這樣的證據支持了板塊拉力比洋脊推力有更明顯的驅動力。

雖然板塊拉力和洋脊推力是板塊運動的主要營力，但並不是唯二的動力。在板塊下方，地函的熱對流也是一股營力，可稱為**地函拖曳**（圖5.29）。當軟流圈裡的流動速率超過板塊，地函拖曳就加強了板塊運動。但如果軟流圈移動的速率比板塊慢，或是方向不同，這股力量將阻擋板塊移動。

另一股阻力則在隱沒帶，在下沉的隱沒板塊與上壓板塊之間產生摩擦力，造成頻繁的地震活動。

板塊—地函對流的解釋模型

任何解釋板塊—地函對流的模型，一定要能解釋地函中已知的組成變異。舉例來說，沿著洋脊噴發的玄武岩質熔岩，和那些形成夏威夷島的熱點火山活動，都含有地函物質，但前者的組成物質非常一致，且缺乏特定元素，而後者則含有高濃度的某些特定元素，化學組成也非常多樣。由於玄武岩質熔岩在許多不同的構造條件下都能生成，照理說應該都要含有地函中獨特的化學元素，但實際上卻不是如此。

模型之一：660公里深的上下地函分界

有些研究者認為，地函就像一個「巨大的夾心蛋糕」，在地底下 660 公里深處分為上下兩層。請見圖 5.30A，這個分層模型假設地函分成兩個對流區：上部地函的對流層比較薄、且活動力強，下部地函的對流層比較厚、但流動緩慢。這個模型可以有效解釋，為何從洋脊噴發的玄武岩質熔岩的化學組成，不同於夏威夷島的熱點火山活動。中洋脊的玄武岩質熔岩來自上部對流層，經過均勻的混合；而造成夏威夷火山鏈的地函柱，則來自下部對流層比較深層且原生的岩漿。

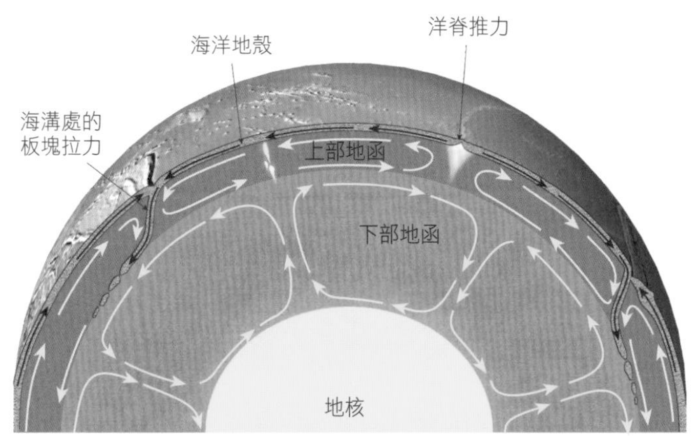

A. 660公里深的上下地函分界模型：地函分成地底下660公里上方比較薄的對流層，以及下方比較厚的對流層。

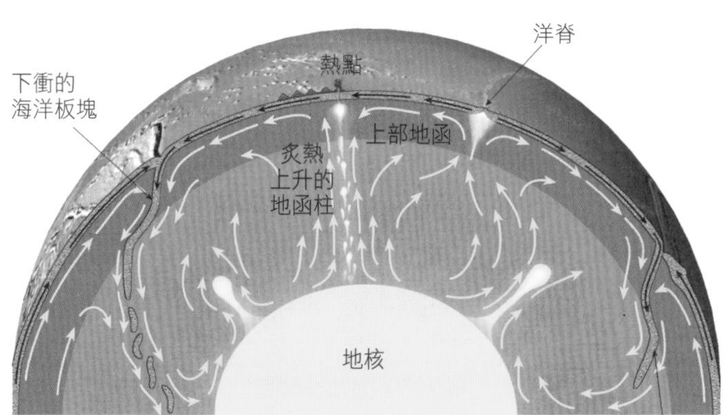

B. 全地函對流模型：海洋地殼隱沒至下部地函，而炙熱的地函柱則將熱能帶至地球表面。

圖5.30　地函對流的兩種解釋模型。

然而，從地震波研究取得的資料顯示，有些隱沒的海洋板塊下衝的深度，超過 660 公里的分層，穿透到更深的下部地函裡，應該會將地函上下二層的物質混合，因此這個分層結構模型並不成立。

模型之二：全地函對流

其他研究者則偏好全地函對流的概念，意即海洋地殼下衝至地函深處，攪動了整個地函（圖 5.30B）。這個模型提出：隱沒板塊下衝的終點是地核—地函邊界，板塊物質隨著時間熔融，然後開始向上抬升至地表，形成所謂的地函柱，將下部地函的物質運送至地表。

近來的研究則預測，幾億年來的全地函對流，應該會導致地函物質完全混合，消除岩漿組成不一的狀態，包括前述洋脊噴發的玄武岩質熔岩和熱點的火山活動。因此，這個解釋模型也有缺點。

關於地球板塊漂移的驅動機制，雖然還有待研究，但是有一件事是相當清楚的：地球內部不均勻的熱分布，形成某種形式的熱對流，最終導致板塊與地函運動。

因為板塊構造運動的動力來自地球內部的熱能，驅動板塊運動的內營力總有一天會停止。但外營力（包括風、水和冰）卻會持續侵蝕地球表面，最終地表將變成一片平坦大地，這將會是多麼不同的地貌：一個沒有地震、沒有火山、也沒有高山的地球。

- 1915 年，韋格納提出大陸漂移假說，最主要的論點是曾有一片盤古大陸，約在二億年前開始分裂成小塊的陸地，然後慢慢漂移至現在的位置。為了驗證現今分離的大陸曾經相連，韋格納和其他同儕提出下列證據：南美洲與非洲大陸的外形可以像拼圖一樣嵌合，還配合跨海相符的化石分布、地質構造的證據，以及古氣候證據。

- 反對大陸漂移假說的最有力論點是：缺乏有效解釋大陸漂移的機制。

- 比大陸漂移假說更完整的理論是板塊構造學說，主張地球表層由岩石圈覆蓋，包括七大板塊及許多小板塊，彼此牽動。地球許多地震活動、火山活動和造山運動，都是板塊邊界活動下的產物。

- 板塊構造學說與大陸漂移假說最大的差異點在於：前者主張大型板塊包括大陸地殼和海洋地殼，兩者是一起移動的。而韋格納提出的假說，則認為陸地是從海洋地殼剝離後開始漂移，就像冰棚從冰層斷裂後落海漂移一樣。

- 張裂型板塊邊界位在兩個相互分離的板塊之間，源於地函湧升的物質創造出新的海床。張裂型板塊邊界大多位在洋脊系統的稜線，與海底擴張密不可分，每年擴張的速率大約是 2 至 15 公分。新的張裂型板塊邊界也可能發生在陸地之內（例如東非裂谷），陸地分裂處會逐漸發展成新的海洋盆地。

- 聚合型板塊邊界則是分布在板塊相互碰撞之處，導致海洋地殼沿著海溝隱沒至地函裡。在海洋與陸地之間的聚合型板塊邊界，將導致海洋板塊隱沒，並形成大陸火山弧，如南美洲的安地斯山脈。海洋與海洋板塊聚合處則形成鏈狀的火山島弧；當兩個大陸板塊聚合，兩者都因為浮起而無法隱沒，導致兩者碰撞擠壓形成山脈，喜馬拉雅山脈正是一例。

- 錯動型板塊邊界則是板塊平行錯動，沒有新生或消減岩石圈。大部分的轉形斷層將中洋脊截成小段，彼此錯動，其他的轉形斷層則將擴張中心連接至隱沒帶，讓新形成的海洋地殼加速輸送到海溝，再度隱沒消失。還有一部分的轉形斷層切過大陸板塊，如美國加州的聖安地列斯斷層。

- 支持板塊構造學說的證據包括：深海盆地上的沉積物年代及厚度，還有因熱點而形成的鏈狀島嶼，足以做為判定板塊移動方向的依據。

- 驅動板塊運動的主要力量，包括板塊拉力和洋脊推力。板塊拉力是指密度大的海洋地殼隱沒時，拉著後方的板塊移動；洋脊推力則是因為洋脊頂端不斷增加的新地殼，產生重力向兩側推擠。炙熱又向上湧升的地函柱，被視為地函對流向上流動的一部分。近來有兩種地函對流的模型，尚未有定論：第一種模型假設地函在地底 660 公里處分成上下兩層，有各自的地函對流。第二種模型主張全地函對流，可攪動整個 2,900 公里厚的地函。

大陸火山弧 continental volcanic arc　因海洋岩石圈隱沒至陸地下方而引發的火山活動，形成一系列陸地上的火山群，案例包括安地斯山脈及喀斯開山脈。

大陸裂谷 continental rift　陸地岩石圈的線狀張裂處，它可能代表將來會出現新的海洋盆地。

大陸漂移假說 continental drift hypothesis　最早提出的有關大陸漂浮移動的理論，由德國氣象學家兼地球物理學家韋格納提出。最終由板塊構造理論取代。

化石磁性 fossil magnetism　請見「古地磁」。

火山島弧 volcanic island arc　鏈狀排列的火山島，一般都位在距離海溝幾百公里遠之處，這是由於海洋板塊隱沒至另一海洋板塊的下方，引發上方板塊的火山活動，而形成鏈狀、具有弧狀排列特徵的火山島弧，簡稱島弧。

古地磁 paleomagnetism　殘留在岩體中的天然地磁資料。由岩石記錄下的永久磁化資料，可用來決定磁極的位置，以及當時岩石被磁化時所在的緯度。

古氣候資料 paleoclimatic data　研究遠古時代的氣候及氣候變遷所獲得的資料。

正向磁極 normal polarity　與現今地球磁極方向相同的磁場。

地函拖曳 mantle drag　板塊運動的一種營力，是由板塊下方的地函熱對流引起的。當軟流圈流動的速率大於板塊，地函拖曳將強化板塊運動；當軟流圈移動的速率比板塊慢，地函拖曳會阻擋板塊隱沒。

地函柱 mantle plume　板塊內部玄武岩質岩漿的來源，地函的這種柱狀結構緣於地底深處，向上流動至地殼底部時，便往側向擴張流動，形成一個火山生成區，稱為熱點。

地磁反轉 magnetic reversal 每隔大約 20 萬年左右，地球磁場的磁極會發生方向反轉的現象。

地磁年代表 magnetic time scale 記錄地質年代中發生地磁反轉的歷史。

居禮點 Curie point 高過該溫度之後，物質即喪失原有的磁性。這個名稱是為了紀念皮耶．居禮（Pierre Curie, 1859-1906，居禮夫人的先生）的貢獻。

岩石圈 lithosphere 地球最外圈的堅固地層（lithos 代表石頭，sphere 代表球體），包括地殼和上部地函。

岩石圈板塊 lithosphere plates 岩石圈分割成眾多的單位，可在軟流圈上方移動。板塊包含地殼和上部地函兩部分。

板塊拉力 slab pull 板塊運動的一種主要營力，由於冷卻且高密度的海洋地殼隱沒至地函中，而「拉扯」後方的岩石圈一併沉降。

板塊構造學說 plate tectonics theory 主張地球外殼包括許多獨立的板塊，彼此擠壓、分離或錯動，因而形成地震、火山、山脈和地殼本身。

洋脊系統 oceanic ridge system 海床上隆起相連的地形，遍布各大海洋盆地，寬度從 500 公里至 5,000 公里不等。洋脊稜線位置的裂口，代表張裂型板塊邊界。

洋脊推力 ridge push 板塊運動的一種主要營力，涉及海洋岩石圈在重力牽引之下，從洋脊的裂谷向兩側滑動。

島弧 island arc 請見「火山島弧」。

海底擴張 seafloor spreading 在張裂型板塊邊界產生新海洋地殼的歷程。

海溝 deep-ocean trench 海底狹窄而綿延的深浚陷落地區。

破裂帶 fracture zone 在深海床上出現的線狀不規則地形。這種線狀破裂帶包括一段活躍的轉形斷層，還有位在轉形斷層的兩端、往板塊內部延伸的非活躍帶。

逆向磁極 reverse polarity 與現今地球磁極方向相反的磁場。

張裂型板塊邊界 divergent boundary 脊狀隆起的板塊邊緣正在分裂的區域，典型的地形如中洋脊。又稱為建設型板塊邊界或生長型板塊邊界。

軟流圈 asthenosphere　地函的次分區（asthenos 代表脆弱，sphere 代表球體），位在岩石圈下方，大約在地底下 100 公里處，部分區域更深達 700 公里。這一層的岩石非常容易變形。

部分熔融 partial melting　大多數火成岩熔融的過程。由於不同的礦物有不同的熔點，若要火成岩全部熔融，所需的熔點將橫跨數百度。當部分熔融開始後，所擠壓出的液體，通常含有高量的二氧化矽。

裂谷 rift valley　沿著張裂型板塊邊界分開的地殼區域。

構造板塊 tectonic plates　見「岩石圈板塊」。

磁強計 magnetometer　用來記錄地球磁場強度的靈敏儀器。

磁極移動 polar wandering　根據 1950 年代起的古地磁研究，研究者假設：磁極若不會隨著時間而移動，那便是大陸的位置慢慢漂移改變的證據。

聚合型板塊邊界 convergent boundary　兩個板塊相碰撞的邊界（con 代表聚合，vergere 代表移動），導致其中一片板塊隱沒至另一片板塊下方的地函。又稱為破壞型板塊邊界、消減型板塊邊界。

熱點 hot spot　地函內部熱度集中處，足以產生噴發至地表的岩漿。形成夏威夷火山島鏈的板塊內部火山活動，正是一例。

熱點軌跡 hot-spot track　熱點的位置不會變動，但是熱點上方的板塊會移動，因此板塊上就產生了一連串的火山，稱為熱點軌跡。

盤古大陸 Pangaea　韋格納提議曾經存在的超大陸（supercontinent），約在二億年前開始分裂，逐漸形成今日所見的不同陸塊。

錯動型板塊邊界 transform fault boundary　兩個板塊互相錯動，但沒有產生或減少任何地殼。又稱為轉形斷層板塊邊界或保守型邊界。

隱沒帶 subduction zone　岩石圈板塊隱沒至另一塊板塊下方時，產生一處狹窄的帶狀區域。

擴張中心 spreading center　見「張裂型性板塊邊界」。

1. 大陸漂移假說由誰提出？
2. 讓人懷疑大陸曾經相連的第一個證據是什麼？
3. 什麼是盤古大陸？
4. 請列出韋格納和其支持者證明大陸漂移假說的證據。
5. 只有在南美洲和非洲發現的中生代中龍化石，請解釋為何足以支持大陸漂移假說。
6. 二十世紀初期，解釋陸棲動物如何跨海遷移的主要論點有哪些？
7. 韋格納如何解釋南方陸塊的冰河遺跡？又如何解釋北美洲、歐洲和西伯利亞有熱帶沼澤？
8. 板塊邊界的論點，是在何種基礎上建立的？
9. 板塊邊界有哪三種類型？請描述每種邊界之間的運動方式。
10. 什麼是海底擴張？現今哪裡有活躍的海底擴張呢？
11. 什麼是隱沒帶？與哪一種板塊邊界有關？
12. 岩石圈在哪裡消失？為什麼岩石圈生成和消失的速率，必須大致相同呢？
13. 請簡單描述喜馬拉雅山脈如何形成？
14. 請區分錯動型板塊邊界與其他兩種板塊邊界的差異。

15. 有人預測美國的加州最終將沉入海中。請問這個想法符合板塊構造學說嗎？
16. 請定義古地磁學。
17. 大陸漂移假說如何解釋地球明顯的磁極移動現象呢？
18. 根據深海鑽探調查，最古老的沉積岩年代為何？與最古老的陸地岩石相比，兩者年代相差多少？
19. 熱點和板塊構造學說如何解釋夏威夷島群的年代差異？
20. 請簡述驅動板塊運動的三種主要力量。
21. 喜馬拉雅山脈、阿留申群島、紅海、安地斯山脈、聖安地列斯斷層、冰島、日本和聖海倫斯火山等地，分別與哪一種板塊邊界有關？

地震、地質構造和造山運動——永不停歇的地球

學習焦點

留意以下的問題，
對掌握本章的重要觀念將相當有幫助：

1. 地震是什麼？
2. 地震的類型有哪些？
3. 如何決定地震震央的位置？
4. 主要的地震帶分布在何處？
5. 如何描述地震規模？
6. 什麼關鍵因素決定地震的毀滅強度？
7. 地球內部分成哪四個分區？
8. 如何分辨大陸地殼和海洋地殼？
9. 岩體變形？有哪兩種基本類型？
10. 造山運動與不同類型的聚合型板塊邊界有何關連？

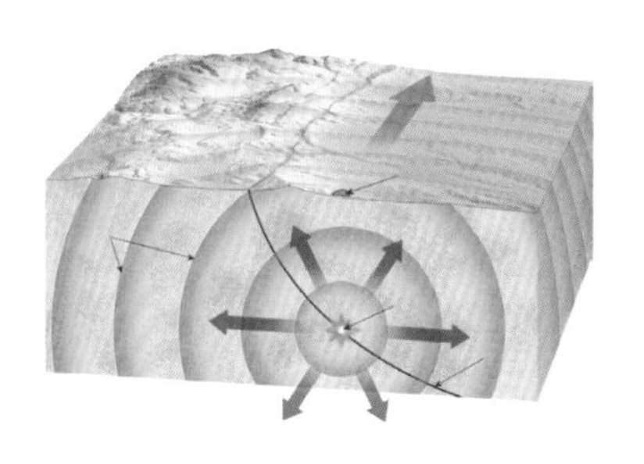

1989 年 10 月 17 日，太平洋夏令時間午後 4 點 4 分，全球數百萬名觀眾正準備觀看美國職業棒球大聯盟世界大賽的第三場賽事。然而，他們看到的卻是電視螢幕陷入一片漆黑，因為這時舊金山市區的燭台棒球場正在天搖地動。雖說震央是在南方 100 公里外遙遠的聖塔克魯茲山區，但主要的災害卻發生在舊金山濱海地區。

此次巨震最慘痛的災情是 880 號州際公路部分雙層路段癱塌，880 號州際公路也稱為尼米茲高速公路。高架的高速公路受到地面的震動而來回晃動，高架道路的水泥支撐柱承受不住劇烈的搖擺而毀壞，有長達 2 公里的上層公路倒塌在下層公路的路面上，將汽車如踩鋁罐般壓平。這個依震央地點命名為洛馬普列塔（Loma Prieta）的地震，共奪走 67 條人命。

1994 年 1 月中旬，在洛馬普列塔地震重創部分舊金山灣區即將滿五年之際，一次大地震襲擊了洛杉磯的北嶺地區，雖非預言中「最大的地震」，然而這個規模 6.7 的地震卻也造成 57 人死亡，超過 5 千人受傷，還有數萬戶的水電全斷。災害損失超過四百億美金，災害元凶是北嶺地區底下一條不曾發現過的斷層，在 18 公里深的地底突然斷裂。

北嶺地震於清晨 4 點 31 分襲擊洛杉磯市區西北方，大約持續 40 秒。短短的時間內便震驚了整個洛杉磯地區，北嶺地區三層樓的草原公寓倒塌，造成 16 人死亡，大多數的死亡歸因於上層樓地板壓垮了一樓。此外，近 300 所學校嚴重損毀，十幾條主要公路彎曲變形，其中有兩條加州地區的大動脈嚴重受阻，其一是金州高速公路（州際公路 5 號）被坍塌的上層公路完全阻擋去路，另一條是聖莫尼卡高速公路。所幸凌晨時段的高速公路上沒有車流量，未造成傷亡。

在鄰近的格瑞那達山區，破損的瓦斯管線引發大火，而街道卻因為水管主幹線破裂，氾濫成災，形成無水救火的窘境。單單在洛杉磯市區，消防隊就接獲上百通報案電話。席爾馬地區有 70 棟民房遭到焚毀，一列 64 節車廂的貨物列車出軌，其中包含載有危險化學品的車廂。儘管地震造成重大的經濟損失，但值得注意的是，此次災情並不算太嚴重。特地為了地震警戒區新制定的建築法規，提升了建築結構安全，降低了人類社會另一場大型災害的發生風險。

何謂地震？

地震是大自然界的地質現象，起因於巨大的岩塊遽然且快速的位移。地震伴隨著劇烈的搖晃，是因為地殼岩石沿著破裂面斷裂與滑動，形成所謂的**斷層**。愈大型的斷層，形成愈大規模的地震（圖 6.1）。地震發生的起源點稱為**震源**，深度介於地底下 5 公里至 700 公里之間。震源直接對應到地表的投影點稱為**震央**（圖 6.2）。

圖6.1　2010年1月14日，芮氏規模7.0的地震襲擊了海地太子港市，市區內大多數的房舍嚴重倒塌。不適當的建築法規，正是造成許多寶貴生命喪失的致命因素。
（Photo by Stocktrek/Thinkstock）

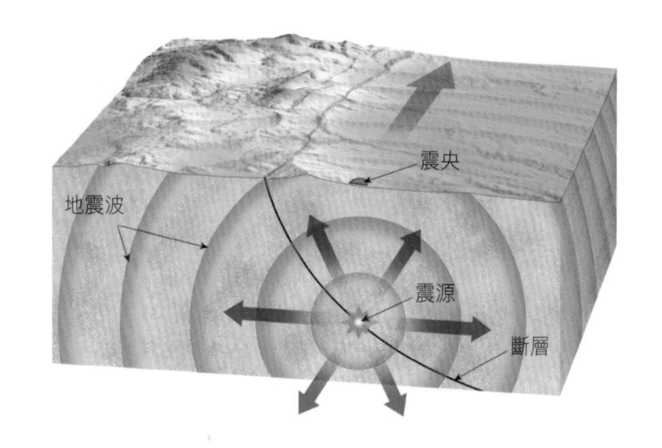

圖6.2 震源是地球內部斷層位移的發生處。震央位於震源正上方的地面。

在大型地震中，巨大的能量以熱能及地震波的方式釋放出來。地震波是一種彈性能量，可以藉由震動物質來傳遞能量。地震波就像將石頭丟入靜止的水塘所造成的波動一般，地震所產生的波動就像水塘的漣漪，是從震源向各方向輻射而出。即使地震的能量隨著距離增加而迅速消失，世界各地的敏銳儀器還是能感測並記錄到每個地震事件。

全世界每年約有超過 3 萬次的有感地震。幸運的是，大多數的小地震對人類生活不太具有威脅力。不過，從更大時間尺度的地質年代來看，地震卻有助於形塑地球的地景。

每年大約只有 75 場強烈地震發生，多數發生在人跡罕至之處。偶爾，一場大規模地震發生在人口群聚處附近，形成地球上最具毀滅性的自然力量之一。地面的搖晃伴隨著土壤液化，造成建築物、高速公路及其他結構物的浩劫。除此之外，當地震發生在人口稠密區，電力與瓦斯管線經常被扯壞而造成火災。在廣為人知的 1906 年舊金山大地震中，大多數的損害是因為水管主幹線破裂，消防隊員無水救災，災情變得無法控制（圖 6.3）。

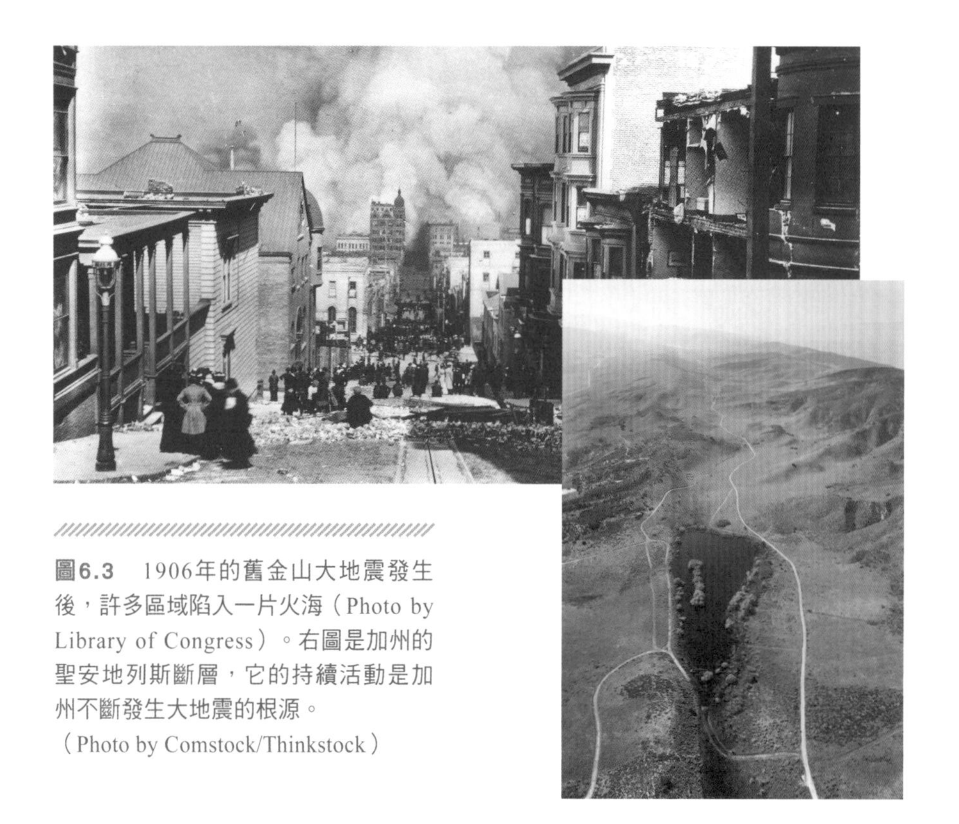

圖6.3　1906年的舊金山大地震發生後，許多區域陷入一片火海（Photo by Library of Congress）。右圖是加州的聖安地列斯斷層，它的持續活動是加州不斷發生大地震的根源。
（Photo by Comstock/Thinkstock）

揭露地震的成因

原子彈爆炸或地殼內部岩漿移動所釋放的能量，都能產生類似地震的震波，不過這些事件引發的震波通常比較微弱。那麼，究竟是什麼機制產生極具破壞力的地震呢？

如同你已經瞭解的，地球並非是靜止的星球，大部分的地殼都曾經被推升過，海拔數千公尺高的山區能發現海洋生物化石，便是最佳證據，其他地區也存在著大片的沉積證據。除了這些垂直縱向的位移之外，籬笆、苗圃、道路的偏移，也同樣點出水平位移是相當常見的事（圖 6.4）。

圖6.4 位於加州卡萊克西科（Calexico）東側的柑桔園內，斷層的滑動造成土地的位移。
（Photo by John S. Shelton）
圓形照片顯示1906年的舊金山大地震，造成籬笆錯動了2.5公尺。（Photo by G. K. Gilbert, U.S. Geological Survey）

地震生成的真正機制一直困擾著地質學家，直到約翰霍普金斯大學的里德（Harry Fielding Reid, 1859-1944）教授在 1906 年舊金山大地震後，組織一項野外調查研究，發現在聖安地列斯斷層的北端，地表有數公尺的水平位移。根據調查結果確認，在這單一地震事件期間，太平洋板塊驟然往北，與緊鄰的北美板塊之間，錯動了 4.7 公尺的距離。

利用里德教授的調查，我們整理出圖 6.5 的說明。地殼的構造應力可以長達十年到百年的時間，緩慢的讓斷層兩側的岩層變形。當不同的應力造成岩層變形之時，岩層就儲存了彈性能，就像一根竹筷遭到彎曲時一樣（圖 6.5B）。總有一天，讓岩層維持不斷裂的內部摩擦力再也抵擋不住，岩層「啪的一聲」斷裂開來，彈回最初那種沒有受到應力的狀態（圖 6.5C 和圖 6.5D）。里德把這種「彈回」現象稱為**彈性回跳**，因為岩層展現出來的行為就像具有彈性一般，更像綳得緊緊的橡皮筋突然被放開後，彈回原狀一般。我們很熟悉的地震的震動，就是岩層彈回原狀而造成的。

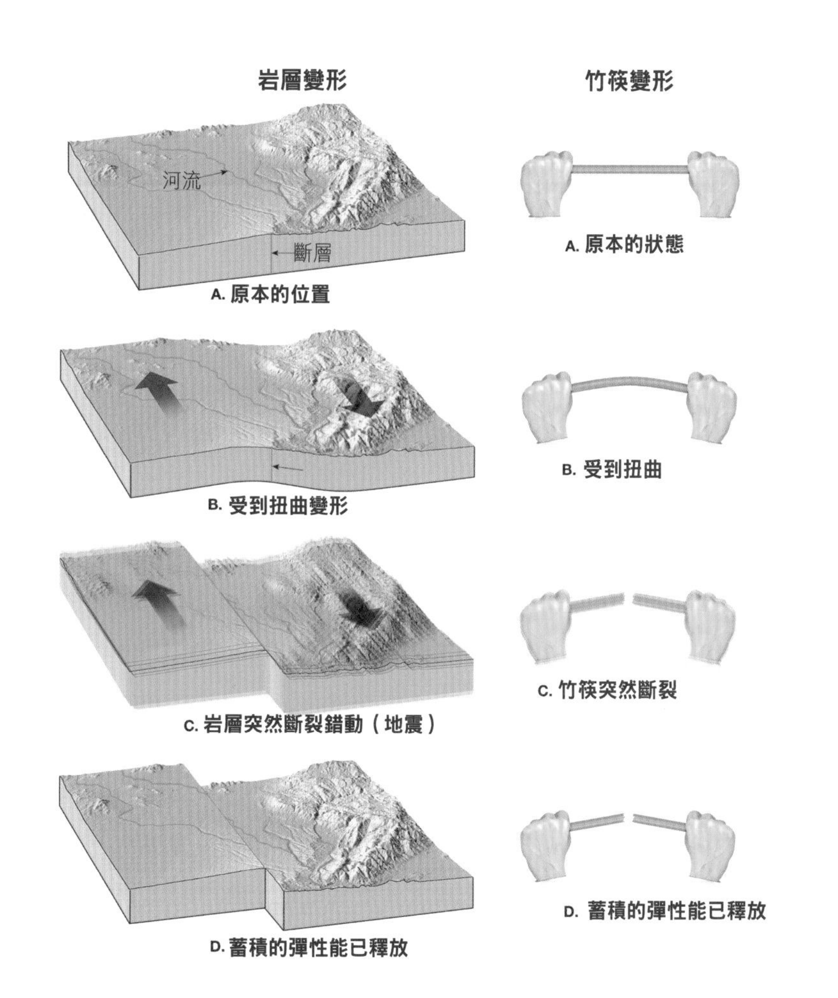

圖6.5　彈性回跳的示意圖。當岩層受到扭曲變形時，會儲存彈性能。一旦岩層被張力拉扯到超出斷裂臨界點時，岩層便會突然斷裂，並以地震波的形式釋放出所儲存的能量。

從文獻紀錄來看，每天都有上千次的地震發生。值得慶幸的是，多數是人們無法察覺的無感地震，而有感的大地震又多半發生在偏遠地區。這些地震紀錄全都得歸功於靈敏的地震儀。

總結來說，岩層中儲藏著來自不同應力導致變形的彈性能，一旦快速釋放，就會產生地震，一旦超越岩層本身所能承受的變形量，岩層就會突然破裂，導致更為劇烈震動的地震。

餘震與前震

強烈地震過後，往往尾隨著一連串較小的震動，稱為**餘震**，在數個月之內，餘震的頻率與強度會逐漸減少消逝。以 1964 年阿拉斯加地震為例，地震發生後 24 小時內，記錄到 28 起餘震，其中有 10 起規模超過 6，接下來的 69 天內，發生地震規模 3.5 或超過 3.5 的次數，共計超過 1 萬次，爾後的 18 個月內，記錄到數千次微弱地震。由於餘震主要發生在斷層已滑動的部位，這提供給地質學家建構地層斷裂面的有用資料。

雖然餘震比主震來得微弱，卻依舊能造成結構已受損的建築物毀壞崩塌。這樣的情形就曾發生在 1988 年的美國西北部，大多數民眾居住在磚造與水泥結構的大型公寓裡，在一次規模 6.9 的大地震中，建築物的結構已經受損，之後再發生一場規模 5.8 的大餘震，便夷平了這些建築物。

相較於餘震，在主震發生前數天，甚至有些是數年前，就出現小型地震的徵兆，稱為**前震**。但監測前震做為預測大地震的研究，目前成果仍不顯著。

地震與斷層

地震發生的地點，往往沿著新舊斷層發生。斷層是地殼受到不同應力（張應力、壓應力、剪應力、熱應力等等）的作用，而產生斷裂之處。部分斷層大到足以產生大規模地震，聖安地列斯斷層正是一例，它是分隔北美板塊和太平洋板塊的*錯動型板塊邊界*。其餘的斷層則小到僅能產生小型地震。

大部分沿著斷層產生的位移，完全能以板塊構造學說來解釋（詳見第 5 章）。活動中的板塊與相鄰的板塊相互作用，拉扯扭曲彼此邊界上的岩層，因此與板塊邊界有關的斷層，往往是許多大型地震的源頭。

多數的大型斷層並不是全然筆直且連綿的，反倒是由許多扭曲斷裂的分支與小裂痕所組成。以聖安地列斯斷層為例，請見圖 6.6 展現的斷層分布型態，就是由數個大小不一的斷層所組成的系統。

聖安地列斯斷層無疑是當今世界上研究資料最豐富的斷層系統。多年來的研究指出，不同區段的斷層位移，彼此之間都略有差異，少數區段呈現緩慢且穩定的位移，稱為*斷層潛移*，在岩層的變形量並未明顯增加的情況下，僅會造成小型的地震擾動。其餘區段則在規律的時距內產生岩層滑動，造成輕度至中度的地震。但也有部分區段在錯動產生大地震前，不動如山，持續累積能量長達數百年。

沿著聖安地列斯斷層的密合區段，經常是反覆的發生地震，只要一場地震結束，板塊持續性的移動就開始讓岩層繼續蓄積能量，數十年或幾世紀之後，斷層又會再次斷裂，產生大規模地震。

圖6.6 聖安地列斯斷層系統和東加利福尼亞斷層帶的地圖。

你知道嗎？

人類也曾經無意的觸發地震。1962 年，丹佛市的居民開始感受到持續的震動，經過調查，發現地震發生的地點，鄰近陸軍用來向地底注入廢棄物的棄置井。調查人員指出，當廢棄液體注入地底之際，會在地底的斷層面上蓄積，液壓逐漸升高後，使得斷層面之間的摩擦力降低，進而觸發斷層的滑動與地震。調查結論相當確定的指出，一旦停止注入，丹佛市的地震也會停止。

地震學：地震波的研究

關於研究地震波的**地震學**，最早可追溯至兩千年前的中國，試圖設計機械裝置，來找出地震發生的方位。現代用來記錄地震波的地震儀，設計概念與中國古代的儀器相似。地震儀上有一支可自由擺動的重錘，重錘頂端有一根筆針，記錄震波的圓筒和儀器底座則是穩穩的固定在地底的基岩上（圖 6.7），當地震產生的波動傳遞到這座儀器時，圓筒和儀器底座會隨著地震波而震動，但是可自由擺動的重錘因為慣性之故，維持不動（慣性是指物體動者恆動，靜者恆靜），於是筆針與圓筒之間就有了相對運動，可記錄地震波到達的時間、振動幅度、以及震波種類。

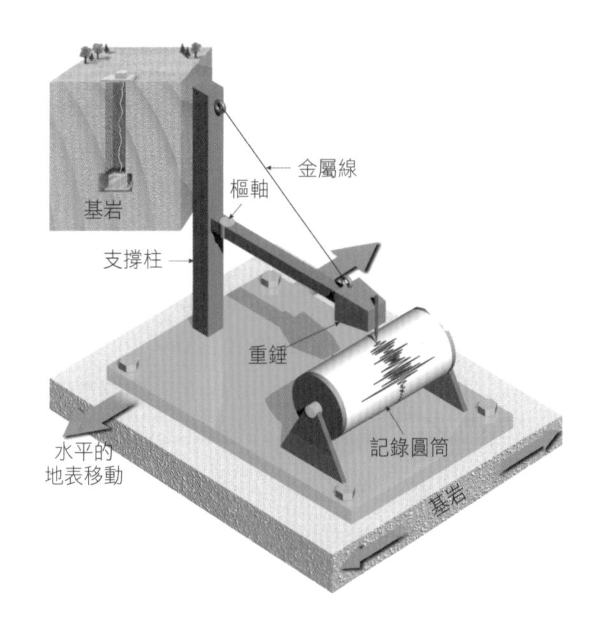

圖6.7　地震儀的原理：記錄震波的圓筒穩穩的固定在地底基岩上，重錘與筆針則彷彿懸在空中，當地震波通過地面時，重錘（與筆針）因為慣性而維持不動，記錄震波的圓筒則隨著地震波振盪，讓筆針在圓筒的紀錄紙上畫出震波的振幅。

你知道嗎？

東漢天文學家張衡，大約在西元 132 年左右，發明第一座偵測地震的儀器「候風地動儀」。中國曾發生不少次災情慘重的大地震。後代的研究認為，張衡的候風地動儀可以偵測到人無法感應到的地震，還能推估震央的方向。

為了偵測微弱地震或是遠在地球另一端發生的強烈地震，大多數的地震儀都設計成：要能放大地表的震動，以便記錄。如果是震央附近的地震儀，則是要求能承受劇烈的晃動。

地震儀所記錄的圖表稱為**震波圖**，提供關於地震波特性的有用資訊。當岩層破裂移動時，震波圖會記錄到兩種主要的地震波：一種沿著地球表面行進，稱為**表面波**，另一種地震波則能穿透地球內部，稱為**體波**。體波又分成二種，分別是**初波**（又稱為 P 波）和**次波**（又稱為 S 波）。

P 波是一種推拉波，會讓物質發生推擠和拉伸，推拉方向與地震波的行進方向平行（圖 6.8A），這種波動方式就像我們講話的時候發出的聲波。不論是固體、液體還是氣體，都允許體積隨著短暫的壓縮而改變，而外力消失時又能因彈性回復原狀，因此，P 波可以穿透任何物質。

相反的，S 波則是搖晃物質的粒子，振盪方向與地震波的行進方向垂直，就像將繩子一端固定，從另一端晃動繩子（圖 6.8C）。不像 P 波利用推擠和拉伸來暫時改變物質的體積，S 波是利用振盪來改變物質的形狀。由於流體（包括氣體和液體）只能承受壓力，不能承受拉力（和剪力），否則就會變形流動，意即一旦拉力（或剪力）消失，流體也無法回復原本的形狀，所以 S 波不能在流體中傳遞。

表面波的運動方式就相對複雜多了。當表面波沿著地表傳遞，行經路徑上所有東西都會被拋起，就像海浪將船隻拋高一樣。除了上下運動之外，表面波還會像 s 波一樣搖擺——但只是發生在水平面上，這種左右搖擺的運動方式特別容易造成結構基礎的毀壞。

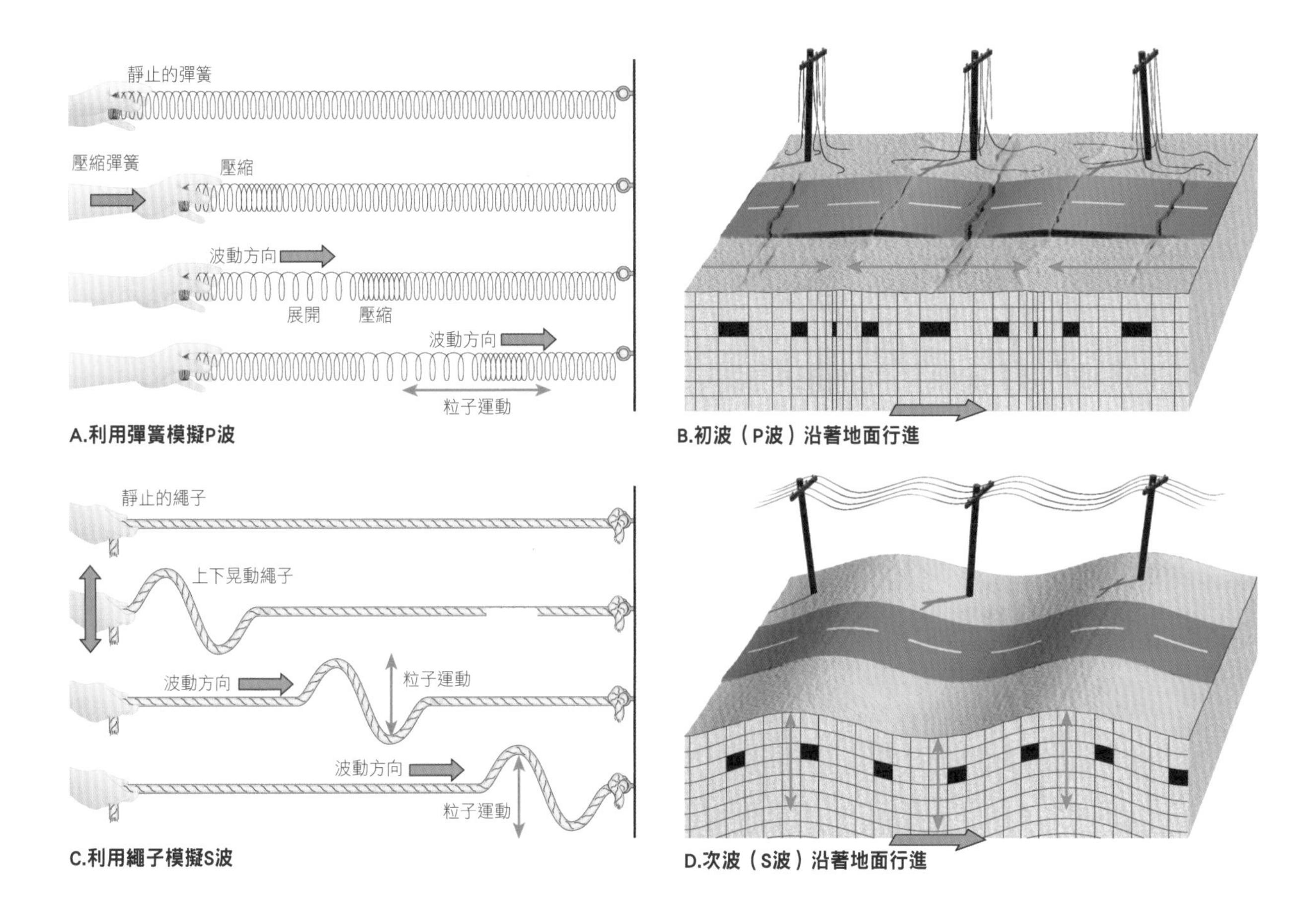

圖6.8　不同地震波的傳遞特徵（請留意強震之中的地表搖晃，事實上包含了各種不同的地震波）。
A. 利用彈簧來說明P波傳遞的方式，P波是一種壓縮波，讓物質藉由壓縮和伸展的方式傳遞P波。
B. 來來回回的運動方式，產生壓縮波穿越地表，造成地面擠壓和破裂，也可能造成電纜線斷裂。
C. 次波（S波）讓物質上下振盪，行進方向與振盪方向相互垂直。
D. 由於S波可以穿透任何平面，它會讓地面產生上下左右的搖晃。

透過圖 6.9 檢視「典型的」地震波，你會發現不同地震波的主要差異在於行進速率。P 波的速率最快，最先抵達地震儀，再來是 S 波，最後才是表面波。P 波穿越地殼岩層的速率大約是每秒 6 公里，穿到地函底部時的速率則增加至每秒 13 公里，P 波大約能在 20 分鐘內穿透整個地球的地函。一般而言，在任何固體中，P 波的行進速率比 S 波快 1.7 倍，而表面波的行進速率又比 S 波慢了 10%。

除了速率的差異，不同地震波的振幅也不同（圖 6.9）。S 波的振幅比 P 波略高，而表面波的振幅更大。表面波維持在最大振幅的時間，也比 P 波和 S 波來得長。因此，表面波更容易造成地面劇烈的晃動，導致更嚴重的破壞。

地震波可以用來偵測地震發生的地點及規模，也是用來瞭解地球內部構造的重要工具。

圖6.9 典型的地震儀，請留意第一個抵達的P波，與第一個S波之間的時間差，大約有5分鐘。

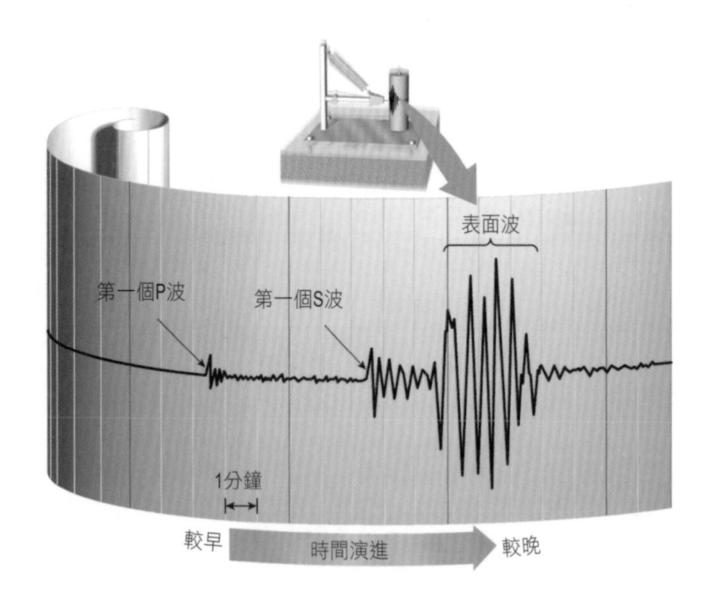

地震儀最引人關注的使用方式，有些涉及重建一些不幸的災難，包括空難、管線爆炸和礦災。舉例來說，曾有地震學家協助進行泛美航空 103 號班機失事的調查，這架飛機於 1988 年因為恐怖份子放置炸彈，而在蘇格蘭墜毀。接近失事地點的地震儀共記錄到 6 次不同的震動，顯示這架飛機在墜毀前就因為爆炸，散落成好幾大塊殘骸。

你知道嗎？

地震定位

地震學者進行地震分析時，首要任務是找出**震央**位置，也就是震源直接對應至地表的位置（圖 6.2）。測定震央位置的方式，是運用 P 波行進速率快過 S 波的特性。

測量方式就像記錄兩輛車的比賽結果，總有一輛跑得比較快。首先抵達的 P 波，就像每次都贏得比賽的快車，永遠都比 S 波先抵達。當比賽的路途愈長，兩車抵達終點（地震測站）的時間差距就愈大，因此，當第一個 P 波和第一個 S 波的時間差愈大，代表地震發生的地點離測站愈遠。

圖 6.10 顯示同一個地震在三個不同測站記錄到的震波圖，包括印度納格浦（Nagpur）測站、澳洲達爾文測站和法國巴黎測站。若依據 P 波和 S 波的時間差，前述哪個城市離震央最遠呢？

地震的震央定位系統，首先得利用震波圖建構出時距圖（見圖 6.11）。圖 6.10 印度納格浦的震波圖，搭配圖 6.11 的時距圖，即可用二個步驟計算出測站與震央的距離：(1) 測定第一個 P 波與第一個 S 波抵達的時間差；(2) 利用時距圖的縱軸找出 P—S 的時間差，再對應橫軸找出與震央的距離。藉由這樣的步驟，即可找出印度納格浦距離震央為 3,400 公里。

圖6.10　同一地震在三個不同城市記錄到的地震波示意圖。A. 印度納格浦、B. 澳洲達爾文、C. 法國巴黎。

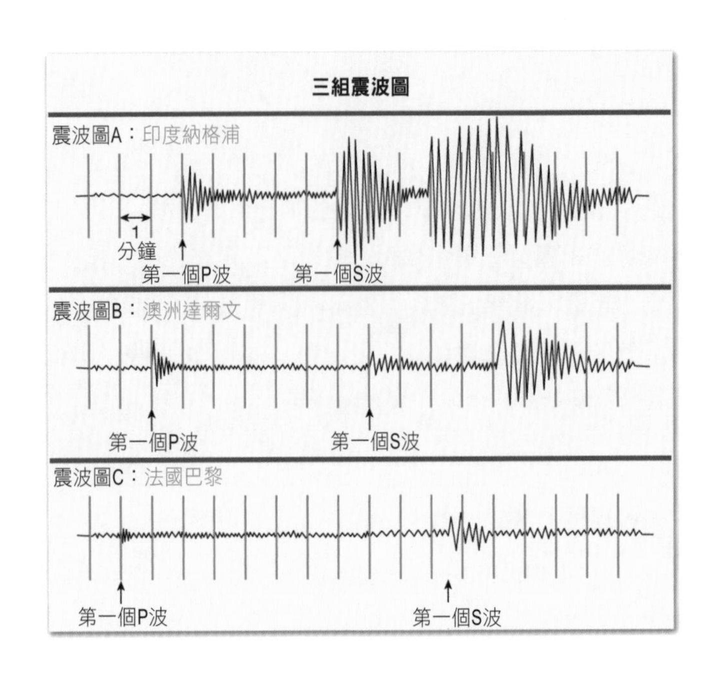

圖6.11　時距圖可用來換算測站與震央之間的距離。以第一個P波和S波的時間差是5分鐘為例，震央距離測站有3,400公里。

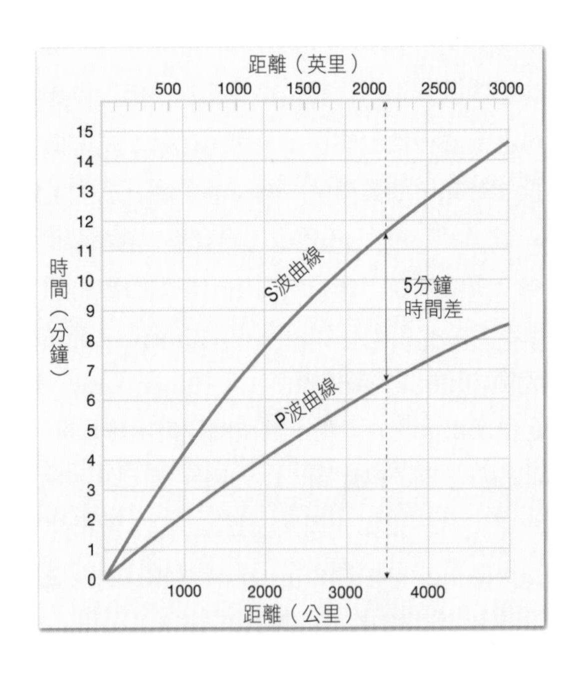

既然得知了距離，但震央可能位在測站的任何一個方向，又該如何決定方位呢？此時可使用三角測量法，來找出確切的震央位置，意即利用三個或三個以上的測站資料，以測站為圓心，與震央的距離為半徑畫圓，三個圓圈交界之處，正是震央所在（圖 6.12）。

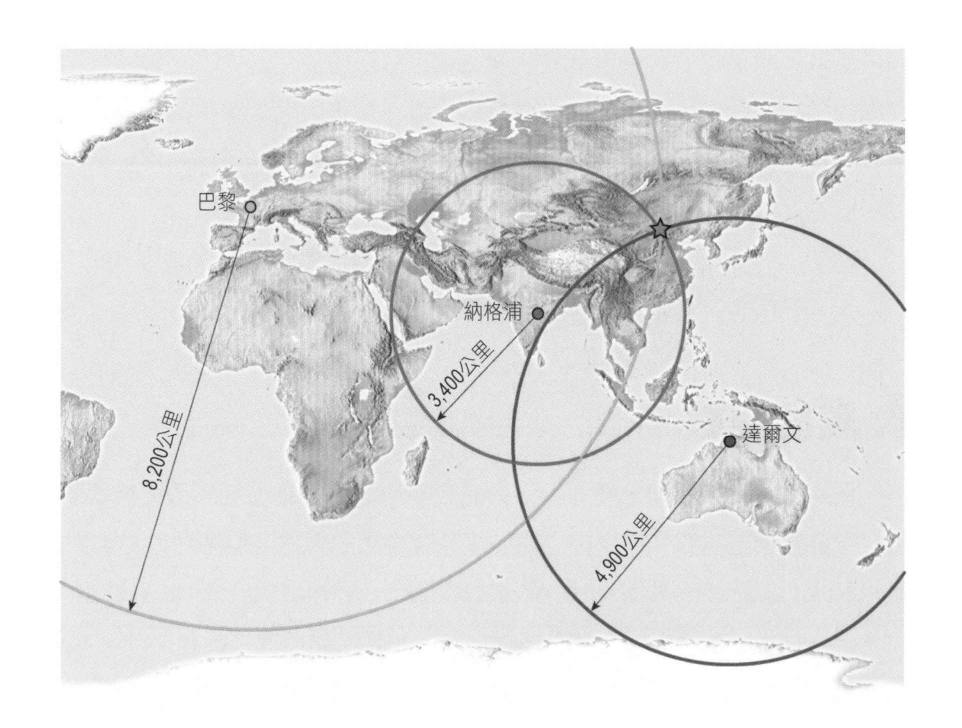

圖6.12　利用三個或三個以上的測站資料，計算各個測站與震央的距離，即可採用三角測量法找出震央的位置。

1811 年至 1812 年間，發生在美國新馬德里的地震，造成地表錯動達 4.5 公尺，開創出密西西比西側的聖法蘭西斯湖（Lake St. Francis，位在美加邊境），也讓里爾夫湖（Reelfoot Lake）的面積向東擴增。此外，部分地表的抬升隆起，讓密西西比河的河床上出現暫時性的瀑布。

你知道嗎？

量測地震的大小

長久以來，地震學家採用許多不同的方法來描述地震的大小，其中有兩項最基本的描述方式是震度和規模。**震度**是最先使用的方法，觀察指定範圍內的破壞狀況，來判定地表搖晃的程度。爾後隨著地震學的發展，演變成利用儀器來量測地表的震動，量化的結果稱為**規模**，意即利用地震紀錄來估算震源一共釋放了多少能量。

震度和規模雖然意義不同，但是都可提供關於地震強度的有用資訊，因此，這兩者都被用來描述地震的嚴重程度。

震度級數

大約在一百多年前，歷史紀錄只能說明地震的晃動程度和造成破壞的情況。首次企圖想要「科學化」的描述地震後果，大約可追溯到 1857 年的義大利大地震，有人開始利用系統化的方式，記錄地震在各地造成的影響，將具有相同毀壞程度的地點，在地圖上相連（類似等高線圖），代表這些地點承受搖晃的程度相同。這就建構出地表搖晃程度的震度分布圖。利用這個方法，可定義出震度相同的區域（圖 6.13），而通常震度最強的區域，靠近地表搖晃最大的中心點，也通常是震央所在地（但還是有例外）。

1902 年，麥加利（Giuseppe Mercalli, 1850-1914）利用加州建築物在地震中的搖晃程度為標準，發展出一套更具可信度的震級表，爾後修訂過的版本仍一直沿用至今，稱為**麥氏震度級數**，分級內容請詳見表 6.1。舉例來說，如果部分結構強韌的木構建築和大部分的石造建築在一次地震中倒塌，這些區域在麥氏震度級數中被歸為第 10 級（第 X 級）。

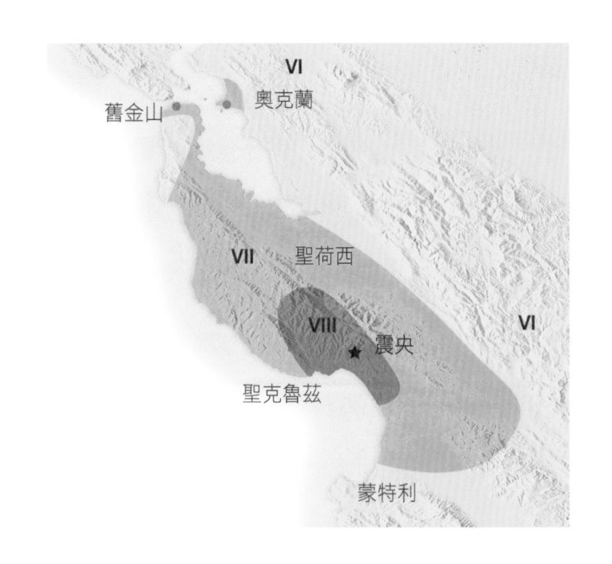

圖6.13 1994年1月洛馬普列塔地震造成各地破壞程度的分布圖。本圖運用麥氏震度級數進行震度分級。請留意受損嚴重的舊金山和奧克蘭地區，距離震央約有100公里遠。

表6.1 麥氏震度級數

I	除了極少數的特別情況，幾乎不會感覺到地震。
II	只有少數靜止不動的人，才會感覺到地震，尤其是位在高樓層的位置。
III	室內的人應該略有感覺，尤其是高樓層的位置，但多數人不會認為是地震帶來的震動。
IV	多數在室內的人都感受到搖晃，就像屋外有重型卡車開過的震動，但室外只有少數人會感覺到。
V	幾乎每個人都感覺到了，許多人會從睡夢中驚醒。會看到大樹、柱子或其他較高的物件在晃動。
VI	全部的人都感覺到地震，許多人害怕到跑出室外。 部分家具移位；建築物掉落一些粉塵、或煙囪受損。地震只造成輕微的破壞。
VII	每個人都跑出戶外。設計和建造良好的建築物幾乎沒有損壞； 一般妥善興建的房舍可能有輕度至中度的損壞；構造不佳或設計不良的建築物則發生較多的損壞。
VIII	特別設計的結構物也出現輕微的損壞；一般大量興建的建築則廣泛出現結構受損，還有部分坍塌的狀況；興建不良的結構物則大量倒塌（包括住宅煙囪、工廠煙囪、高柱、紀念碑、圍牆等）。
IX	特別設計的結構物也大受地震影響；建築物地基位移；地面出現明顯的裂痕。
X	部分結構強韌的木構建築傾倒；大部分磚石構造和桁架結構大量坍塌；地表滿布裂縫。
XI	只有極少數的結構物屹立不搖；橋樑斷裂；地面出現大規模的裂縫與下陷。
XII	全面受災，滿目瘡痍；地表呈現波浪狀起伏；東西都被拋至空中。

儘管這些分級對當時的地震學家而言，是很有用的工具，可用來比較地震的嚴重程度，麥氏震度級數還是有明顯的缺點。因為麥氏震度級數是根據受影響的程度（大規模破壞的程度）來分類，但破壞程度不只是與地面搖晃的嚴重程度有關，也關乎建築設計和地表組成物質的特性。

以 1988 年規模 6.9 的亞美尼亞地震為例，災情慘重的原因，得歸咎於不適當的建築方式。1985 年墨西哥市因地震襲擊而宛如死城，是因為部分市區座落在鬆軟的沉積層上。因此，用地震受災的程度，常常無法有效測量地震所釋放的能量。

地震規模

為了更精準比較全球各地的地震，需要建置一套共同量測方式，不能依賴因地而異的參數，因此發展出一套以數字記錄地震規模的方法。

芮氏地震規模

1935 年，加州理工學院的芮克特（Charles Richter, 1900-1985）利用地震紀錄，發展出第一套規模震級，稱為**芮氏地震規模**。這套分類方法是依據震波圖記錄到的最大振幅而定（可能是 P 波、S 波或表面波），請見圖 6.14 上方。

由於震波會隨著測站離震央的位置愈遠而減弱，因此芮克特發展了一套計算振幅隨距離增加而遞減的方式。理論上而言，只要測量的設備一致，不同地點的測站記錄同一場地震，應該會得到一樣的芮氏地震規模，但實際狀況是每個測站的結論仍略有差異，因為震波抵達不同測站前，會經過各種不同類型的岩層，影響到震波的傳遞。

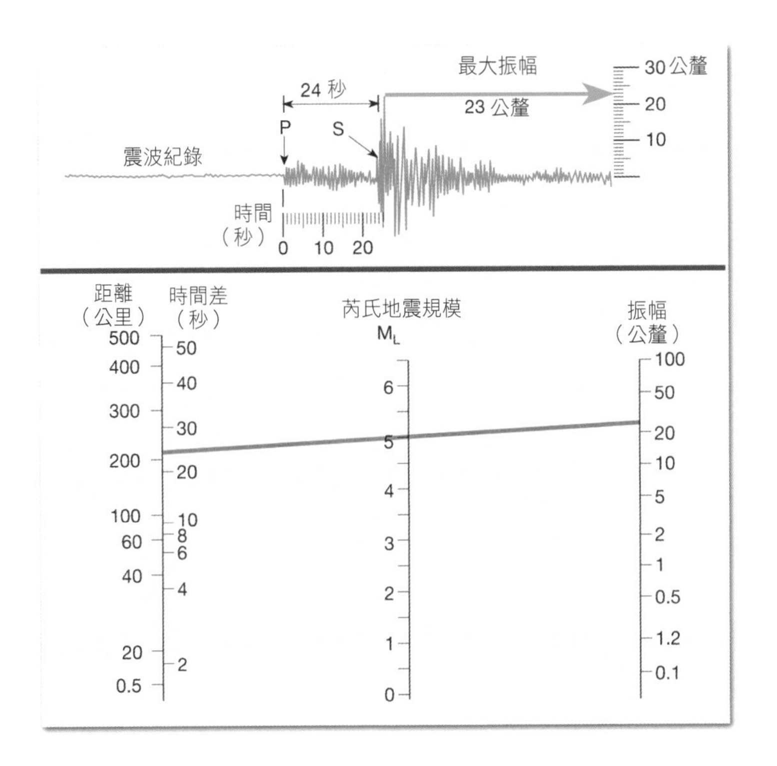

圖6.14　這張圖說明了如何利用伍德—安德森扭力式地震儀（Wood-Anderson instrument）所記錄的震波圖，來計算地震的芮氏規模。首先，量測震波圖上最大振幅的高度（23公釐），然後利用P波及S波抵達的時間差（24秒），換算與震央之間的距離，接著將上述資料分別標注在下圖的距離尺規（左）和振幅尺規（右），將兩點相連，與中間芮氏地震規模相交之點，即可得到芮氏地震規模（M_L）是5。（Data from California Institute of Technology）

地震釋放的能量差距甚大，大地震所產生振幅可能是微小震動的數千倍（圖 6.15）。為了呈現這麼巨大的差異，芮克特採用了對數尺度，做為地震規模的分級：當規模數字增加 1，代表振幅增加了 10 倍。因此，芮氏地震規模 5 的地震晃動力量，是規模 4 的 10 倍大。

此外，芮氏地震規模的數字每增加 1，等於增加了 32 倍的能量釋放。意即芮氏地震規模 6.5 的地震所釋放的能量，是規模 5.5 的 32 倍，也大約是規模 4.5 的 1,000 倍（32 乘 32）。規模 8.5 的大地震所釋放的能量，則是人所能感知最小型地震的數百萬倍。

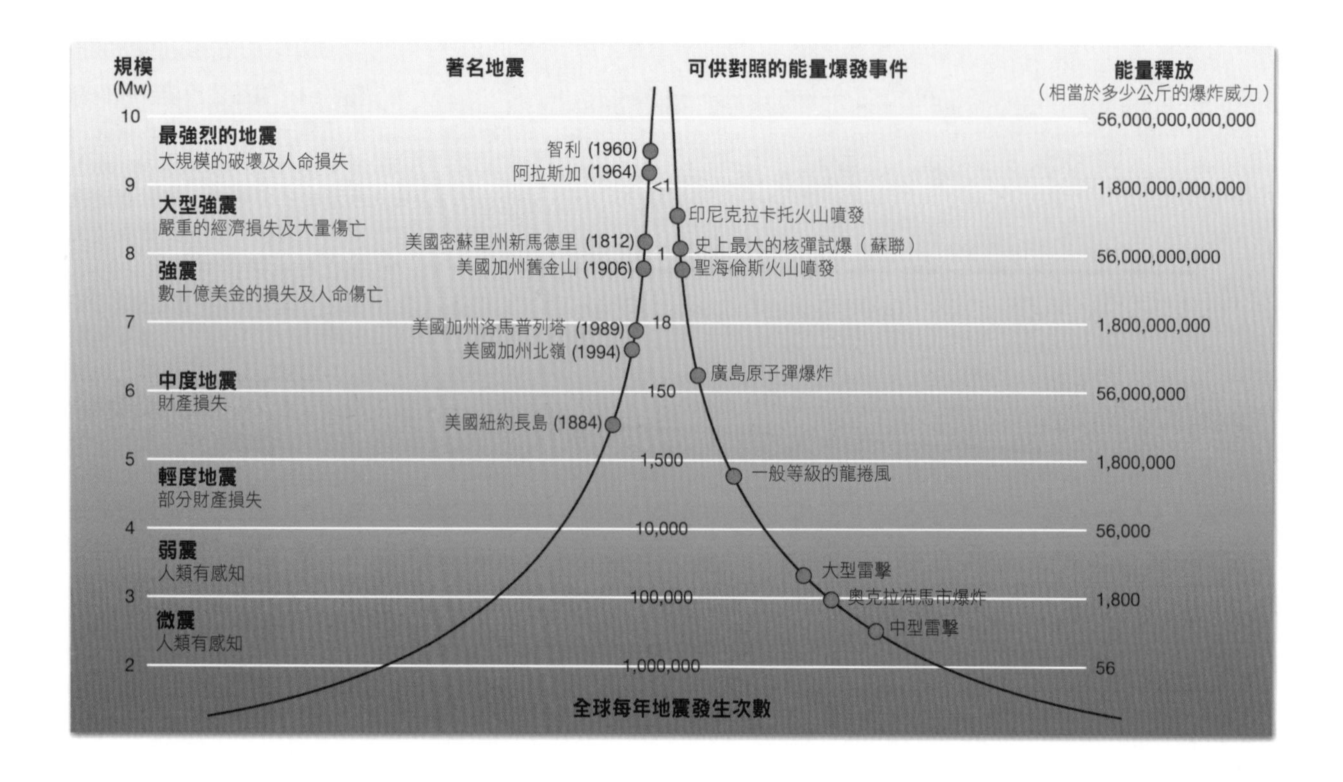

圖6.15 芮氏地震規模，以及每年全球各地發生不同規模的地震數量。最大型的地震每年少於一次，而強震約莫每個月發生一次，震級小於2的弱震則是每天超過上百次。（Data from IRIS Consortium, www.iris.edu）

雖然芮氏地震規模沒有上限值，但目前記錄保持者是規模 8.9。如此巨大地震所釋放的能量，大約等同 10 億噸的炸藥威力。相對的，芮氏地震規模小於 2.0 的地震，人類幾乎感覺不到。

芮克特最初的目標，只是為了將南加州的淺源地震進行分類，分成大、中、小三種不同的規模，因此，芮氏地震規模原意只是用來區分地方性的地震，所以又稱近震規模（local magnitude），以符號 M_L 來代表，其中 M 代表規模（magnitude），L 則代表地方（local）。

只要利用震波圖，就可以快速換算單一地震的規模，讓芮氏地震規模變成一項非常便利又有用的工具。此外，不像震度表只能應用在人口密集區，芮氏地震規模甚至可以測量發生在人煙稀少又偏遠地區的地震規模，甚至是發生在海洋盆地的地震。

但儘管芮氏地震規模是相當有用的工具，它卻無法描述非常劇烈的強震。以 1906 年舊金山大地震及 1964 年阿拉斯加大地震為例，兩者的芮氏地震規模約略相同，但若比較實際受災的範圍及地表構造的改變，阿拉斯加大地震所釋放的能量遠超過舊金山地震。因此，芮氏地震規模被認定無法分辨巨大強震的差異。

隨著時代演進，地震學家又進一步修正了芮氏地震規模。

地震矩規模

近年來，地震學家開始偏好新的測量方式（也就是測量震源的斷層錯動總力矩），以計算出整個斷層面釋放的能量，稱為**地震矩規模**（M_W）。因為這個方式可以估算能量釋放的總量，比較適合量測或描述更強烈的地震。有鑑於此，地震學家重新計算那些曾經發生的大地震。

舉例來說，1964 年阿拉斯加地震的原始芮氏規模為 8.3，重新用地震矩規模計算，則升級至 9.2；1906 年舊金山大地震則從芮氏規模 8.3，降至地震矩規模 7.9。目前 1960 年智利隱沒帶所發生的大地震，地震矩規模達 9.5，仍然是地震矩規模的紀錄保持者（表 6.2）。

地震矩規模的計算方式是依據地質田野調查項目，包括量測斷層滑動的平均量、斷層面滑動的面積大小，還有岩層斷裂的剪力強度。斷層面的面積估算，可以用地表裂縫的長度乘上餘震的深度。地震矩規模也可以利用震波圖的資料加以估算。

地震帶及板塊邊緣

地球內部經由地震釋放的能量，大約有 95%集中在帶狀的區域內（圖 6.16），其中地震活動最密集的地區，稱為環太平洋帶，包括智利、中美洲、印尼、日本及阿拉斯加的沿海地區。在環太平洋帶中，大部分的地震沿著聚合型板塊邊界發生——也就是下衝板塊潛入另一個上壓板塊的下方。在下衝板塊和上壓板塊碰撞之處，會產生大型的**逆衝斷層**，又稱為「大型逆衝區」，正是地球上最劇烈地震的發生處。因為隱沒帶的地震通常發生在海底，會引發破壞性的大浪，稱為**海嘯**。舉例來說，2004 年蘇門答臘外海地震引發的海嘯，奪走了 23 萬條人命。

你知道嗎？

中國北部曾經發生大地震，造成史上最慘重的人命傷亡。住在黃土高原（風化堆積地形）的人民，以窯洞構築住宅。1556 年 1 月 23 日，一場大地震襲擊這個地區，窯洞大量坍塌，造成大約 83 萬人死亡。不幸的是，1920 年又發生類似的坍塌事件，造成約 20 萬人死亡。

表6.2：值得留意的大地震事件（資料來源：美國地質調查所，採用地震矩規模）

年代	地點	死亡人數	規模	說明
1556	中國陝西	830,000		應該是史上最慘烈的自然災害
1756	葡萄牙里斯本	70,000		海嘯造成大規模的損失
1811-1812	美國密蘇里州新馬德里	少數	7.9	三個大型地震
1886	美國南卡羅來納州查理頓	60		美國東部史上最強的地震
1906	美國加州舊金山	,000	7.8	大火造成大規模的損失
1908	義大利美西納	120,000		
1923	日本關東	143,000	7.9	大火造成大規模的破壞
1960	智利南部	5,700	9.5	史上最大規模的地震紀錄
1964	美國阿拉斯加	131	9.2	北美洲最大規模的地震
1970	祕魯	70,000	7.9	大量岩石滑塌
1971	美國加州聖佛南多	65	6.5	損失超過10億美金
1975	中國遼寧省	1,328	7.5	第一個被預報發生的大地震
1976	中國唐山	255,000	7.5	沒有預報
1985	墨西哥市	9,500	8.1	震央400公里之外發生大規模破壞
1988	亞美尼亞	25,000	6.9	建築不耐震，造成災情慘重
1989	美國加州舊金山灣區	62	7.1	損失超過60億美金
1990	伊朗	50,000	7.4	山崩和建築不耐震，造成大規模破壞
1993	印度拉土爾	10,000	6.4	位在穩定的內陸地區
1994	美國加州北嶺	51	6.7	損失超過150億美金
1995	日本神戶	5,472	6.9	損失估算超過1,000億美金
1999	土耳其伊茲密特	17,127	7.4	近44,000人受傷，超過250,000人流離失所
1999	台灣集集	2,300	7.6	嚴重的破壞；8,700人受傷
2001	印度布治	25,000+	7.9	數百萬人無家可歸
2003	伊朗巴木	41,000+	6.6	建築物已不適切的古老城市
2004	印度洋（蘇門答臘）	230,000	9.1	災難性的海嘯來襲
2005	巴基斯坦／喀什米爾	86,000	7.6	發生大量走山；400萬人無家可歸
2008	中國四川	70,000	7.9	數百萬人無家可歸，有些城鎮將不再重建
2010	海地太子港	230,000	7.0	上萬人受傷，數十萬人無家可歸
2011	日本東北地方	15,854+	9.0	災難性的海嘯來襲，福島核電廠事故

另一個地震密集發生區，位在阿爾卑斯—喜馬拉雅造山帶，貫穿地中海，再延伸至喜馬拉雅山脈（圖 6.16）。這個地區構造運動的主要營力，來自非洲板塊與歐亞板塊的碰撞，還有印度陸塊（屬於印澳板塊）與東南亞陸塊（屬於歐亞板塊）之間的碰撞。板塊互動形成的斷層，目前仍持續活躍中。此外，那些距離板塊邊界較遠的斷層，也會因為印度陸塊持續向北側的亞洲大陸推進，受到擠壓而滑動。以 2008 年中國四川大地震為例，最主要的「嫌疑犯」就是印度陸塊不斷將青藏高原向東推進四川盆地，觸發斷層系統發生滑動，至少造成 7 萬人死亡，150 萬人無家可歸。

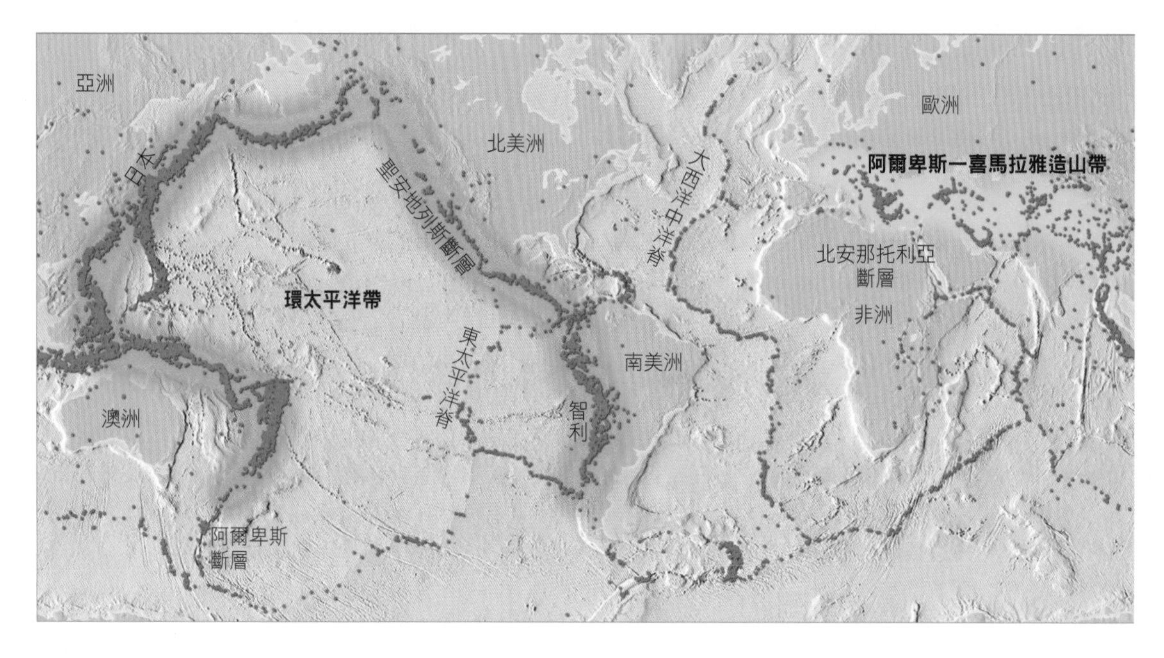

圖6.16 以10年為週期，標記地震規模等於5或大於5的地震分布，總共有15,000筆資料。

一般認為，某地區發生多次的中度地震，可以減少該地區發生大地震的機率。但事實並非如此。若直接比較不同規模的地震所釋放的能量，一次大地震所釋放的能量，是中度地震的數千倍；換句話說，一旦斷層蓄積了龐大的能量，多次中度地震並不足以「把這筆巨額存款提光光」。

圖 6.16 也顯示另一個連續的地震帶，它與洋脊系統併同出現，綿延數千公里，貫穿全球海洋。主要是因為海底擴張，帶動頻繁但低震度的地震活動。此外，轉形斷層將洋脊截成許多小段，而每一個轉形斷層的滑動，也會造成這個區域持續性的地震。

如果轉形斷層和相關斷層貫穿大陸地殼，則會以週期循環的方式引發大型地震。案例包括加州的聖安地列斯斷層、紐西蘭的阿爾卑斯斷層，還有土耳其的北安那托利亞斷層（North Anatolian Fault），曾在 1999 年引發地震，造成人命傷亡。

地震的破壞力

過去一百年內，重擊北美洲、災情最慘重的地震，莫過於 1964 年耶穌受難日發生的阿拉斯加大地震。當時地震搖晃持續 3 到 4 分鐘，阿拉斯加每一個地方都能感受到地震，地震矩規模（M_W）為 9.2，造成 131 人死亡、數千人無家可歸，阿拉斯加的經濟嚴重受創（圖 6.17）。假使學校和商業區在這個假日仍然上課上班，損失將會更為慘重。主震發生後 24 小時內，共記錄到 28 個餘震，其中有 10 起餘震超過芮氏地震規模 6。

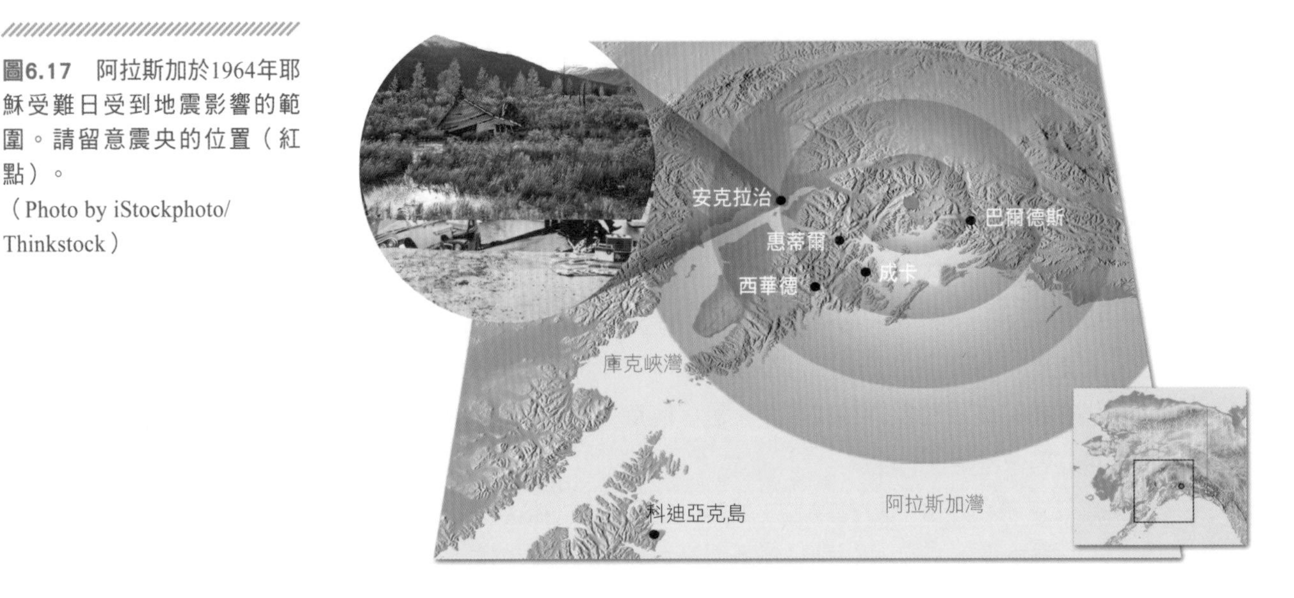

圖6.17 阿拉斯加於1964年耶穌受難日受到地震影響的範圍。請留意震央的位置（紅點）。
（Photo by iStockphoto/Thinkstock）

地震搖晃帶來的破壞

1964 年阿拉斯加大地震，讓地質學家認識到地表搖晃帶來的破壞力。地震釋放的能量穿越地表時，會以一種複雜的方式振動地面，包括上下搖晃和左右擺盪。建築物因地面搖晃而受損的程度高低，取決於下列因素：⑴ 震度、⑵ 搖晃的時間長短、⑶ 建築物座落位置的地質、⑷ 建築物本身的建材及該地區的建築規範。

阿拉斯加地震帶來的地面搖晃，在安克拉治市幾乎損毀所有的多樓層建築物，韌性較佳的木構建築則多半保存良好，但仍有許多家園因地面陷落而全毀。不同建築結構在地震中受損的差異案例，請見圖 6.18，圖中左側的鋼構建築挺過地震的考驗，但右側設計不良的 JC Penney 百貨公司大樓則

圖6.18　阿拉斯加大地震過後，安克拉治市區五層樓的JC Penney百貨公司大樓嚴重坍塌，但隔壁的鋼構建築物卻沒有太多損毀。
（Photo by NOAA）

嚴重坍塌。因此，工程師學習到未經鋼構加強的磚造建築，將在地震中面臨嚴峻的考驗。

即便建物的興建全都符合防震的美國建築法規，安克拉治市大多數的建築仍然受損嚴重，也許有些破壞要歸咎於這個地震不尋常的持續時間。大多數的地震晃動都不超過 1 分鐘，例如 1994 年加州北嶺地震只持續約 40 秒，而 1989 年劇烈搖晃的洛馬普列塔地震也沒有超過 15 秒，但阿拉斯加地震卻持續了 3 至 4 分鐘。

你知道嗎？

在日本傳說中，地震是因為地底的鯰魚大翻身。在中國古代的民間傳說中，則是地底住了一條會翻身的鰲魚怪。在印度傳說中，是四隻大象。而台灣的民間傳說是「地牛翻身」。最妙的是，俄羅斯堪察加半島的人相信，是一隻名為克塞（Kozei）的大狗，為了甩掉身上的新雪而引發地震。

建築物座落位置的地質

雖然震央附近地區都感受到相同震度的地面搖晃，但受創程度仍可能差異甚大，這些差異多半是因為建築物座落位置的地質不同。例如震波經過鬆軟沉積層所產生的振幅，遠大於堅硬的基岩，因此當安克拉治市區歷經地震洗禮時，位在疏鬆沉積層上的建築，都發生嚴重的結構破壞，相反的，惠蒂爾鎮雖然非常接近震央，但因為地處堅硬的基岩，僅有少部分受損是源自地表晃動的影響（但很不幸，沒能逃過隨後發生的海嘯浩劫）。

土壤液化

一旦疏鬆的地層飽含水分，地震的震動就足以將原本穩定的土壤轉變成流動的液體，這種現象稱為**土壤液化**，導致地表無法承載上方建築物的重量，造成建築物下沉或傾斜倒塌，而地底的儲槽和汙水管線也可能浮上地表（圖 6.19）。

1989 年洛馬普列塔地震發生時，舊金山濱海地區發生地基下沉，水和

圖6.19 土壤液化的影響。1985年墨西哥大地震期間，興建在疏鬆沉積層上的建築物，因土壤液化而傾斜倒塌。（Photo by Prof. James L. Beck）

沙子從地表像噴泉般噴出，這些都代表土壤液化已經發生（圖 6.20）。

圖6.20　地震過後，土壤液化，大量的砂和水從地表噴出來。（Photo by iStockphoto/Thinkstock）

牙買加羅伊爾港（Port Royal）附近發生的地震，引發砂質地面飽含水分，重創整座城鎮。因為飽含水分的砂粒之間缺乏摩擦力，讓整個地面變成像一大杯濃稠的奶昔，地面上的建築和人群在大沙池裡載浮載沉。一位目擊者描述：「整條街的人都被吞噬了……有些人先被往下拉，然後又被大量的水給淹蓋，有些人則是被吞掉之後就再也沒出現了。」

走山與地盤下陷

對建築結構破壞最劇烈的力量，通常是由地震觸發的走山和地盤下陷。例如 1964 年阿拉斯加大地震帶來的搖晃，讓巴爾德斯鎮和西華德鎮兩地的三角洲下陷，造成濱海地區流失。在巴爾德斯鎮，有一個船塢沉入海中，造成 31 人罹難的慘劇，為了避免相同的災難再度發生，巴爾德斯鎮遷移至 7 公里遠的穩定基岩上。

安克拉治市最主要的災情來自走山，其中位在迴轉高地的家園全毀，因為黏土層的附著力頓失，超過 200 公尺長的地層滑落海中（圖 6.21），這樣壯觀的地景還有部分保留原狀，命名為「地震園區」，做為這場災難的警惕。安克拉治市內熱鬧的商業區，也因為地盤下陷而支離破碎，陷落最深之處達 3 公尺。

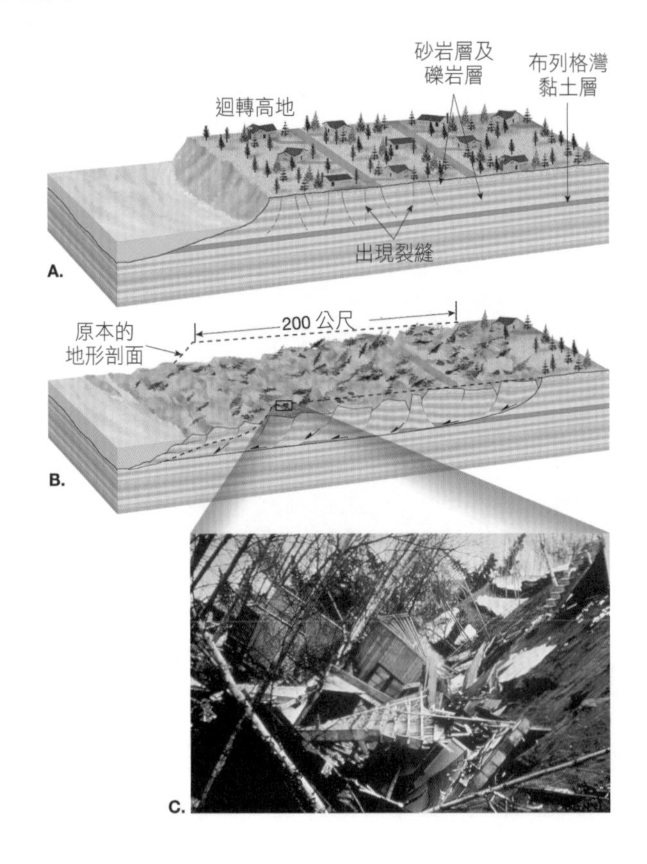

圖6.21 1964年阿拉斯加大地震造成迴轉高地發生走山。
A. 地震的搖晃，造成陸崖邊緣產生大量裂縫；
B. 短短幾秒之內，整個地層就沿著軟弱的黏土層滑向海中；不到5分鐘的時間，迴轉高地約有200公尺的陸崖全毀；
C. 照片顯示迴轉高地部分區域的走山景況。（Photo by U.S. Geological Survey）

火災

一百多年前，舊金山因為金銀礦的開採，成為美國西部的經濟中心。但是在 1906 年 4 月 18 日凌晨，無預警的一場強烈大地震，重創舊金山，引發一連串的大火，大部分的城區燒成灰燼和廢墟。估計有 3 千人死亡，全城 40 萬人口中，有 22 萬 5 千人無家可歸。

這場歷史性的地震，提醒我們不可小覷大火的破壞力。舊金山市中心有許多早期木構和磚造建築，雖然大部分非加強磚造的建築皆因地震的撼動而傾毀，但最嚴重的破壞，還是來自瓦斯及電力管線斷裂引發的大火肆虐。無法控制的大火延燒了三天，火勢範圍超過城內五百個以上的街區。地震的第一波晃動，就讓城市內的水管幹線斷得支離破碎，讓火勢控制更顯困難。

消防人員不得不採取撲滅森林大火的策略，把一排大馬路邊的建築物炸毀，形成一條巨大的防火巷，才終於控制住火勢。這次舊金山的大火只造成少數人命傷亡，不過 1923 年發生在日本的關東大地震，就沒有那麼幸運了，當時引發約 250 起火災，讓橫濱市慘遭祝融肆虐，超過一半以上的東京市區被毀，不尋常的大風讓火災蔓延，造成十萬多人罹難。

什麼是海嘯？

當發生海底地震時，通常會帶動大規模的海浪運動，科學家最初稱之為地震海浪（seismic sea wave）。不過，現在國際媒體和學術界都用日本語「津波」的讀音 tsunami 來稱呼**海嘯**——因為日本位在環太平洋帶，加上連綿的海岸線，可說是最容易受到海嘯侵擾及破壞的地方。

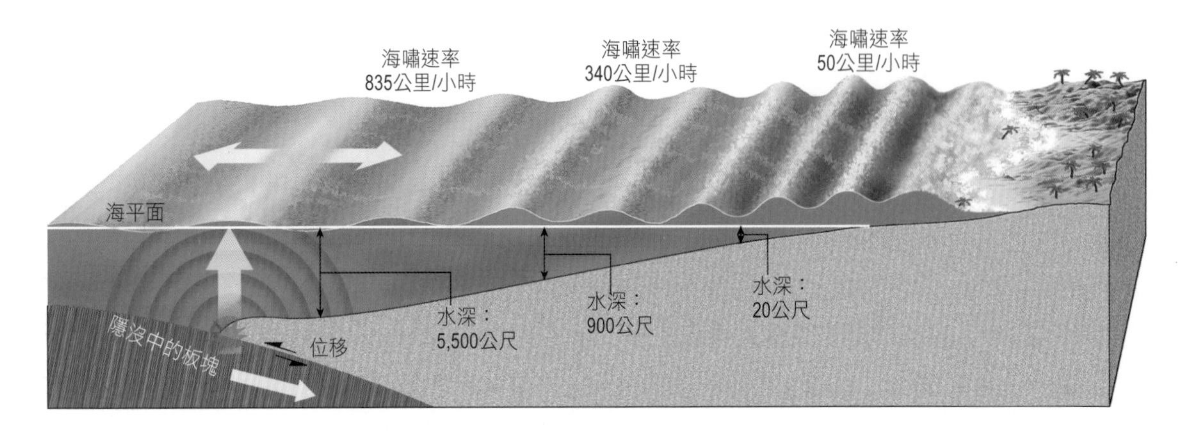

圖6.22 由隱沒帶海床位移引發的海嘯示意圖。每一道海浪的速率和浪高（振幅），取決於海洋的深度：位在深水區域時，海浪時速達每小時800公里，浪高不到1公尺；進到水深20公尺處，海浪速率已經遞減至每小時50公里。遞減的海水深度，減緩了海浪的行進速率，但是把浪高堆疊到數公尺高。一旦海浪推進到淺灘觸底後，濤天巨浪崩塌、衝向岸邊，將帶來極可怕的破壞力。
（本圖未按照實際尺寸比例繪製。）

大部分海嘯起因於隱沒帶海床的位移，或地震引發海底山的大型走山（圖 6.22）。海嘯一旦被引動，就像池塘投石產生的漣漪擴散，但波浪向外移動的驚人時速，高達每小時 500 至 950 公里。

儘管海嘯有這項顯著的特性，但在開闊大洋中卻不容易被察覺，因為波浪振幅通常小於 1 公尺，波峰與波峰之間的距離居然可達到 100 公里至 700 公里不等。一旦進到淺海水域，這些具有破壞力的大浪「觸底」了，行進速率會突然減慢，導致海水大量堆疊，浪高急劇攀升。當海嘯的波峰抵達岸邊時，就像海平面快速升高（少數海嘯大浪的高度甚至可高達 30 公尺），而且水流紊亂又洶湧（圖 6.23）。

圖6.23　海嘯抵岸時，掀起濤天大浪，而且水流紊亂又洶湧。

（Photo by Zoonar/Thinkstock）

海嘯逼近的第一個警訊，是海水突然自岸邊快速消退。有些太平洋上的島民已經觀察到這種現象，知道要立刻撤退，移動至高地。在海水突然快速消退後 5 分鐘至 30 分鐘內（這是可貴的逃生窗口），一道長達數百公尺的大浪，就會出現在近陸地區。每一道大浪侵襲岸邊之後，又會快速流回大海。

1964 年阿拉斯加大地震引發的海嘯，重創阿拉斯加灣岸邊的社區，造成 107 人死亡。相反的，安克拉治市直接感受到地震的撼動力量，卻只有 9 人死亡。此外，遠在加州的克雷申市，儘管有 1 小時的預警撤離時間，仍然抵擋不住這場地震造成的第 5 波最猛烈的海嘯攻擊，有 12 人死亡。

2004年印尼大地震後的海嘯災難

2004 年 12 月 26 日，蘇門答臘島外海發生地震矩規模 9.1 的大型海底地震，掀起濤天巨浪，橫跨印度洋和孟加拉灣，成為近代史上死傷最慘重的自然災害，奪走超過 23 萬條人命。海嘯的波浪向內陸挺進好幾公里，汽車和卡車被拋至水中，就像澡盆裡的玩具，而漁船則被沖入民宅之中。在部分地區，當海水向後捲時，把不少屍體和殘骸沖回海中。

在印度洋的沿海地區，這樣的破壞不分貴賤，不論是豪華的別墅，還是貧窮的漁村，全都難逃一劫。這場浩劫甚至波及非洲索馬利亞的沿海地區，離地震的震央遠達 4,100 公里。

這場大地震共引發 6 波大海嘯，所掀起的濤天大浪，高達 10 公尺，在地震發生後 3 小時內，襲擊許多毫無戒備的區域。雖然太平洋各地設有海嘯預警系統，但印度洋周邊卻沒有設置。印度洋鮮少發生海嘯，也是造成此區缺乏事前防範的原因。未來已可預見，印度洋海嘯預警系統將逐步建置。*

海嘯預警系統

1964 年一場大海嘯，無預警的襲擊夏威夷島，海浪高達 15 公尺，重創好幾個沿海村莊。這場災難促使「美國海岸及大地測量所」為太平洋沿海地區建置一套海嘯預警系統，地震觀察儀器將太平洋地區的大型地震訊息，全都回報至檀香山的海嘯預警中心。那裡的科學家利用裝配有壓力感

★ 編注：太平洋西北邊的日本已有海嘯預警系統，但是在 2011 年 3 月 11 日，日本東北地方的仙台市外海 130 公里處，發生地震矩規模 9.0 的超級地震，引發最高達 40 公尺的海嘯，造成 15,854 人死亡、3,155 人失蹤，以及福島核能電廠出現「國際核安事件分級表」第 7 級（最高級）的意外事故。海嘯對於鄰近震央地區的破壞力，難以預警，實在非常恐怖。

測器的深海浮標，偵測地震所釋放的能量；並利用潮汐測量設備，偵測海嘯造成海平面的高度起伏，讓海嘯預警資訊可以在地震發生後 1 小時內發布。雖然海嘯行進非常快速，除了離震央最近的區域之外，仍然有充裕的時間撤離其他區域的沿海民眾。舉例來說，從阿留申群島出發的海嘯，大約需要 5 小時才會抵達夏威夷；靠近智利海岸產生的海嘯，則需 15 小時才會抵達夏威夷（圖 6.24）。

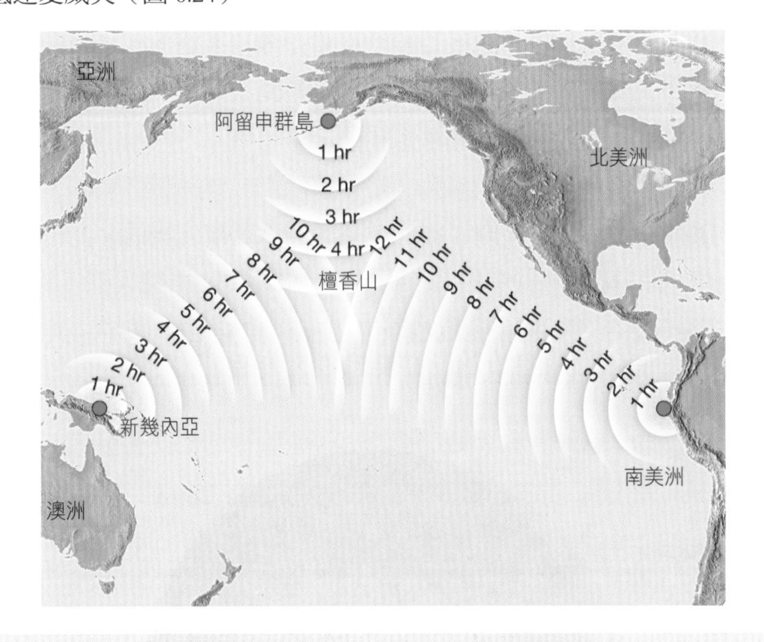

圖6.24　從太平洋各地發生的海嘯，抵達夏威夷檀香山所需的時間（hr，小時）。（Data from NOAA）

你知道嗎？

儘管沒有正式關於隕石墜落而引發海嘯的紀錄，但這樣的事件確實發生過。地質資料顯示最近一次超級大海嘯，約發生在西元 1500 年，摧毀澳洲部分的海岸線。六千五百萬年前的隕石墜落（這是導致恐龍大滅絕的事件），衝撞墨西哥猶加敦半島附近的海域，引發了前所未有的大海嘯，大浪從墨西哥灣向內陸橫掃數百公里。

檢視地球內部：「看見」地震波

想要瞭解地球深層的內部構造和性質並不容易，因為光線無法穿透岩石，所以必須另覓他法來「看穿」地球內部。最好的辦法是直接向下開挖與分析，但實際情況卻不容易，目前地底鑽探最深不過才 12.3 公里，只占地球半徑的五百分之一！但這已經是一項極為驚人的成就，因為隨著開挖深度增加，溫度和壓力也隨之快速增加。

幸運的是，許多地震規模巨大，足以讓地震波穿透整個地球，讓地球另一側的測站接收到資料（圖 6.25）。地震波就像醫學領域的 X 光機，可以探測地球內部的樣貌。每年約有 100 至 200 起地震，規模大到（約 M_w > 6）足以讓全球各地測站完整記錄地震波資料，提供一種「看見」地球內部的機會，幫助我們釐清地球內部的性質。

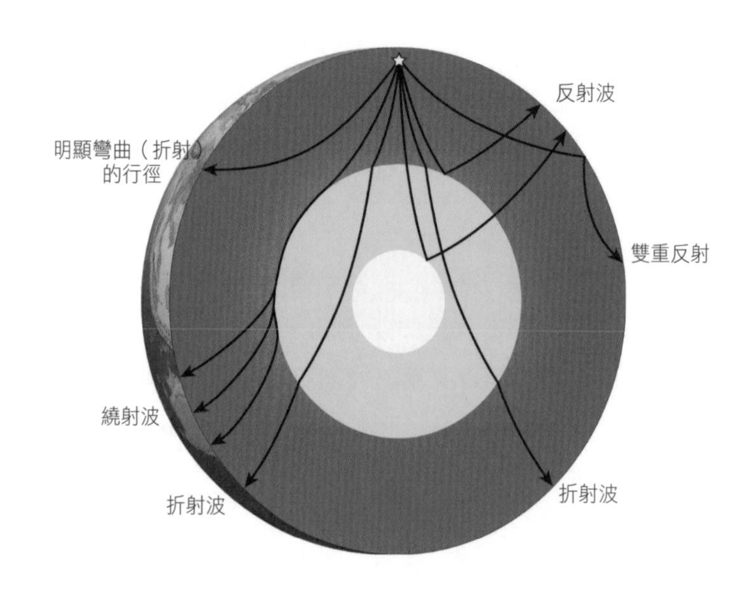

圖6.25 地震波在地球內部的行進方式，可反映出地球內部構造。請留意，地震波穿過地函時，行進路徑是稍微彎曲（折射）的，這是因為地震波在不同密度的物質中，傳播速率不同所致。地函愈深處，壓力愈大，地函的密度愈高，地震波的行進速率也愈快。

利用地震波資料解讀地球構造，其實是相當複雜的任務，因為地震波通常不會直線前進，而是以反射、折射和繞射等方式穿透地球。當地震波碰到不同物質的邊界會反射；從一層物質穿至另一層物質時會發生折射（或彎曲）；若是遇到障礙物則會發生繞射（圖 6.25）。這些不同行進方式的地震波，讓科學家用來界定地球內部既存的不同分層。

其中最值得注意的現象，是地震波的行進路徑很明顯是彎曲的。路徑彎曲是因為地震波的速率通常隨著深度增加而加速，此外，如果岩體比較堅硬，地震波的速率也會比較快。從地震波反映出岩體的堅硬度等資料，可用來解釋岩體的組成成分和溫度。舉例來說，如果岩體溫度較高，堅硬度就會降低（請想像加熱一根原本冷凍的巧克力棒！），地震波的速率就會變慢。當岩體的組成成分不同，也會影響地震波的行進速率。因此，地震波的行進速率可協助解讀地球內部的岩體類型和溫度。

地球分層構造的形成

當太空中的物質聚集形成地球之後，星雲碎屑高速的撞擊，還有放射性元素的衰變，都造成地球溫度持續穩定的增加。在這段持續增溫的時期裡，地球的溫度升高到足以讓鐵和鎳開始熔化。熔化的過程，則讓這些較重的金屬逐漸沉降至地球核心。這個過程只占地質年代的一小段時期，卻形成地球高密度含鐵的地核。

早期這段加溫的過程，也促成另一個化學分化的過程：凝聚成地球的物質受熱熔化，形成大量熔融的岩石，上升至地表，然後逐漸冷卻，變成最原始的地殼。這些岩質的物質富含氧、以及喜歡與氧結合的元素，特別是矽和鋁，還有少量的鈣、鈉、鉀、鐵和鎂。此外，像金、鉛和鈾這類重金屬，因為熔點較低，早已大量溶在這批熔融上升的物質裡，也一路跟隨著，匯集到原始地殼裡。

早期這段化學分化的過程，建構了地球內部分成三層基本構造：含鐵豐富的**地核**、薄層原始的**地殼**，以及地球內部最厚的**地函**，介在地核和地殼之間（圖 6.26）。

地球內部構造

除了利用形成歷程來理解地球內部的三大分層，地球內部也可以採用物理性質來分層，物理性質包括固態或液態、強度高低等。瞭解這些分層的不同類型，都有助於我們理解基本的地質歷程，包括火山活動、地震和造山運動（圖 6.26）。

地殼

地殼是地球相對最薄的岩質外皮，包括大陸地殼和海洋地殼兩大類，兩者都共用地殼這個字，但這僅是它們唯一的共同點了。海洋地殼厚度約為 7 公里，富含深色的玄武岩；大陸地殼的平均厚度是 35 至 40 公里，在多山的地區，地殼厚度甚至超過 70 公里，例如洛磯山脈和喜馬拉雅山脈。相較於海洋地殼均質的化學組成，大陸地殼的岩石類型則較為多元。雖然上部地殼大致都由花崗岩構成，正式名稱是花崗閃長岩（granodiorite），但每一處岩層的化學組成還是有滿大的差異。

大陸地殼的平均密度約 2.7 公克／立方公分，部分岩石年齡已經超過四十億年；海洋地殼則比較年輕，都少於一億八千萬年，密度也比較大，約為 3 公克／立方公分。（液態水的密度是 1 公克／立方公分，因此玄武岩的密度約是水的 3 倍。）

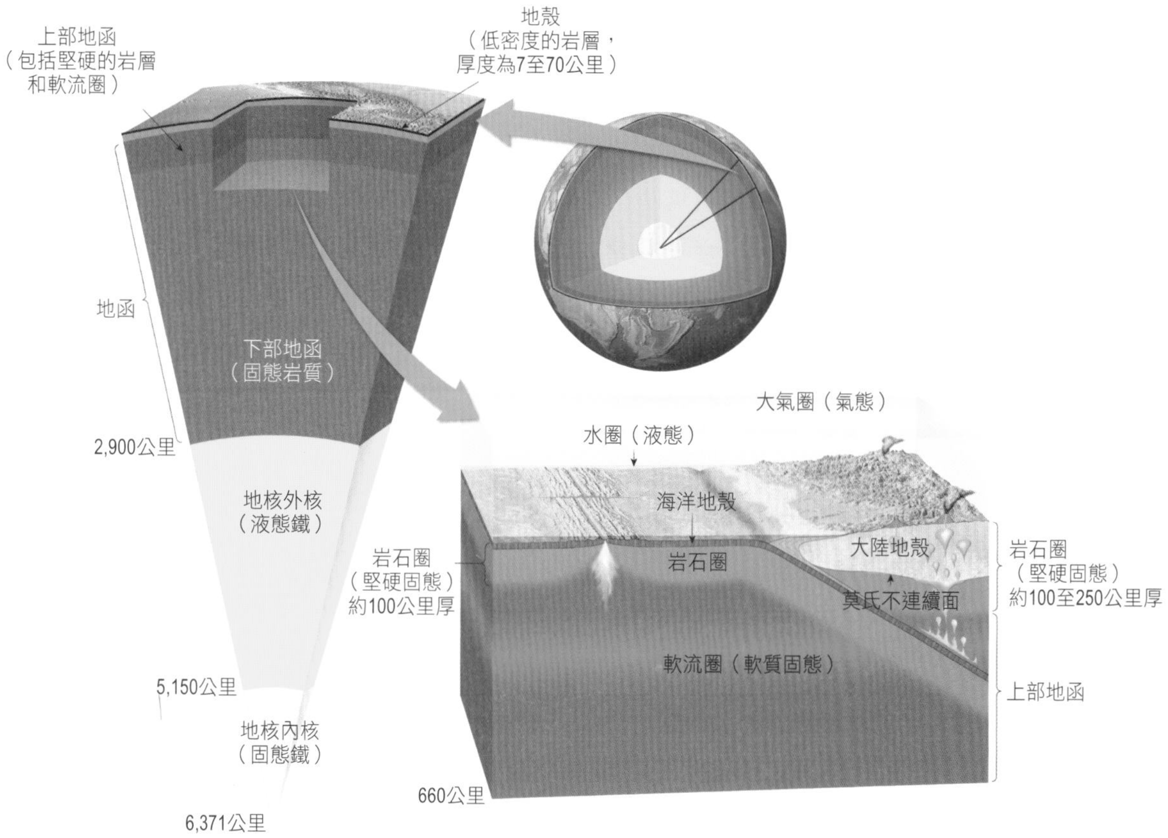

上部地函（包括堅硬的岩層和軟流圈）
地殼（低密度的岩層，厚度為7至70公里）
地函
下部地函（固態岩質）
2,900公里
地核外核（液態鐵）
5,150公里
地核內核（固態鐵）
6,371公里
大氣圈（氣態）
水圈（液態）
海洋地殼
岩石圈（堅硬固態）約100公里厚
岩石圈
大陸地殼
莫氏不連續面
岩石圈（堅硬固態）約100至250公里厚
軟流圈（軟質固態）
上部地函
660公里

圖6.26　地球內部分層構造圖。根據地震波及其他地球物理的研究顯示，地球仍是一個變動中的星球，有許多部分仍在相互作用中。地球分層的性質包括物質的物理態（固態、液態或氣態），也包括物質的堅硬程度（如岩石圈和軟流圈之間的差異）。這些研究說明地球主要是依據密度來分層，中心含有最重的物質（鐵），外層則是最輕的物質（氣體和液體）。

地函

地函的體積約莫占地球體積的82%，是相當厚的固態岩層，厚度達2,900公里。地函與地殼的交界，代表化學物質改變之處。上部地函的主要岩石類型是*橄欖岩*，比大陸地殼或海洋地殼多了更多鎂和鐵。

上部地函的範圍，從地殼與地函的邊界，向下擴展約660公里深。上部地函還可以再區分成兩層：上層屬於堅硬岩石圈的一部分，下層則屬於軟流圈。*岩石圈*包括整個地殼和最上層的地函，形成地球相對冷卻、堅硬的外殼，平均厚度約為100公里，最古老陸塊下方的厚度可達到250公里（圖6.26）。

在堅硬的外殼往下，至深度約350公里處，就是相對較軟的*軟流圈*了。軟流圈上部的溫度和壓力，已足以產生小量的熔融，而這個區域也是岩石圈與軟流圈之間的物理不連續面，讓岩石圈有自己的運動方式。這將在下一章繼續討論。

請特別留意，構成地球的不同物質的強度，是依據其化學組成，還有環境的溫度和壓力而定。整個岩石圈*並非*像地表岩石那樣冰冷堅硬，相反的，岩石圈的岩層隨著深度增加，逐漸變熱且逐漸軟化（很容易變形）。在上部軟流圈的深度，岩石已經接近熔化溫度，更加容易變形，部分可能已經開始熔融，所以比較柔軟，就像熱蠟的硬度比冷蠟還軟。

從地底660公里向下，直到深度2,900公里處的地核邊緣，這區域屬於**下部地函**。由於壓力增加（來自上方岩石的重量），地函的強度隨著深度加深而增強。儘管強度增加，但下部地函的岩體仍然可以緩慢流動，因為相當炙熱。

地核

地核的組成以鐵鎳合金為主，還有少量的氧、矽、硫等元素與鐵組成的化合物。因為地核的壓力極高，鐵鎳合金的平均密度接近 11 公克／立方公分，大約是水的密度的 11 倍。

地核也分成上下兩層，分別呈現出非常不同的物理性質。**地核外核**是液態層，厚度大約 2,250 公里，地球的磁場正是因為這層鐵的流動而形成。**地核內核**則含有放射性物質，厚度約為 1,221 公里。儘管內核的溫度很高，但因位處地球中心的極高壓，內核的鐵維持在固態。

地質構造

地球是個動態行星。在全球各地移動的岩石圈板塊，持續改變著地球的外觀。這類構造運動最顯著的結果，應該是地球的主要造山帶，帶有海洋化石的岩石出現在海拔數千公尺的高山上，大片岩層產生彎曲、扭曲、倒轉，有時則是產生大量的破碎帶。

在檢視造山運動之前，我們必須先瞭解岩體變形和這些常見構造。

岩體變形

不論岩石有多堅硬，每一種岩體都有破碎或流動的臨界點。**變形**通常用來指稱岩體任何外形、位置或排列方向的改變。值得注意的地殼變形，大都發生在板塊邊緣。任何板塊運動和板塊邊緣的交互作用所產生的大地構造作用力，都會讓岩體產生變形。

當岩體承受到超過自身強度的應力，就會開始變形，通常包括褶皺、（圖 6.27）流動或破碎。一般認為岩石很堅硬，所以還滿容易想像岩石會如何破裂。但是為何大塊的岩體可以彎曲折疊成非常複雜的摺皺，卻沒有發生破裂？為了回答這個問題，地質學家利用實驗，模擬岩石在地殼內不同深度所承受的大地構造作用力。

圖6.27 加拿大的奇道山（Mount Kidd）表層出現褶皺的沉積岩層。
（Photo by Comstock Images © Getty Images/Thinstock）

雖然每一種岩體變形的方式都略有差異，但這些模擬實驗仍然找出了岩體變形的共同特徵。地質學家發現：當應力逐漸增加，岩體最初的反應是產生彈性的變形。彈性變形的改變是可以回復的，就像將橡膠彎曲，當應力移除，幾乎可彈回原本的尺寸和形狀。在彈性變形期間，岩石內礦物之間的化學鍵被拉伸，但是沒有斷裂。一旦超過岩體的彈性限度，岩體就會發生流動（韌性變形）或是破裂（脆性變形）。

影響岩體強度和變形的因素，包括溫度、封閉壓力、岩石類型和時間。接近地表的岩石，因為溫度和封閉壓力較低，岩石就像脆性固體，一旦超過自身可承受的強度就會破裂，這種變形稱為**脆性破裂**或**脆性變形**。從日常經驗得知，像玻璃、鉛筆心、瓷盤，甚至是人體的骨頭，一旦超過可承受的強度，就會發生脆性破裂。

相反的，在地底深處，溫度和封閉壓力較高，岩體就呈現具有韌性（延展性）的狀態。**韌性變形**是一種固態流動的型態，讓物體可以改變外形和大小，卻不至於破裂。韌性很好的物件，例如黏土、蜜蠟、焦糖和各式金屬。舉例來說，如果把一枚銅幣放在鐵軌上，當火車輾過就會被壓扁變形，但不會斷裂。在高溫、高封閉壓力下，岩體的韌性變形就有點像銅幣被火車輾過一樣。對岩體而言，韌性變形是有某些化學鍵斷裂了，但又有某些化學鍵新形成，讓礦物得以改變形狀。岩體通常是在地底深處，才會展現韌性流動狀態，韌性變形後的外觀扭曲摺疊，讓人覺得岩石的強度就跟柔軟的油灰沒兩樣（圖 6.28）。

圖6.28　韌性變形的岩體。這些岩石在地底深處形成，之後才被大地構造作用力抬升到地表。圖為美國亞利桑納州大峽谷國家公園發現的維斯紐片岩（Vishnu Schist）。
（Photo by Michael Collier）

摺皺

沿著聚合型板塊邊界，原本水平沉積的沉積岩和火成岩，經常被彎曲成連續性的波浪狀，稱為**摺皺**。沉積岩地層形成摺皺的歷程，就像雙手拿著一張紙的兩端，然後向中間使力一樣。在自然界中，摺皺有各種大小和形態，有些可能是幾百公尺厚的地層稍微彎曲變形，但有些則像變質岩中非常細小緊密的彎曲，要用顯微鏡才看得出來。儘管摺皺大小各異，但是大多數的摺皺都是被地殼擠壓變厚的壓縮力，形塑出來的。

背斜和向斜

最常見的兩種摺皺類型為背斜和向斜（圖 6.29）。**背斜**是沉積層向上隆起的拱形，通常可以在高速公路的邊坡觀察到背斜的剖面，因為闢建高速公路時，常會切開變形的地層。背斜旁邊幾乎都可以找到向下彎曲，像低谷一般的**向斜**★。請留意圖 6.29 中，背斜的其中一翼，同時也屬於鄰近的向斜的一翼。

如果摺皺的中軸線是垂直的，兩翼像鏡子裡外的影像一樣對稱排列，就稱為對稱摺皺。如果不是這樣，就統稱為不對稱摺皺（這是因為岩層兩翼受到的擠壓力量不相等），此時摺皺的中軸線是略微傾斜的。如果不對稱摺皺的中軸線傾斜得更厲害，使得兩翼都朝同一方向斜過去，其中一翼簡直像倒勾回來，如圖 6.29 右邊，則稱為倒轉摺皺。更特別的是，如果摺皺的中軸線嚴重傾斜到接近水平，地層好像棉被那樣給對摺過來，那就稱為偃臥摺皺，這通常是在大規模造山運動地區才會發現，如阿爾卑斯山脈。

★ 就嚴謹的定義來講，背斜是指在摺皺的中軸處可找到最古老的地層，而這通常發生在地層向上隆起之處。向斜則是在摺皺的中軸處可找到最年輕的地層，通常發生在地層向下凹陷處。這和石油等礦產的開採有很大的關係。

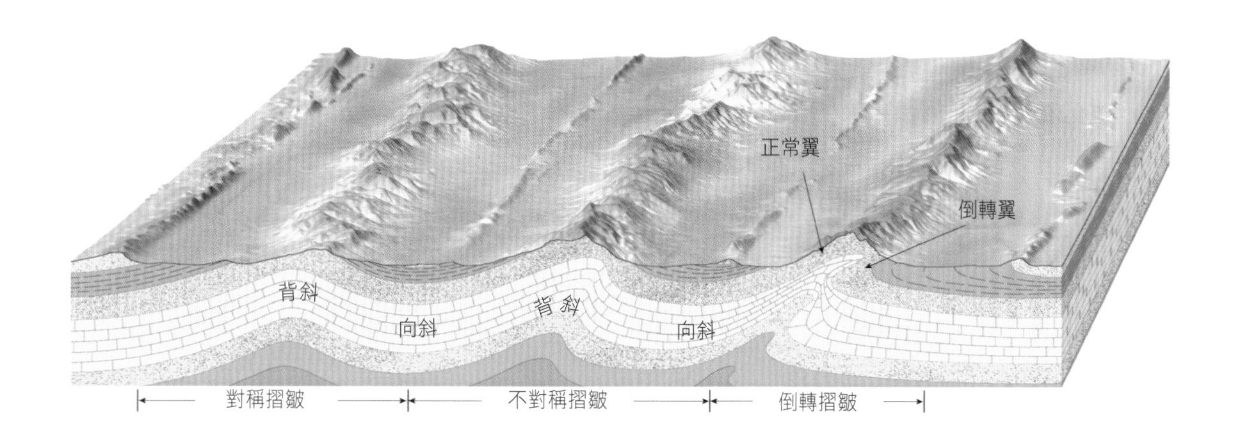

圖6.29 從地層的剖面，可看到摺皺的三種主要類型：對稱摺皺、不對稱摺皺、倒轉摺皺。若是從地形來看，向上隆起或拱狀的構造是背斜，向下凹陷的構造則是向斜；請留意背斜其中一翼，同時也屬於鄰近的向斜的一翼。

圓丘和盆地

大規模的底岩抬升，可能會改變上覆的沉積岩層，產生大型的摺皺。當向上隆升形成一個圓形或橢圓形的構造，則稱為**圓丘**；向下凹陷的圓形或長橢圓形構造，則稱為**盆地**。

美國南達科他州西側的黑丘陵（Black Hills），就是一個向上隆升而形成的大型圓丘構造。風化作用侵蝕移除了最上層覆蓋的沉積岩，露出中間古老的火成岩及變質岩（圖 6.30）。側翼還可以看見連續沉積岩層的殘餘，及圓丘中間的結晶核心。

美國有好幾個大型的盆地構造，例如密西根和伊利諾盆地區，就像淺碟子一樣。研究認為，是大量沉積物的重量導致地盤下陷。

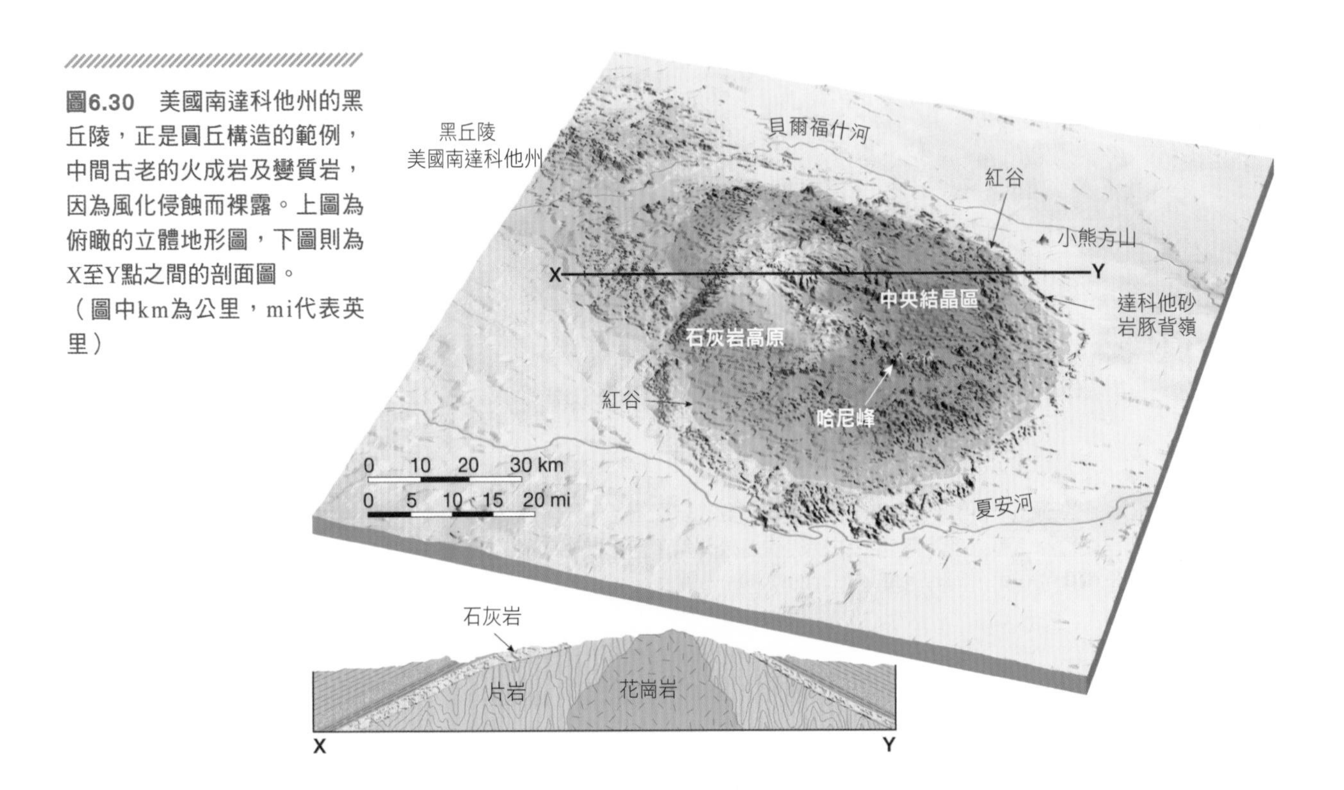

圖6.30 美國南達科他州的黑丘陵，正是圓丘構造的範例，中間古老的火成岩及變質岩，因為風化侵蝕而裸露。上圖為俯瞰的立體地形圖，下圖則為X至Y點之間的剖面圖。（圖中km為公里，mi代表英里）

圓丘與盆地在地層年代的分布上，有顯著的不同：愈靠近盆地的中心，地層愈年輕，愈靠近盆地邊緣，地層愈古老（這也是因為風化作用侵蝕移除了最上層沉積岩的結果）；圓丘的構造剛好相反，以黑丘陵為例，最古老的岩層是靠近中心處。

斷層

斷層是地殼破裂處——沿著斷層的破裂面，地層有過明顯的位移。你如果仔細觀察道路切過的沉積岩剖面，有時候可以找到微微錯動幾公尺的小型斷層，這種小斷層通常代表地層發生過一次錯動斷裂（圖 6.31）。

圖6.31 小型斷層，顯示地層沿著斷裂面有過明顯的位移。（Photo by iStockphoto/Thinkstock）

但像美國加州聖安地列斯斷層，則是不知已發生過多少次錯動，累積移動了好幾百公里，而且包括許多互相連動的斷層面。這些斷層帶可能橫跨數公里之寬，用高空航照圖比較容易判識（請回頭看圖 6.3）。

傾移斷層

沿著斷層面的傾斜方向移動的斷層，稱為**傾移斷層**。

在斷層面上方的岩層稱為**斷層上盤**，而下方的岩層稱為**斷層下盤**（圖6.32）。這兩個名詞的英文名稱，承襲自採礦的探礦者和負責挖掘的礦工，他們在礦區開挖豎井和隧道，當他們走在隧道裡，踩在腳下的是礦藏豐富的岩層，就喚做 footwall block（斷層下盤）；他們將燈具懸掛在頭頂上方的岩層，稱之為 hanging wall block（斷層上盤）。若是沿著傾移斷層發生垂直的錯動，通常會產生一道長而低矮的斷崖，稱為**斷層崖**，這種地形通常是因為地震而造成的。

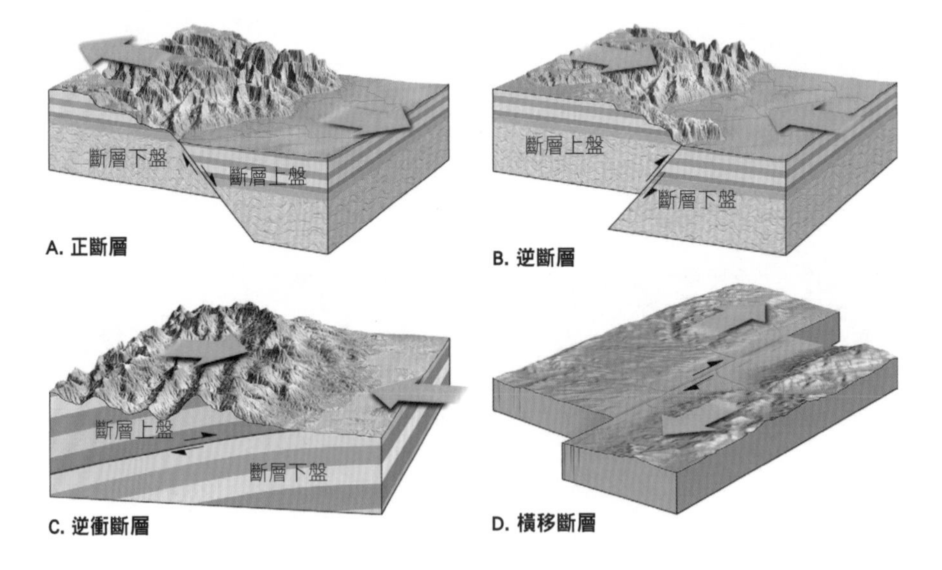

圖6.32 四種斷層類型的立體斷面圖。

正斷層

當斷層上盤相對於斷層下盤是向下移動，這種傾移斷層稱為**正斷層**（圖 6.32A）。正斷層通常伴隨地殼的伸展或擴張，規模大小不一，有些小規模的錯動只有 1 公尺左右，有些則能延展數十公里，沿著山脈前緣蜿蜒分布。一般說來，大型正斷層的斷層面都很陡峭，但是在斷層愈深處，斷層面的傾斜方向會趨於平緩（圖 6.33）。

涵蓋美國西部內華達州、亞利桑納州以及墨西哥的著名盆嶺區，與一條南北走向的正斷層有關。沿著斷層面的錯動，會產生向上抬升的斷塊，稱為**地壘**，以及向下沉陷的斷塊，稱為**地塹**。在圖 6.33 裡，我們還可看到半地塹這種傾斜的斷塊，也協助形塑這個盆嶺區的高低起伏。地壘和傾斜斷塊的頂端，受風化侵蝕作用之後，正是盆地底部沉積岩的來源。

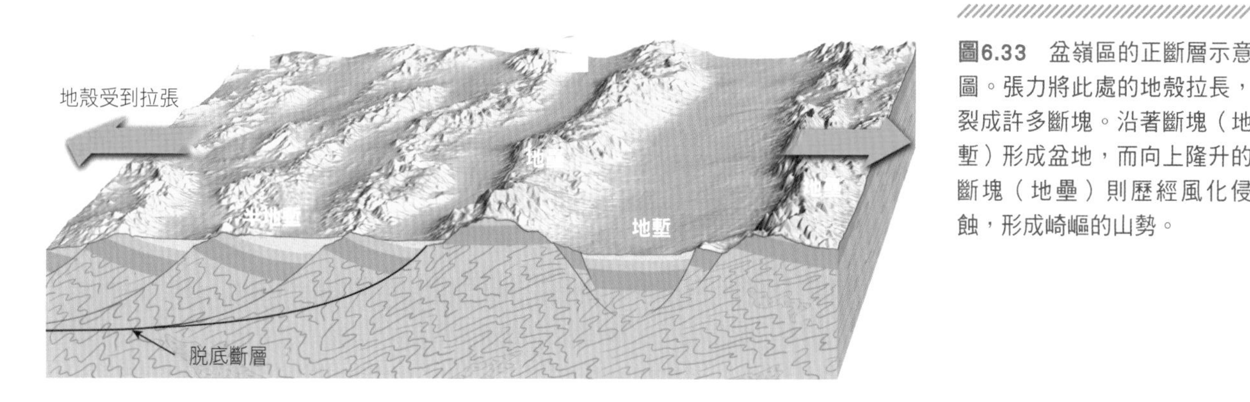

圖6.33　盆嶺區的正斷層示意圖。張力將此處的地殼拉長，裂成許多斷塊。沿著斷塊（地塹）形成盆地，而向上隆升的斷塊（地壘）則歷經風化侵蝕，形成崎嶇的山勢。

你知道嗎？

的確有人親眼看到斷層崖形成的過程，而且倖存下來。故事發在美國愛達荷州，1983 年一場大地震創造出一道 3 公尺高的斷層崖，有幾個人親眼目睹，還跌了一大跤。這種現場目擊的機會非常罕見，通常斷層崖都是在形成之後，才被人發現。

請留意圖 6.33 的地形剖面，正斷層的斷層面在愈深處，傾斜方向會趨於平緩，形成幾乎水平的斷層，稱為脫底斷層——這是一層天然邊界：在脫底斷層上方的岩層，呈現脆性變形的特徵，而在脫底斷層下方的岩層，則展現韌性變形的特徵。

逆斷層 & 逆衝斷層

當斷層上盤相對於斷層下盤是向上移動，這種傾移斷層稱為**逆斷層**（圖 6.32B）；當逆斷層的傾斜角度小於 45 度，就稱為**逆衝斷層**——它的斷層上盤相對於斷層下盤，幾乎是水平移動。

斷層運動讓地質學家找到方法，來測量地球內部的大地構造作用力。

正斷層涉及的是將地殼拉開的張力。這種拉開的力量，也導致破裂地塊的抬升。

逆斷層涉及的是擠壓地殼的壓力。由於斷層上盤壓著下盤向上移動，所以逆斷層和逆衝斷層會伴隨著地殼水平壓擠縮小的特徵。

大部分高角度的逆斷層，要發生錯動並不容易，僅會造成小而局部的地層位移。但是逆衝斷層就不同了，大小規模的錯動都有可能發生，有些大型逆衝斷層的錯動可達數十公里、甚至上百公里。譬如阿爾卑斯山脈、北洛磯山脈、喜馬拉雅山脈和阿帕拉契山脈等地區，逆衝斷層可讓地層產生 100 公里的位移。這樣的大型錯動，往往讓古老的地層給擠到年輕地層的上方。

逆衝斷層最常發生在地殼隱沒帶，以及其他聚合型板塊邊界。強大的壓力會同時產生摺皺和斷層，讓岩層遭到壓縮和變厚。

橫移斷層

如果岩層主要的錯動是水平方向，而且平行於斷層面的走向，則稱為**橫移斷層**（圖 6.32D）。橫移斷層最早的科學紀錄，來自大地震後的地表破裂，最值得注意的是 1906 年發生的舊金山大地震。在這場大地震之後，橫跨聖安地列斯斷層的圍籬，發生了 2.5 公尺的錯動（圖 6.4）。

橫移斷層又分為兩種：當你面向聖安地列斯斷層時，對面的地層相對於你站的位置是向右移動，這稱為*右移斷層*；如果對面的地層相對於你站的位置是向左移動，就稱為*左移斷層*。英國蘇格蘭的大峽谷斷層是著名的左移斷層，錯動超過 100 公里，沿著這個斷層走向產生許多湖泊，包括傳說中出現水怪的尼斯湖。

有些橫移斷層甚至切開了岩石圈，涉及兩大板塊之間的構造運動。這種特殊的橫移斷層稱為**轉形斷層**（見第 5 章），聖安地列斯斷層就是一種轉形斷層，位在太平洋板塊與北美板塊的交界，長達 950 公里，從加利福尼亞灣延伸至舊金山北側的太平洋海岸某處出海。聖安地列斯斷層在三千萬年前形成，位移已經超過 560 公里。

傳說中出現水怪的尼斯湖，就位在分隔北蘇格蘭的大峽谷斷層上。沿著這個斷層帶的橫移錯動，讓許多岩石粉碎，接續的冰河侵蝕又再移除破碎的岩石，形成狹長形的山谷。這些破裂的岩石非常容易遭到侵蝕，由尼斯湖的最大深度即可略知一二，最深處達海平面以下 180 公尺。

造山運動

造山運動是在近期地質年代內發生的，地點遍布全球。最有名的造山帶是阿爾卑斯—喜馬拉雅造山帶，從地中海邊緣，穿過伊朗至印度北邊，再延伸至中南半島。美洲的科迪勒拉（Cordillera）造山帶，沿著美洲西部邊緣分布，南起南美洲南側端點合恩角，向北經過安地斯山脈、洛磯山脈，北至阿拉斯加。太平洋西側的造山帶則以火山島弧為主，包括日本、菲律賓和蘇門答臘。這些年輕的造山帶都是在近一億年內形成的，有些形成年代甚至是在五千萬年內，例如喜馬拉雅山脈。

相較於年輕的造山帶，目前地球上還找得到古生代時期形成的造山帶，雖然這些古老的構造已經被嚴重的風化侵蝕，地形特徵已不太明顯，但仍然可以找出和年輕造山帶相同的構造特徵。美國東部的阿帕拉契山脈和俄羅斯的烏拉山脈，正是這類古老、備受侵蝕的造山帶。

造山運動是用來描述造山帶形成的過程。許多造山帶都呈現出受到巨大的水平推擠作用力之後的地質特徵，包括地殼擠壓後距離縮短、地層變厚、形成摺皺和逆衝斷層。雖然摺皺和逆衝斷層是造山運動最常見的地形特徵，但是不同程度的變質作用和火山作用也常可見到。

遠從希臘時代，已有偉大的哲學家和科學家開始關心造山帶形成的原因。早期認為這些山脈，只是地殼從半熔融狀態，慢慢冷卻下來所形成的皺褶。根據這個概念，地球表面因為溫度降低而產生收縮和皺褶，就像橘子風乾之後，表面產生的皺褶。但這個概念和其他早期的假說，都缺乏仔細的科學檢視。

隨著板塊構造學說的發展，足以完整解釋造山運動的模型才發展出來。它假設形成造山帶的構造運動發生在聚合型板塊邊界，正是海洋地殼隱沒至地函之處。

造山帶場景之一：海洋板塊隱沒

為了揭開造山帶形成的過程，科學家剖析了古老山脈的構造，也檢測了造山運動仍然活躍的地點，其中最感興趣的就是聚合型板塊邊界，也是岩石圈板塊隱沒之處。當海洋板塊隱沒，往往產生最強烈的地震和最猛烈的火山爆發，這也是形成地球上許多造山帶的重要推手。

海洋板塊隱沒時，會產生兩種不同類型的構造。當海洋板塊隱沒至另一塊海洋板塊下方，會形成火山島弧和相應的構造特徵；另一方面，當海洋板塊隱沒至大陸板塊下方時，則會沿著大陸邊緣形成一連串的火山弧，例如南美洲的安地斯山脈，正是板塊邊界處的火山弧。

火山島弧

島弧大約是在過去二億年內陸續發展成形的（圖 6.34）。週期性的火山運動、地底深處形成的火成岩，還有在板塊隱沒時被剝離下來的沉積岩堆積，都增加了隱沒板塊上方的上壓地殼的體積。有些大型的火山島弧，如日本，其規模要歸因於所在位置已經累積了不少大陸地殼的碎屑。

紐西蘭人希拉利（Edmund Hillary, 1919-2008）和尼泊爾人丹增諾蓋（Tenzing Norgay, 1915-1986）是第一批登上聖母峰的人，於 1953 年 5 月 29 日完成任務。但希拉利並不自滿於自身的成就，又繼續帶領第一批人橫跨南極大陸。

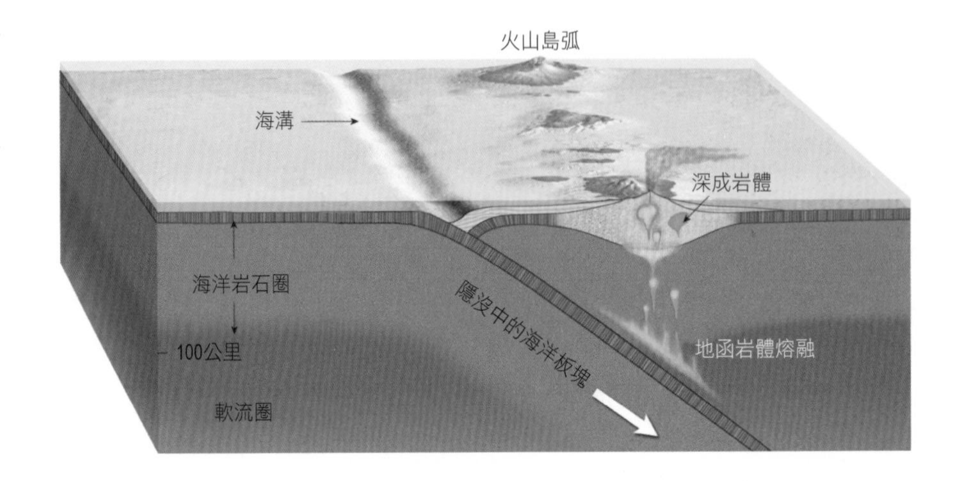

圖6.34 兩個海洋板塊的聚合，促成了火山島弧的發展。其中，下衝板塊沿著聚合帶持續隱沒，上壓板塊則會逐漸增厚。

當火山島弧的體積逐漸增加，就會形成連續的山脈地形，內含火成岩和變質岩帶。但這只是形成大型造山帶的其中一種方式。稍後我們將繼續說明另一種類型：當板塊聚合處形成了隱沒帶之後，大陸火山弧登場，開始了它們大規模造山的旅程。

安地斯山型聚合邊緣的造山運動

沿著大陸邊緣形成的造山運動，涉及前緣含有大陸地殼的板塊與海洋板塊之間的聚合。例如安地斯山型聚合帶，它會形成大陸火山弧，以及大陸邊緣內陸側的相關構造特徵。

安地斯山型造山帶的發展，第一階段是發生在隱沒帶出現之前，大陸邊緣在這個時期扮演的角色是**不活動大陸邊緣**，意即它還不是活動的板塊邊界（圖 6.35A），如現今北美洲東海岸即為一例。在環大西洋周邊的不活動大陸邊緣，大量的沉積物在大陸棚形成厚厚的沉積岩層。在大陸棚之外，混濁的水流將沉積物沉澱至大陸坡和大陸緣積（詳見第 9 章）。

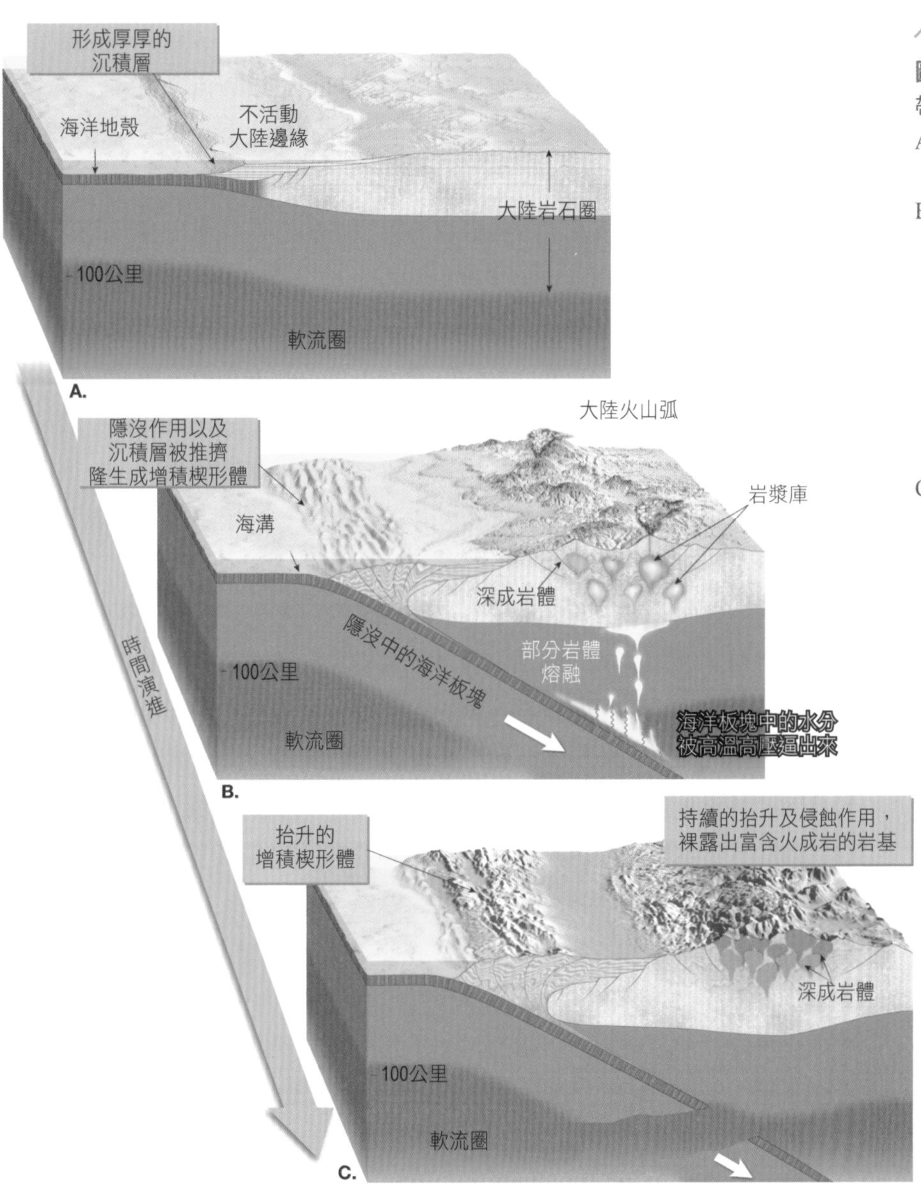

圖6.35　沿著安地斯山型隱沒帶發展的造山運動歷程：

A. 附有大量沉積岩的不活動大陸邊緣。

B. 板塊聚合處形成隱沒帶，隨後地底產生部分熔融，向上噴發形成大陸火山弧，持續發生的聚合運動和火山活動，讓大陸地殼益發厚實，再堆積抬升成為造山帶；大陸邊緣的沉積層也隨之被推擠隆升，形成增積楔形體。

C. 隱沒終止之後，造山帶仍然有持續的抬升及侵蝕作用。

從某個時間點開始，大陸邊緣開始活躍起來，隱沒帶形成，也開始一連串變形的過程（圖 6.35B）。南美洲的西海岸，正是解釋**活動大陸邊緣**的好案例，此處的納茲卡板塊正沿著祕魯智利海溝隱沒至南美板塊下方。這個隱沒帶可能在盤古大陸分裂前，就已經存在了。

在安地斯山型隱沒帶，大陸板塊和隱沒中的海洋板塊引發一連串大陸邊緣的變形和變質作用。當海洋板塊隱沒至地底下約 100 公里深，在隱沒板塊上方的地函岩體開始部分熔融，形成岩漿準備向上噴發（圖 6.35B），但厚實的大陸地殼阻礙大部分岩漿的噴發，因此有大量侵入地殼的岩漿沒有成功的噴出地表，反而是在地底深處冷卻結晶，形成深成岩體。最後隨著抬升及侵蝕作用，才逐漸裸露出這些火成岩和相伴的變質岩。一旦這些岩體構造露出地表，就稱為*岩基*（batholith，圖 6.35C），這些岩基成了美國加州內華達山脈的主要構造，也普遍見於祕魯安地斯山脈。

在大陸火山弧發展的過程中，從陸地沖刷而來的沉積物和板塊隱沒時刮下的碎屑，在海溝朝向陸地那側被推擠成堆，就像堆土機前方一大堆的碎屑。這一大堆混合著沉積岩、變質岩、還有從海洋地殼刮下的碎屑，統稱**增積楔形體**（圖 6.35B）。一旦海洋板塊的隱沒過程持續進行，已累積成帶狀的增積楔形體，當規模夠大時，便會抬升，浮出海平面（圖 6.35C）。

因此，安地斯山型造山帶包括兩組大致平行的區域，其一是在大陸地殼上發展的火山弧，內含火山地形及大量侵入的岩體，並伴隨著變質岩。其二則在海洋側的增積楔形體，內含摺皺、斷層和變質岩。

我們可以從美國西部的山脈——加州的內華達山脈和海岸山脈，看到上述這種平行發展的例證。這裡是已不再活躍的安地斯山型造山帶，兩道互相平行的山脈，是由一部分太平洋盆地隱沒至北美板塊下方所造成的。

內華達山脈的岩基是由部分大陸火山弧侵蝕裸露而成，原本是數千萬年前侵入地底的深成岩體，隨後的抬升和侵蝕作用，已經抹除了大部分過去火山活動的證據，只裸露出底下結晶的火成岩和相伴的變質岩。

從隱沒板塊刮下來的碎屑物，還有那些大陸火山弧侵蝕沖刷下來的沉積物，聚集在海溝附近，因為強力推擠，而形成具有大量摺皺和斷層的增積楔形體，這些混合的岩體形成了加州海岸山脈的法蘭西斯混同層。海岸山脈是近期才抬升形成的，還可找到許多尚未固化的年輕沉積物，覆蓋在這些高地的表層。

總而言之，隱沒帶的造山歷程，涉及來自地函的火成岩，和隱沒的海洋板塊所刮下的沉積物，逐漸推擠形成加厚的大陸地殼。

造山帶場景之二：陸塊碰撞推擠

海洋板塊本身的密度相對較大，又會持續穩定的隱沒，而大陸板塊則是包含許多低密度的地殼碎屑，因為具有浮力而無法隱沒。因此，當那些堆積在海洋板塊上方的地殼碎屑，漂移至海溝處，並不會隨著海洋板塊隱沒到地函裡，反倒與隱沒帶上方的大陸陸塊邊緣撞個正著。許多大型造山帶的形成，得歸因這類地殼碎屑或碎塊，在隱沒帶與大陸邊緣互相碰撞推擠而隆起。

你知道嗎？

全世界最高的城市是玻利維亞的拉巴斯（La Paz），海拔位置 3,630 公尺。美國境內最高的城市位在科羅拉多州的丹佛，海拔 1,655 公尺，還不到拉巴斯的一半。但是丹佛的空氣比起平地已稀薄許多，美國職棒大聯盟的科羅拉多洛磯隊，主場就在丹佛市，隊名取自環繞於丹佛四周的洛磯山脈。在這裡舉行的棒球賽，打者擊出去的球因空氣阻力較小，往往飛得更高更遠，因此洛磯主場有「打者的天堂」、「投手的墳場」之稱。

岩帶——增積的地塊

環太平洋的造山帶就是這樣形成的：當太平洋周邊的小規模地殼碎塊遇上大陸邊緣，歷經了碰撞和增積，便形成許多海岸山脈。地質學家將這些增積的地塊稱為**岩帶**，也就是指具有獨特地質史的岩層，明顯與相鄰的岩帶不同。

這些地殼碎塊的特性為何？又是從哪裡發源的？研究學者認為在它們增積成為大陸岩體之前，部分碎塊也許是像今日非洲東部馬達加斯加島那樣的小型陸地，大多數則是像日本、菲律賓和阿留申群島等島弧，但也有部分是潛在海中的海底台地，是由地函柱大規模噴發的玄武岩漿冷卻而形成（圖 6.36）。目前研究調查已知，這類相對小型的地殼碎塊大約超過 100 個。

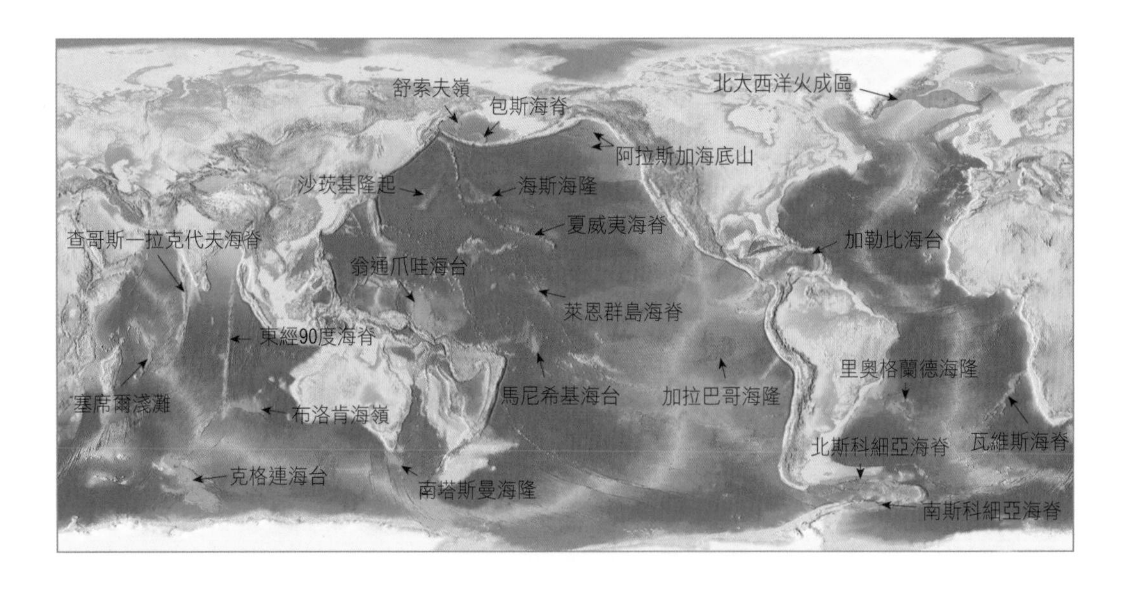

圖6.36 海底台地及其他隱沒在海中的地殼碎塊的現況分布圖。

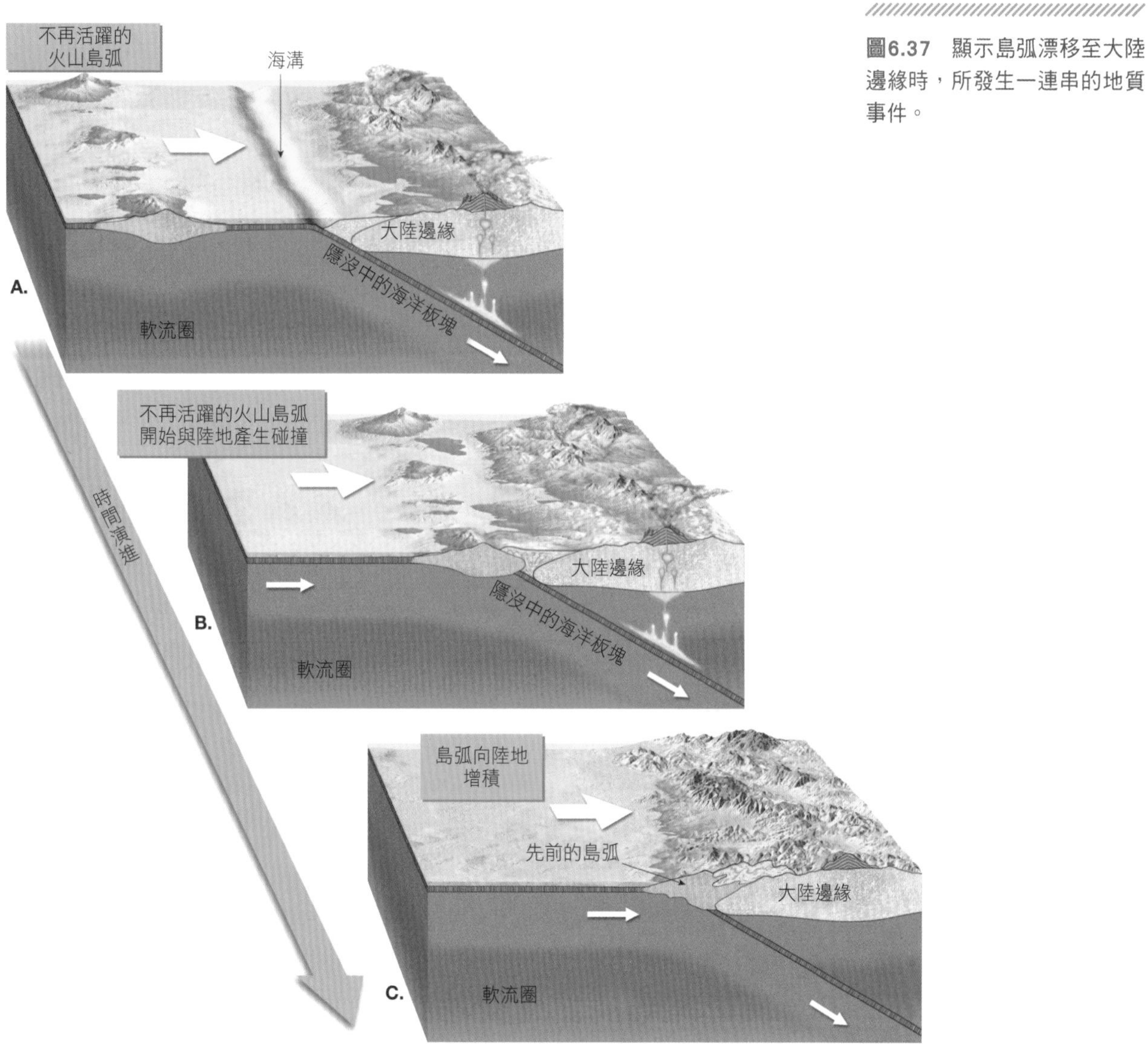

圖6.37　顯示島弧漂移至大陸邊緣時，所發生一連串的地質事件。

當海洋地殼漂移，帶著這些海底台地、火山島弧和小型陸地慢慢移向安地斯山型的隱沒帶。當海洋地殼隱沒時，通常會將其上的小型海底山脈一併帶到地函裡。但如果海洋地殼的某些岩層太厚了，像是翁通爪哇海台，大小約等同阿拉斯加，或是火山島弧富含質輕的火成岩，浮力相對較大而無法一起隱沒，這些地質構造就會與大陸邊緣發生碰撞。

島弧漂移至安地斯山型板塊邊緣後，接下來的發展歷程，請見前頁的圖 6.37 的說明。這些海洋地殼的上部岩層，將從隱沒板塊剝離，然後推擠至大陸邊緣。由於隱沒作用通常至少持續上億年或更久，這期間可以讓好幾組地殼碎塊都慢慢漂移至大陸邊緣。每一次的碰撞，都會將前一次碰撞形成的岩帶推向更內陸，也會增加這個變形帶的地層厚度，並逐漸把大陸邊緣往外擴增。

能釐清造山帶和地殼碎塊增積之間的關係，始於北美洲科迪勒拉各種不同岩帶（圖 6.38）的研究。部分在阿拉斯加和哥倫比亞造山帶找到的岩石，含有化石及古地磁的證據，研究學者根據這些證據，認為這些岩層曾經比較靠近赤道。

目前研究已知，組成北美洲科迪勒拉的地層，曾經分布在東太平洋一帶，就像目前分布在西太平洋的島弧及海台一樣（見圖 6.36）。當盤古大陸開始分裂，太平洋盆地東側的部分（費瑞隆板塊），開始隱沒至北美洲西側邊緣下方，這樣的構造運動讓一個個地殼碎塊逐漸漂移至太平洋邊緣的陸地，分布範圍南從墨西哥的下加利福尼亞半島，至北邊的阿拉斯加（圖 6.38）。地質學家預期，未來仍會有許多小型陸地漂移至活動大陸邊緣，形成新的造山帶。

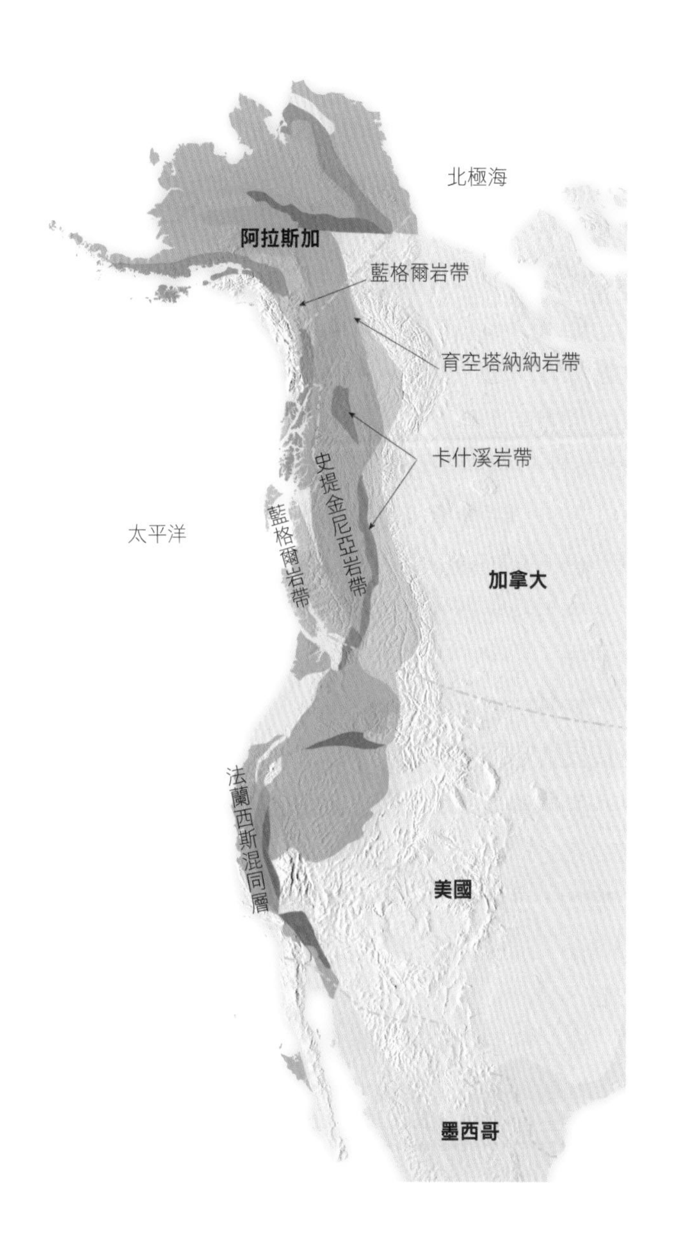

圖6.38　過去二億年間，增積到北美洲西側的不同岩帶。

大陸碰撞型造山運動

喜馬拉雅山脈、阿帕拉契山脈、烏拉山脈和阿爾卑斯山脈等造山帶，都代表大型海洋盆地的消失，隨後發生的大陸碰撞，使得地層產生摺皺和斷層，地殼也因而壓縮及加厚，山脈就逐漸隆起了。有些造山帶的地殼厚度已經超過 70 公里。

印度陸塊是在大約五千萬前撞上亞洲陸塊的，開始了一連串喜馬拉雅山脈形成的造山事件。在盤古大陸分裂前，印度曾經位在非洲和南極洲之間，地處南半球。從地質年代的進程來看，盤古大陸開始分裂後，印度陸塊已相對快速的向北移動了數千公里之遙。

隱沒作用讓印度陸塊加速北移，靠近亞洲的南側邊緣（圖 6.39A）。沿著亞洲南緣持續發生的隱沒作用，形成類似安地斯山型的板塊邊緣，包括一系列發育完整的大陸火山弧和增積楔形體。印度北邊則相對是不活動大陸邊緣，包含厚層的淺水沉積岩。

地質學家認為，應該有一塊或更多小型的陸塊，曾經地處印度和亞洲之間正在隱沒的板塊上。當印度和亞洲之間的海洋盆地逐漸縮小閉合，一個小型的地殼碎塊，抵達海溝之後碰撞亞洲大陸，形成了現今西藏南緣，接著就是印度大陸靠岸了。當印度與亞洲碰撞，涉及的大地構造作用力非常龐大，造成板塊邊界的地層嚴重變形，形成摺皺和斷層（圖 6.39B）。地殼擠壓又加厚的過程，抬升大量的地殼物質，逐漸創造出雄偉的喜馬拉雅山脈。

地殼擠壓的過程，除了把地殼抬升，還導致碰撞邊緣底部大量堆積的岩石，被埋入更深的地底，處於高溫高壓的環境（圖 6.39B）。在造山帶形成的過程中，地底深處產生部分熔融，使得岩漿侵入上覆的岩層。火成岩及變質岩就是在這樣的造山環境中形成的。

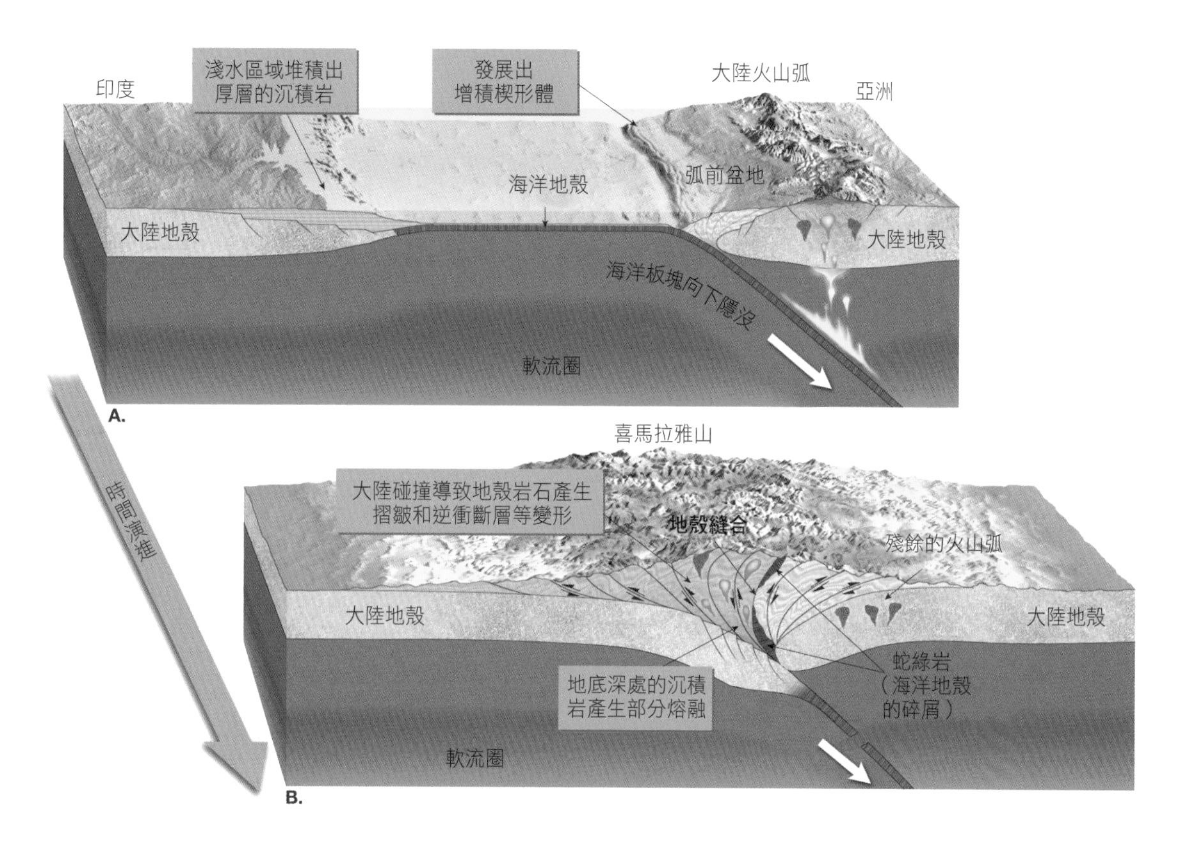

圖6.39 印度陸塊撞上歐亞板塊的歷程，形成雄偉的喜馬拉雅山。

喜馬拉雅山脈的形成，是在西藏高原抬升之後才開始的。根據地震波資料解讀，部分的印度次大陸曾推擠塞入西藏高原下方，往北塞入的距離也許約有 400 公里。如果真是如此，這些額外增加的地殼厚度，勢必是西藏高原南側如此高聳的原因。

印度大陸向北漂移撞上亞洲大陸之後，漂移速率已經減緩，但是沒有完全停止，目前向北推入亞洲大陸的距離至少有 2,000 公里，造成部分地殼的抬升，但大部分的推擠效果是造成亞洲陸塊往側向位移，這樣的機制稱為大陸逃逸（continental escape，圖 6.40）：當印度持續向北漂移推擠，部分的亞洲大陸被擠往東側，遠離大陸碰撞的區域，這些錯動的陸塊包括現今大部分的中南半島和部分的中國大陸。

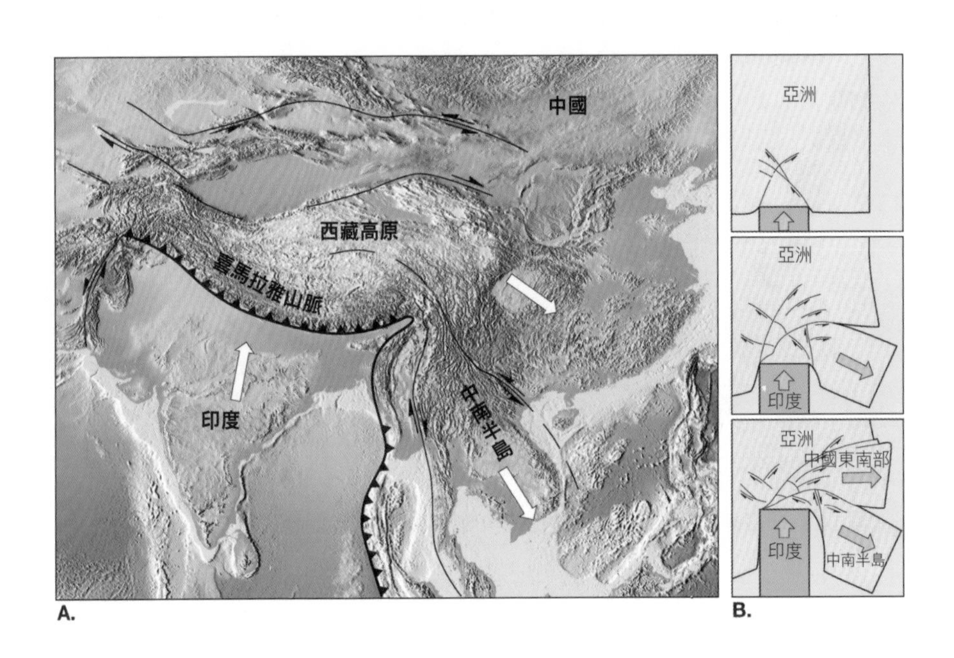

圖6.40 印度和亞洲大陸之間的碰撞，形成喜馬拉雅山脈和西藏高原，同時也導致東南亞地形的嚴重變形。
A圖顯示東南亞的主要地形構造特徵，與喜馬拉雅造山帶相關。
B圖是利用塊狀圖展現印度陸塊向亞洲陸塊推擠，造成「大陸逃逸」的變形歷程。

另一個相似、但年代較為久遠的大陸碰撞，是歐洲大陸與亞洲大陸的碰撞，形成穿越俄羅斯南北向的烏拉山脈。像烏拉山脈這樣位在穩定的大片內陸深處，居然有數千公尺厚的海洋沉積物變形隆升，在板塊構造學說發展之前，地質學家幾乎找不出解釋原因。

其他展現大陸碰撞型造山運動的地區，還包括阿爾卑斯山脈和阿帕拉契山脈。阿帕拉契山脈是由北美洲、歐洲及北非碰撞形成的，雖然這三個陸塊現在已經分離，但不到二億年前，這三個陸塊曾經拼成盤古大陸的一部分。在阿帕拉契山脈南麓進行的研究指出，這個造山帶的形成歷程遠比我們想像的複雜，因為它不只是一次性的大陸碰撞，而是在過去三億年間有過數次造山事件。

你知道嗎？

在盤古大陸形成之際，歐洲大陸和西伯利亞大陸碰撞，形成烏拉山脈。遠在板塊構造學說發展之前，這個已經極度風化的山脈，即已被視為歐洲和亞洲的天然邊界。

- 當岩體承受到超過自身強度的應力而斷裂，快速釋放的能量產生地表的震動，稱之為地震。這些沿著大型斷裂面錯動的構造運動，稱為斷層，通常與板塊邊界有關。

- 地震通常產生二組地震波：(1) 沿著地球外層行進的表面波；(2) 穿越地球內部的體波。體波又可以再區分為初波（P 波）及次波（S 波）。P 波是一種推拉波，會讓物質發生推擠和拉伸，推拉方向與地震波的行進方向平行；P 波可以穿透任何物質，包括固體、液體和氣體。S 波則是搖晃物質的粒子，振盪方向與地震波的行進方向垂直；S 波不能在流體中傳遞，它只能穿越固體。不管在哪一種固體中，P 波的行進速率是 S 波的 1.7 倍。

- 地震的震源在地表的垂直投影之處，稱為震央，可以用 P 波和 S 波的速率差來測定位置。

- 地震的震央通常都發生在板塊邊界，兩者密切相關。地震發生的主要區域，一是沿著太平洋盆地邊緣分布，稱為環太平洋帶，二是沿著穿越世界各大洋的洋脊系統，三是歐亞大陸內部的阿爾卑斯——喜馬拉雅造山帶。

- 地震學家用「震度」和「規模」兩種方式，來描述地震的大小。震度是利用特定地點受破壞的程度，來描述地表搖晃的程度。麥氏震度級數是利用加州建築物在地震中的搖晃程度為標準，而發展出來的。規模則是利用地震波資料來估算震源釋放的能量多寡。芮氏地震規模（M_L）是利用地震波紀錄中的最大振幅，來估算地震的能量；對數尺度是用來描述：當規模數字增加

1，代表振幅增加了 10 倍。地震矩規模（M_w）則是近來用於估算中大型地震規模的方法，藉由量測斷層滑動的平均量、斷層面滑動的面積大小、岩層斷裂的剪力強度，來計算整個斷層面釋放的能量。

- 伴隨地震而產生的破壞程度，最顯著的影響因素是地震的規模，以及是否鄰近人口密集區。建築物因地面搖晃而受損的程度高低，取決於下列因素：(1) 震度、(2) 搖晃的時間長短、(3) 建築物座落位置的地質、(4) 建築物本身的設計。伴隨地震而來的破壞，還包括海嘯、走山、地盤下陷和火災。

- 藉由判讀 P 波和 S 波穿透地球的行進路徑，地球內部可分為四層：(1) 地殼（非常薄的外殼，僅有 5 至 40 公里厚）；(2) 地函（地殼之下的厚層岩體，厚度達 2,900 公里）；(3) 地核外核（約 2,250 公里厚，是可流動的液態層）；(4) 地核內核（為固態金屬球，半徑為 1,221 公里）。

- 岩體變形是指岩體產生外形或體積的變化，不同的變形取決於環境（溫度和封閉壓力）、岩體的組成成分和應力作用的時間長短。岩體對於變形的最初反應是具有彈性，當應力解除時，還有機會可以回復原來的形狀。但是一旦應力超過岩體的彈性限度，岩體即可能發生韌性變形或破裂（脆性變形）。韌性變形是一種固態流動，讓岩體在沒有破裂的狀態下改變尺寸和外形，通常是發生在高溫及高封閉壓力的環境下。在接近地表的環境，大部分的岩體變形多半直接發生脆性破裂。

- 與岩體變形最有關的基本地質構造是摺皺（原本平躺的沉積岩和火成岩被彎曲成波浪狀），最常見的兩種摺皺分別是向上拱起的背斜，和向下彎曲的向斜。大多數的摺皺是因為水平方向的壓縮應力而形成。圓丘（向上隆起的構造）和盆地（向下凹陷的構造）則多半是因為地層垂直錯動，而形成圓形或長橢圓形的大型摺皺。

- 斷層是地殼中的破裂面發生錯動。若是近乎垂直方向的錯動，稱為傾移斷層，包括正斷層和逆斷層；低角度的逆斷層又稱為逆衝斷層。正斷層通常涉及將地殼拉開的張力。沿著擴張中心的張裂型板塊邊界，當兩個板塊分裂而中間岩層陷落，這陷落的斷塊稱為地塹。地塹的兩側邊緣都是正斷層。

- 當海洋板塊隱沒至大陸板塊下方，形成安地斯山型板塊邊緣，特徵包括大陸火山弧和相關的深成岩體。此外，陸地沖刷下來的沉積物，還有從隱沒中的板塊上面剝離下來的物質，在海溝的向陸側堆積，形成增積楔形體。美國西部加州的內華達山脈和海岸山脈，是說明安地斯山型造山帶不再活躍的最佳案例。

- 造山帶也可以由島弧、海底台地和一些小型陸地碰撞聚合而成，如北美洲科迪勒拉的造山帶即為一例。

- 在安地斯山型大陸邊緣，持續隱沒的海洋板塊終將閉合海洋盆地，導致大陸碰撞，讓地殼擠壓變短又變厚，發展出綿延的山脈，喜馬拉雅山脈正是一例。大型造山帶的形成通常很複雜，也許涉及二次以上不同的造山事件。大陸碰撞已經形塑許多造山帶，包括阿爾卑斯山脈、烏拉山脈和阿帕拉契山脈。

上部地函 upper mantle　和地殼以莫氏不連續面（Moho discontinuity）為界，約有660 公里的厚度。主要岩石類型是橄欖岩，比地殼多了更多鎂和鐵。

下部地函 lower mantle　又稱為中岩圈（mesosphere），是地函的一部分，位在地殼下方 660 公里到深度 2,900 公里處的地核邊緣。下部地函雖是固態，但因為相當高溫，岩體仍可以緩慢流動。

不活動大陸邊緣 passive continental margin　又稱被動大陸邊緣。大陸邊緣包括大陸棚、大陸坡和大陸隆起。由於不活動大陸邊緣與板塊邊界無直接關係，所以較少火山活動與地震發生。

正斷層 normal fault　斷層上磐沿著斷層面向下滑動。正斷層通常涉及將地殼拉開的張力。

向斜 syncline　沉積岩層向下彎曲變形；這是兩種最常見的摺皺之一，與背斜正好相反。

地函 mantle　位在地殼之下的地球內部分層，厚達 2,900 公里，包含上部地函和下部地函兩部分。

地核 core　地球組成的最內層，可分成地核外核（主要是液態鐵鎳）和地核內核（主要是固態鐵鎳）兩部分。

地核內核 inner core　地球最核心的固態鐵鎳層，半徑約為 1,221 公里。

地核外核 outer core　地函下方的地球內部分層，厚度約為 2,250 公里，主要成分為液態鐵鎳。

地殼 crust 地球最外圈的薄層岩質，包括大陸地殼和海洋地殼兩大類。大陸地殼平均密度約 2.7 公克／立方公分，部分年齡已經超過四十億年；海洋地殼比較年輕，都少於一億八千萬年，密度較重，約為 3 公克／立方公分。

地塹 graben 順著斷層面下滑而形成的山谷。

地震 earthquake 大自然的地質現象。由於巨大岩體遽然且快速的位移，導致地層蓄積的能量快速釋放，所產生的地表震動。

地震波 seismic wave 地震所釋放的彈性能量，在地層中傳遞的波動。地震波主要有兩種：一種沿著地球表面行進，稱為表面波，另一種則能穿透地球內部，稱為體波。

地震矩規模 moment magnitude（M_W） 比芮氏地震規模更為準確的地震量度方法：測量震源的斷層錯動總力矩，以計算出整個斷層面釋放的能量。

地震學 seismology 研究地震和地震波的科學。

地壘 horst 由斷層環繞著的橢圓形、抬升的地殼岩體。

次波 secondary（S）wave 振盪方向與行進方向垂直的震波。又稱 S 波，是兩種體波之一。S 波不能在流體中傳遞，它只能穿越固體。

初波 primary（P）wave 振盪方向與行進方向平行的震波。又稱 P 波，是兩種體波之一。P 波是一種推拉波，會讓物質發生推擠和拉伸交互出現的現象。P 波的行進速率是 S 波的 1.7 倍。

岩石圈 lithosphere 地球最外圈的堅固地層，包括地殼和上部地函。

岩帶 terrane 以斷層為界區隔出的地塊，其地質年代不同於相鄰的地塊。

芮氏地震規模 Richter scale（M_L） 量度地震大小的方法：利用地震儀記錄到的地震波最大振幅，來估算地震的能量。

表面波 surface wave 沿著地表傳遞的地震波。表面波的運動方式相當複雜，行進速率比體波慢，但更容易造成地面劇烈的晃動，導致更嚴重的破壞。

前震 forehock 大地震發生之前的小型地震。

活動大陸邊緣 active continental margin 分布在海洋岩石圈隱沒至陸地下方的邊

緣。範圍通常相當狹窄，而且包含許多高度變形的沉積物。

盆地 basin　圓形向下陷落的地形結構。

背斜 anticline　沉積岩層向上拱起變形；這是兩種最常見的摺皺之一，與向斜正好相反。

海嘯 tsunami　因為地震而形成快速移動的海浪，足以造成沿海地區大規模的破壞。（英文是從日本語「津波」的讀音而來。）

脆性變形 brittle deformation　岩體承受到超過自身彈性限度的應力，而突然破裂，情況就像玻璃碎裂一般。

逆衝斷層 thrust fault　斷層面的傾斜角度小於 45 度的逆斷層。比逆斷層更容易錯動。

逆斷層 reverse fault　斷層上盤沿著斷層面向上滑動。逆斷層通常涉及擠壓地殼的壓縮力。

液化作用 liquefaction　當土壤和其他未固化物質飽含水分，彷彿變成液態狀的塊體，無法繼續承載上方建築的現象。通常與地震有關。

規模 magnitude　地震過程釋放的總能量。

軟流圈 asthenosphere　位在岩石圈下方，是上部地函裡，密度較低、黏度高、很容易韌性變形的區域，大約位於地下 100 公里到 200 公里之間，某些地方甚至深達 700 公里。軟流圈參與板塊構造運動，地震波行經軟流圈時，速率會下降。

造山運動 orogenesis　導致山脈隆起的綜合歷程（oros 代表山脈，genesis 代表正在形成）。

麥氏震度級數 Modified Mercalli Intensity Scale　早期用來評估地震強度的十二級表，依據美國加州建築物結構受損的程度而制訂。

韌性變形 ductile deformation　岩體在固態下產生尺寸和形狀的改變，但沒有破裂。這會發生在高溫和高封閉壓力的地底深處。又稱延性變形或塑性變形。

傾移斷層 dip-slip fault　移動方向平行於斷層面傾斜方向（dip）的斷層。包括正斷層、逆斷層、逆衝斷層。

圓丘 Dome 與背斜相似的圓形或橢圓形隆起構造。

摺皺 fold 一層或多層原本水平的岩層，因為變形而彎曲成連續性的波浪狀。

增積楔形體 accretionary wedge 沉積在隱沒區上的大規模楔型沉積物。這些從隱沒中的海洋板塊刮除下來的沉積物，在海溝朝陸地側推擠成堆。

彈性回跳 elastic rebound 受到應力的岩層突然斷裂開來，岩體沿著斷層面產生運動，彈回最初沒有受到應力的狀態，就像繃緊的橡皮筋突然被放開，彈回原狀一般。

震央 epicenter 地震震源垂直投影至地面的位置。

震波圖 seismogram 地震儀所記錄的圖表，可提供關於地震波特性的有用資訊。

震度 intensity 最先用來描述地震大小的方法：觀察指定範圍內的破壞狀況，來判定地表搖晃的程度。

震源 focus 岩層位移產生地震波的發源處。

餘震 aftershock 大地震過後，尾隨發生的一連串較小的地震。

橫移斷層 strike-slip fault 移動方向平行於斷層面走向（strike）的斷層。

斷層 fault 地殼破裂處。沿著斷層的破裂面，地層有過明顯的位移。

斷層上盤 hanging wall block 斷層面上方的岩層。

斷層下盤 footwall block 斷層面下方的岩層。

斷層崖 fault scarp 順著斷層移動而形成的懸崖，代表斷層面露出，接著就由風化和侵蝕作用繼續形塑。

轉形斷層 transform fault 切斷岩石圈的大型橫移斷層，涉及兩大板塊之間的構造運動。

變形 deformation 這是岩石發生摺皺、斷層、剪切、壓縮或延展等歷程的統稱（de 代表超出，forma 代表形體）。

體波 body wave 可穿越地球內部的地震波，又分為初波（P 波）與次波（S 波）兩種。

1. 什麼是地震？在何種情況下會發生地震？
2. 斷層、震源和震央之間的關連為何？
3. 誰是第一位真正解釋地震形成機制的人？
4. 請解釋什麼是彈性回跳？
5. 不再活動的斷層，即可認定是「安全」了。請辨證這個論述是否正確。
6. 請描述地震儀的原理。
7. 請列出 P 波和 S 波的主要差異。
8. 地球上地震發生最密集的區域位在 ________。
9. 芮氏地震規模 7 的地震所釋放的量，是規模 6 的 ______ 倍。
10. 除了地震的震動造成的直接破壞之外，請列出其他三項與地震相關的破壞。
11. 什麼是海嘯？如何產生的？
12. 請比較軟流圈和岩石圈的物理性質差異。
13. 什麼是岩體變形？
14. 脆性變形與韌性變形的差別為何？

15. 請分別區分背斜與向斜、圓丘與盆地、背斜與圓丘之間的差異。

16. 請比較正斷層和逆斷層的差異，又各自與什麼樣的應力有關？

17. 請看圖 6.31，請辨別斷層上盤和斷層下盤的位置。這是正斷層還是逆斷層？

18. 逆斷層與逆衝斷層之間的差異為何？又有什麼相同之處？

19. 聖安地列斯斷層是 _______ 斷層的最佳範例。

20. 請看圖 6.4 的兩張圖片，請辨別它們是右移斷層或左移斷層。

21. 在板塊構造模型中，哪一種板塊邊界與造山運動最直接相關？

22. 什麼是增積楔形體？請簡述形成過程。

23. 不活動大陸邊緣是什麼？請舉例說明。也請舉例說明活動大陸邊緣。

24. 板塊構造理論如何解釋烏拉山脈的山頂有海洋生物化石？

07

火山活動
——雄雄燃燒的內火

學習焦點

留意以下的問題，
對掌握本章的重要觀念將相當有幫助：

1. 決定火山爆發的主要因素有哪些？
   這些因素如何影響岩漿的黏度？
2. 火山爆發與什麼物質有關？
3. 火山學家通常利用哪些噴發型態及外形特徵，
   來區分三類火山群？
4. 其他由火山活動形塑的地質特徵，還有哪些？
5. 侵入火成岩體的分類標準有哪些？有些什麼特徵？
6. 火山活動和板塊構造之間，有什麼關連？

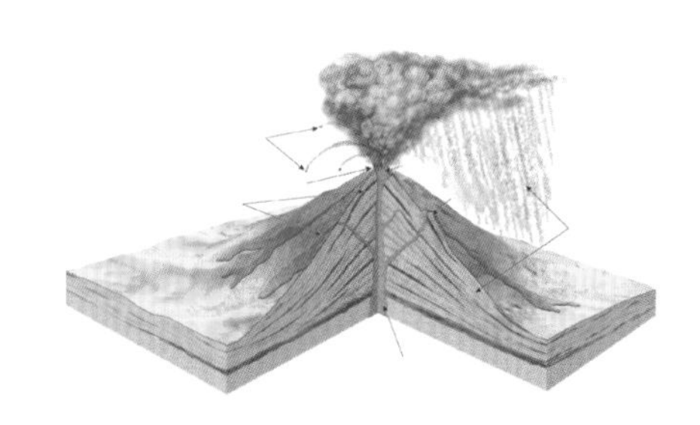

1980 年 5 月 18 日星期日，一場北美史上最猛烈的火山爆發事件，將原本景色如畫的美麗火山，炸得像斷頭的殘骸（圖 7.1）。這一天，美國華盛頓州西南側的聖海倫斯火山，一陣猛烈噴發，將整個火山北翼炸開，形成一個陷落的大洞。原本山峰超過海拔 2,900 公尺，在短短的瞬間，垮掉 400 多公尺的高度！

這場災難摧毀了火山北側一大片的花旗松樹林。松木全部倒下，範圍達 400 平方公里，斷了枝幹的松木就像一大把牙籤散落一地。伴隨而來的泥流，挾帶火山灰、樹幹、還有飽含水分的岩石碎屑，一路流洩 29 公里，至圖爾特河。這次噴發奪走 59 條人命，部分死於極度的高溫，或是因為噴發的火山灰及氣體窒息而死，部分則是因為爆炸的力量而被丟擲出去，還有一些人是受困在泥流中而罹難。

聖海倫斯火山這場爆發，至少噴出 1 立方公里的火山灰及碎屑（編注：如果鋪平在台灣的話，相當於每個地方都鋪上 2.5 公分厚的火山灰）。緊接著爆炸之後，又繼續噴出大量高溫的氣體及火山灰，噴發力量之強，甚至將部分火山灰拋擲至 18,000 公尺高的大氣圈平流層（同溫層）。幾天之後，這些非常微小的粒子，被強勁的高空風吹到世界各地。在美國境內，從奧克拉荷馬州、明尼蘇達州到蒙大拿州中部，都傳出大量火山沉降物造成作物收成的損失。同時，火山附近區域的火山落灰，超過 2 公尺厚。華盛頓州的雅基馬市（位在火山東側 130 里遠），天空中飄浮著大量火山灰，讓居民在中午時分也覺得像午夜一樣黑暗。

並非所有的火山噴發都像 1980 年聖海倫斯火山爆發這樣猛烈。有些火山噴發，只是靜靜的流出熔岩流，如夏威夷的啟勞亞火山。但這些溫和的火山噴發，也不全然沒有大動作的火花，有時熾熱的岩漿也會像噴泉一樣，向高空噴射數百公尺高。在啟勞亞火山近期最活躍的時期，大約起於 1983 年，超過 180 棟民宅和 1 座國家公園遊客中心遭摧毀。

圖7.1　聖海倫斯火山於1980年5月18日噴發前後對照圖。（Top photo by U.S. Geological Survey; bottom photo by Michael Collier）

為什麼像聖海倫斯這樣的火山會猛烈噴發，但啟勞亞火山卻能相對溫和平靜呢？為什麼火山會分布在阿留申群島或加州的喀斯開山脈等地，行成鏈狀的火山帶呢？為什麼有些火山在海底形成，而其他在陸地形成呢？本章將帶領各位探究岩漿及熔岩流的特質與運動方式，並解釋這些現象及其他疑問。

火山噴發的基本特性

決定火山是猛烈噴發或溫和噴發的因素有哪些？主要因素包括：岩漿的成分、溫度、以及含有多少溶解氣。這些因素將影響岩漿的流動性，或稱為**黏度**。當流質愈黏，愈抗拒流動。以糖漿和水為例進行比較，糖漿的黏度較高，所以不容易流動。足以產生猛烈噴發的岩漿黏度，是溫和平靜噴發的五倍。亦即，岩漿的黏度愈低，愈容易汩汩流出，愈不容易猛烈噴發。

影響黏度的因素

溫度對黏度的影響比較顯而易見，就像將糖漿加熱，糖漿就很容易流動（黏度變小）。因此，岩漿的流動性絕大部分取決於溫度，當岩漿開始冷卻、凝結，流動性馬上銳減，最終停止流動。

另一個影響火山行為的顯著因素是岩漿的化學組成。不同類型火成岩之間的差異，是二氧化矽（SiO_2）的含量（表 7.1）。以玄武岩質為主的岩漿，二氧化矽含量約 50%，花崗岩質岩漿的二氧化矽則超過 70%；介於中間的安山岩和閃長岩，二氧化矽含量約 60%。

表7.1　岩漿不同的成分，造成岩漿的性質各異

成分	二氧化矽含量	黏度	氣體含量	形成火山碎屑	火山外形
玄武岩質（鎂鐵質）	少量（~50%）	低	少量（1-2%）	少量	盾狀火山 玄武岩台地 火山渣錐
安山岩質	中等（~60%）	中	中等（3-4%）	中等量	複成火山錐
花崗岩質（長英質）	大量（~70%）	高	大量（4-6%）	極大量	火山碎屑流 火山丘

岩漿的黏度直接與二氧化矽的含量有關，當岩漿中含有愈多的二氧化矽，黏度就愈高。二氧化矽之所以阻礙岩漿的流動，是因為矽酸鹽的正四面體結構（形狀有點像肉粽）在早期結晶階段，會串連成長鏈，因此含有豐富二氧化矽的花崗岩質岩漿就非常具有黏性，一旦噴發，傾向於形成黏稠厚實的熔岩流。相反的，玄武岩質岩漿的二氧化矽含量較少，流動性較高，目前已知在凝結之前，流動距離可達 150 公里或更遠。

岩漿中的**揮發物**（岩漿中的氣體成分，以水為主），也會影響岩漿的流動性。若其他因素維持不變，當水溶解在岩漿中，也會增加岩漿的流動性，因為水分子會破壞矽和氧之間的鍵結，阻斷矽酸鹽長鏈的形成。不過，一旦氣體逸散，岩漿或熔岩流的黏度又會增加。

為什麼火山會噴發？

大部分的岩漿是由上部地函的橄欖岩部分熔融，而形成玄武岩質為主的岩漿。一旦形成，具有浮力的岩漿就上升至地表。由於愈接近地表的地殼密度愈小，玄武岩質岩漿通常會上升到地殼岩層密度較小的位置，然後岩漿開始聚集，形成岩漿庫。當岩漿開始冷卻，熔化溫度（熔點）最高的礦物率先結晶，留下含有豐富的矽和低密度成分的熔融物質。其中有些可能具有足夠的浮力，就向上侵入地表，形成火山噴發。但大多數情況是：在地底深處形成的岩漿，只有少部分有機會到達地表。

觸發「夏威夷型噴發」

若要觸發流動性高的玄武岩質岩漿噴發，通常需要一批新的岩漿進入接近地表的岩漿庫。在噴發開始之前，可以察覺火山峰頂開始膨脹數個月或甚至數年。當新熔融的岩漿注入，將導致岩漿庫膨脹，撐破上方的岩層，岩漿就沿著新出現的裂縫，快速向上流動，通常會形成向外湧出的熔岩流，長達數週、數月，甚至數年。

揮發物在噴發過程扮演的角色

所有岩漿都含有一些水和其他揮發物溶解其中，受制於上方岩體形成的極大壓力，而受困在岩漿中。當岩漿向上流動（或鎮住岩漿庫的岩體破裂），壓力頓時減小，這些原本溶解的氣體便開始與岩漿分離，形成小氣泡而逸散。就像是打開一瓶罐裝汽水，裡面的二氧化碳氣體就會散逸。

智利、祕魯和厄瓜多爾自誇擁有全世界最高的火山，幾十個火山錐的高度都超過 6,000 公尺，其中位在厄瓜多爾的二座火山，欽博拉索山和科托帕希山，曾經公認是全世界最高的山峰，這項紀錄直到十九世紀完成喜馬拉雅山脈的勘查，才被打破。

當流動性高的玄武岩質岩漿噴發，裡頭受壓氣體的逸散過程是相對緩和的。在溫度 1,000℃、接近地表的低度壓力下，這些氣體可以快速的擴散成原本體積的數百倍。某些情況下，這些擴散的氣體甚至可將熾熱的岩漿向空中噴出數百公尺高，形成熔岩泉（圖 7.2）。雖然這些噴泉景象非常壯觀，但通常接近無害，也跟一般造成大量人命及財產損失的大型噴發事件無關。

圖7.2　一些人近距離觀賞熔岩泉噴發。
（Photo by Digital Vision/Thinkstock）

另一種極端是高度濃稠的花崗岩質岩漿，噴發時挾帶熾熱的火山灰和氣體，向上衝到數千公尺的高空中，稱為**噴發柱**（圖 7.3）。

由於二氧化矽含量高的岩漿，黏度極高，仍有大部分的揮發氣體溶解其中，直到岩漿逐漸向上流動到地表附近，小氣泡才開始形成且體積逐漸膨脹。氣泡膨脹的過程有二，先是氣體從溶解狀態分離出來，其次，氣泡隨著封閉壓力減小而膨脹。當岩漿體積膨脹後的壓力超過上方岩體的強度

圖7.3 印尼婆羅摩火山於2010年噴發出大量蒸氣和火山灰。（Photo by iStockphoto/Thinkstock）

時，地殼隨即產生裂縫，於是岩漿順著裂縫向上竄流，封閉壓力再次減小，更多的氣泡形成和膨脹。這樣的連鎖反應，讓岩漿將岩石炸碎（炸成火山灰及浮石），產生猛烈噴發，隨著熾熱的氣體衝向高空。（就像 1980 年聖海倫斯火山噴發一樣，火山側翼的崩毀，也可以再觸發一次能量強大的火山爆發）。

一旦岩漿庫上部的岩漿被逸散的氣體強力擠出，下層岩漿的封閉壓力會突然下降，再度引發前述的連鎖反應。因此，火山爆發通常不會只有一聲「轟」，而是一系列的爆發事件。

總而言之，岩漿的黏度、溶解的氣體量，再搭配氣體是否容易逸散，大幅決定了火山噴發的特性。一般來說，相較於二氧化矽含量豐富的花崗岩質岩漿，炙熱的玄武岩質岩漿含的氣體量較少，而且相對容易讓氣體逸散，這也解釋了為何夏威夷玄武岩質岩漿是溫和的流動，而高黏度的岩漿則是猛烈噴發，有時還造成災害，包括聖海倫斯火山（1980 年）、菲律賓呂宋島的皮納圖博火山（1991 年）、加勒比海英屬蒙瑟拉特島的蘇夫利爾火山（1995 年）。

你知道嗎？

印尼坦博拉火山於 1815 年的噴發，是近代史上最大型的火山事件。猛烈噴發的火山灰和碎屑，大約是 1980 年聖海倫斯火山噴發量的二十多倍。火山爆炸的聲音，連遠在 4,800 公里外的人都聽得到，這樣的距離約是橫跨美國國境的寬度。

噴發歷程中噴出的物質

火山噴發出來的物質，包括熔岩流、大量的氣體和岩石碎屑（破裂的岩石、火山彈、微小的火山灰和火山塵），本節將一一檢視這些物質。

噴發物之一：熔岩流

全世界的熔岩流，據估計約有 90% 以上都是玄武岩質。熾熱的玄武岩質岩漿，通常流動性非常高，能以大片薄層的方式流動，或是像河流般流動。夏威夷島上的岩漿，大約以每小時 30 公里的速率流下陡峭的斜坡。不過，一般岩漿流動的速率是每小時 10 公尺至 300 公尺左右。相反的，那些富含二氧化矽的流紋岩質岩漿，流動的速率幾乎難以察覺。此外，大部分流紋岩質岩漿自噴發之後的流動，大多只有幾公里遠。如同各位預期的，安山岩質岩漿的二氧化矽含量中等，流動性介於上述兩個極端之間。

渣塊熔岩流和繩狀熔岩流

熔岩流可分成兩種類型，沿用夏威夷當地的命名，分別稱為渣塊熔岩流和繩狀熔岩流。**渣塊熔岩流**最常見的特徵是，挾帶表面粗糙、帶有尖銳邊緣且多刺的熔岩塊（圖 7.4），想要跨越渣塊熔岩流，將會是悲慘的經驗。相反的，**繩狀熔岩流**的表面則比較平滑，像是繩子編成的辮子（圖 7.5），「繩狀熔岩」的原文 pahoehoe 的意思正是「人可以行走的表面」。

渣塊熔岩流和繩狀熔岩流可以從同一個裂口噴發出來。但繩狀熔岩流是在比較高溫和流動性高的情況下形成，此外，繩狀熔岩流會在流動過程

圖74 典型慢速流動的玄武岩質渣塊熔岩流。
（Photo by J. D. Griggs, U.S. Geological Survey）

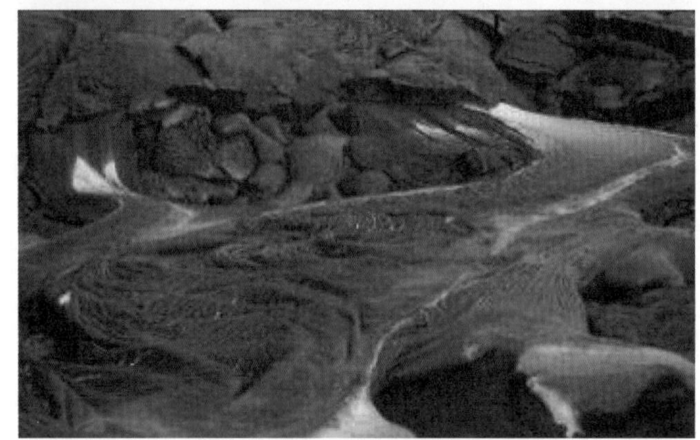

圖7.5 典型快速流動的繩狀熔岩流，形狀宛如髮辮。
（Photo by iStockphoto/ Thinkstock）

中轉變成渣塊熔岩流，但反向情況（從渣塊熔岩流變成繩狀熔岩流）並不會發生。

影響繩狀熔岩流轉變成渣塊熔岩流的因素之一，是遠離火山裂口之後的冷卻作用。冷卻會增加黏度，冷卻也導致氣體溶解度降低，形成更多氣泡。逸散的氣體，讓冷卻的熔岩流表面產生許多空洞及脊狀的尖銳隆起；而當熔岩流內部開始冷卻，會讓外層表殼破裂，將相對平滑的表面轉換成大量粗糙的礫石堆。

有時候，玄武岩質岩漿也曾以非常緩慢的速率流動。1990 年在夏威夷卡拉帕納村附近，村民們看著繩狀熔岩流在好幾星期的時間內，以每小時幾公尺的速率流向他們的家園，雖然村民都逃過一劫，但他們卻無力阻止熔岩流動，只能看著家園最終遭吞沒。

熔岩管

凝固後的玄武岩質熔岩流，通常都含有洞穴般的隧道，稱為**熔岩管**，可以從噴發的火山口一直延伸到熔岩流前緣（圖 7.6）。

圖7.6　熔岩流表面會先冷卻凝固，但底下熔融的岩漿仍持續在隧道中向前流動，這樣的隧道稱為熔岩管。
（Photo by Design Pics/Thinkstock）

即使熔岩流表面已經冷卻固化，這些在內部發展的引道，讓岩漿仍然可以持續維持高溫，就像一條絕緣的通道，讓岩漿噴發之後仍可以進行長途旅程，因此熔岩管是火山活動很重要的特徵。

熔岩管通常是與流動性高的玄武岩質岩漿有關，且世界各地均可找到，即便是火星上的大型火山，熔岩流中也含有大量的熔岩管。有些熔岩管的規模很大，如夏威夷島茂納若亞火山的東南翼，有個長度超過 60 公里的卡祖穆拉洞穴。

噴發物之二：高溫氣體

就像汽水罐中的二氧化碳一樣，岩漿因為周邊的封閉壓力，將氣體溶解在熔融的岩漿中。當封閉壓力減小時，氣體就開始逸散。然而，想要從噴發中的火山取得氣體樣本，是非常困難且危險的，地質學家通常也只能估算岩漿中原本的氣體含量。

大部分岩漿含有的氣體比率，約為總重量的 1% 至 6%，大部分是以水蒸氣的型態存在。雖然比率看起來不高，但實際逸散的總量每天可以超過數千公噸。有時噴發的火山氣體直衝大氣層的高處，停留時間長達數年。

火山噴發氣體的成分，關係到地球大氣層的氣體組成，因此是一個很重要的議題。從夏威夷火山取樣分析的結果，顯示火山氣體的成分包括 70% 水蒸氣、15% 二氧化碳、5% 氮、5% 二氧化硫、還有少量的氯、氫和氬（每一種火山氣體的相對比例會因地而異）。其中的硫化物非常容易辨認，因為含有非常刺鼻的味道。火山也是空氣汙染的來源，有些大量噴發的二氧化硫，會結合大氣的氣體，形成硫酸和其他硫酸鹽化合物。

噴發物之三：火山碎屑物

當火山挾帶龐大的威力噴發時，從火山口會噴出粉狀岩石、熔岩流和玻璃碎屑，這些粒子統稱為**火山碎屑物**。碎屑的大小各異，從極微小的灰塵和砂粒般的火山灰（直徑小於 2 公釐），到幾噸重的岩石碎片都有。

當氣體含量豐富的岩漿噴發時，會產生*火山灰*（圖 7.3）和*火山塵*。而當岩漿沿著裂口向上竄升時，氣體會快速膨脹。一旦高溫的氣體猛烈爆發，泡沫會給炸成非常微小的玻璃質碎屑（圖 7.7）。當這些高溫的火山灰墜落到地面，玻璃質的碎屑通常會結塊，形成*熔結凝灰岩*。美國西部大片土地，就遍布這種熔結凝灰岩和火山灰落下後固化的沉積物。

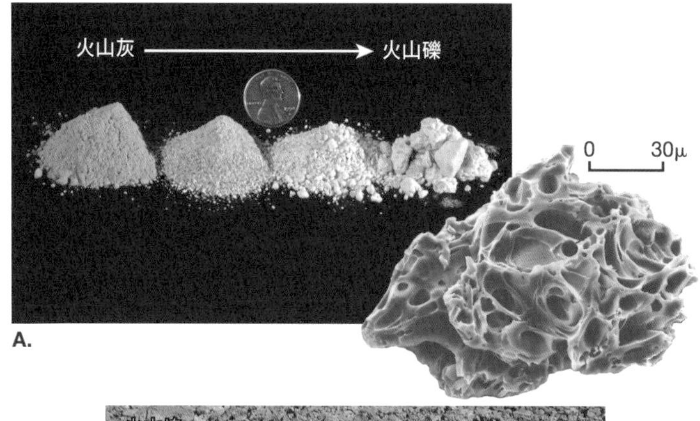

圖7.7 各種火山碎屑物。

A. 是 1980年聖海倫斯火山噴發出的火山灰和火山礫。右邊的圖是掃瞄式電子顯微鏡下的火山灰粒子，呈現玻璃質、多孔狀的外觀，直徑約等同於頭髮粗細。

B. 火山塊是火山猛烈噴發時，噴出的大塊固體碎屑。

C. 這些玄武岩質的火山彈，是由夏威夷的茂納開亞火山噴出的。火山彈是在岩石處於半熔融狀態下噴發的，因此在飛越天空時形成了流線形外觀。

（Photos by U.S. Geological Survey）

有些體積比較大的碎屑，直徑在 2 公釐（如小水珠）到 64 公釐（如胡桃）之間，稱為火山礫；若是碎屑的直徑大於 64 公釐，則稱為火山塊。還有一種特殊的傢伙，稱為火山彈，是在半熔融的狀態下噴出，劃過天際，因此形成流線型的外形（圖 7.7C）。由於體積較大的緣故，火山彈和火山塊掉落的位置通常在火山口附近，但有時也會拋擲到很遠的距離。

你知道嗎？

日本淺間山噴發時，
有一顆長 6 公尺、重量超過 200 公噸的火山彈，
被拋擲到火山口之外 600 公尺遠，大約等於 7 個足球場的長度。

火山構造及噴發類型

最受歡迎的火山外形，通常是單獨存在、外形優雅、且山頂覆蓋著白雪的**複成火山錐**，例如美國俄勒岡州的胡德峰和日本的富士山。這些美麗的圓錐狀山峰，是在數千年、甚至數十萬年之間，由間歇性發生的火山活動造成的。

但是，許多火山的外形都不符合這個美麗優雅的形象。**火山渣錐**通常很小，由單次爆發事件形成，存在時間從幾天至幾年皆有。其他火山地形則一點都不像火山，以阿拉斯加的萬煙火山為例，是由 15 立方公里的火山灰堆積而成的平頂地形，這些火山灰是在一次不到 60 小時的噴發事件中形成，將河谷的一部分全部覆蓋，厚度達 200 公尺。

火山地形有許多不同的外形和大小，每一種構造都有獨特的噴發歷程。不過，火山學家仍然歸結出火山地形的類型及噴發模式。本節將解析火山內部構造，並介紹三種主要的火山類型：盾狀火山、火山渣錐和複成火山錐。

解析火山內部構造

火山活動通常是發生在岩漿強力向地表推擠，造成地殼產生爆裂的地方，當富含氣體的岩漿向上穿過地殼裂縫，形成一個圓柱形的通道，稱為**火山管**（又稱為火山通道），通道頂部在地表的開口稱為**裂口**（圖 7.8）。當熔岩流和火山碎屑物連續輪流噴發（或者更常見的是兩種噴發之間，間隔了一段長時間的休眠狀態），最終形成圓錐狀的外形，稱為**火山**。許多火山峰頂多少都有漏斗型的凹陷，稱為**火山口**。

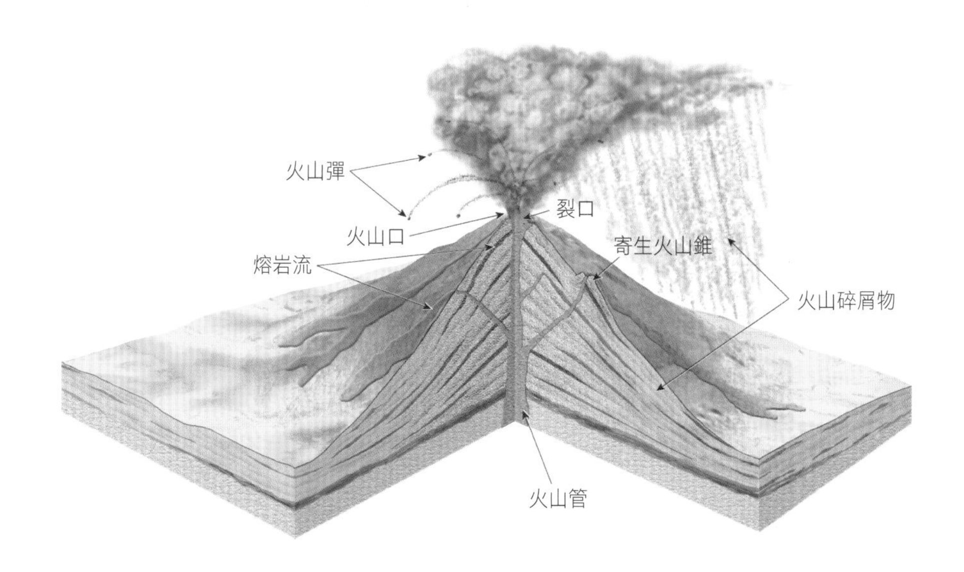

圖7.8　剖視「典型」的複成火山錐。（請同時參照圖7.10及7.14，比較與盾狀火山及火山渣錐的差異。）

主要由火山碎屑組成的火山，它們的火山口是由火山碎屑逐次環狀堆積而成的。其他類型的火山口則是在猛烈噴發時，快速噴發的火山碎屑侵蝕了火山口周邊壁體而形成的（圖 7.9A）。火山峰頂若因為噴發而陷落，也可以形成火山口。有些火山有非常大型的圓形陷落，直徑超過 1 公里，稱為**火山臼**（圖 7.9B），極少數案例顯示火山臼的直徑可達 50 公里。本章稍後會繼續說明不同火山臼類型的形成歷程。

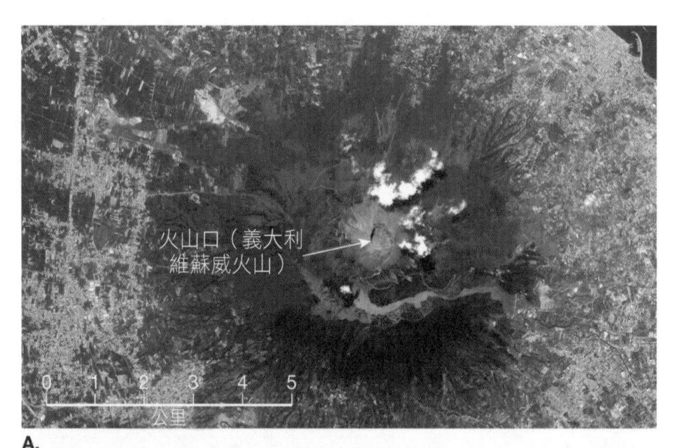

A.

B.

圖7.9 火山口與火山臼。

A. 義大利維蘇威火山的火山口，直徑約0.5公里。那不勒斯位在維蘇威火山的西北側，西元79年被火山灰覆蓋的羅馬龐貝城則位在維蘇威火山的東南側。

B. 印尼坦博拉火山於1815年猛烈爆發，峰頂整個被炸毀，留下直徑達6公里的大型火山臼。（Photo by NASA）

許多火山形成的早期階段，通常是由中央峰頂的裂口噴發，隨著火山發育逐漸成熟，火山物質也會傾向從火山側翼或山腳邊的裂縫噴出。若火山持續從側翼噴發，也許會產生小型的**寄生火山錐**。以義大利的埃特納峰為例，它有超過200多個側翼或山腳裂口，有些已經形成寄生火山錐，但許多裂口只有噴發氣體，比較適合稱為**噴氣孔**。

火山類型之一：盾狀火山

盾狀火山是由流動性高的玄武岩質熔岩流累積而成，外形是板狀、但略帶圓丘隆起的構造，就像是武士的盾牌（圖7.10）。大部分的盾狀火山發源於海床的海底山，少數才逐漸發展成火山島，案例包括加納利島、夏威夷群島、加拉巴哥群島和復活島。此外，也有部分的盾狀火山是在大陸地殼上形成。

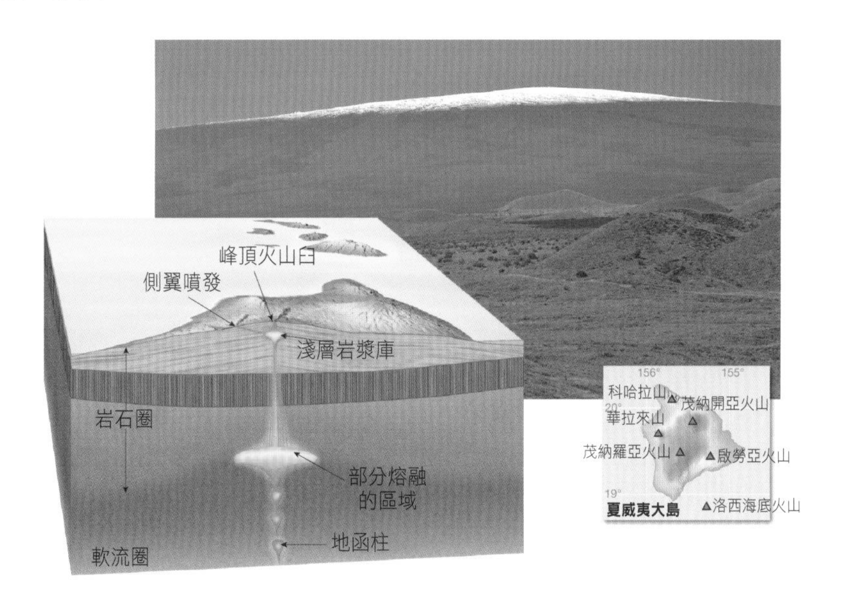

圖7.10　夏威夷島由五座盾狀火山組成，茂納羅亞火山是其中之一，主要是由流動性高的玄武岩質熔岩流累積而成，中間挾帶少量的火山碎屑物。

茂納羅亞火山：典型的盾狀火山

在夏威夷島進行的密集研究，確認了這些島嶼都是由無數層的薄層熔岩流累積而成，每一層熔岩流厚度平均只有幾公尺，中間還挾雜一些相對少量的火山碎屑噴發物。

夏威夷大島共計由五座盾狀火山組成，茂納羅亞火山（Mauna Loa）是其中之一，從太平洋海床平面算起的高度超過 9 公里，還高於聖母峰。茂納羅亞火山在過去一百萬年間，噴發出的玄武岩質熔岩大約有 80,000 立方公里，這些體積相當於雷尼爾峰這種大型複成火山錐的 200 倍大（圖 7.11）。儘管盾狀火山形成的島嶼面積通常很大，但也有一些大小適中的案例。此外，據估算，約有一百萬座玄武岩質海底火山（海底山），規模大小不一，座落在海床上。

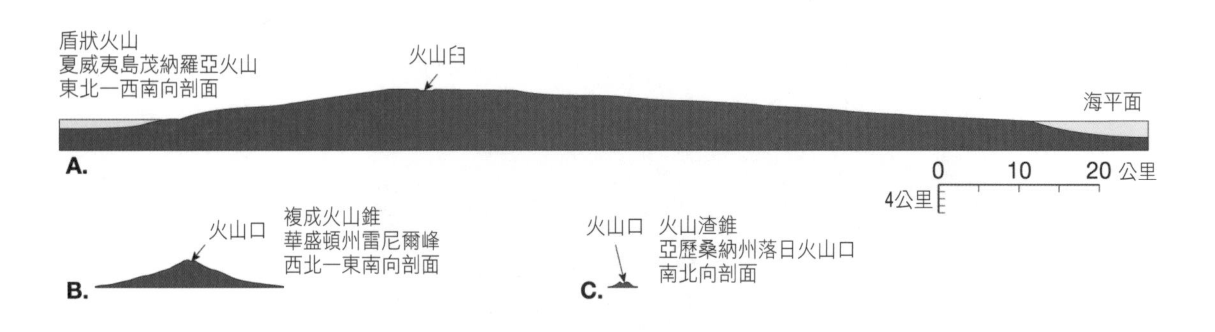

圖7.11 不同火山的側剖面比較。A是夏威夷群島最大的盾狀火山「茂納羅亞火山」的側剖面，B是華盛頓州最大的複成火山錐「雷尼爾峰」的側剖面。C是亞歷桑納州火山渣錐「落日火山口」的側剖面。相較之下，盾狀火山顯得無比的巨大，而火山渣錐是多麼矮小呀。

茂納羅亞火山的側翼坡度很小，這樣低角度的坡度，是因為熾熱且流動速率快的熔岩流，從火山裂口湧出後，流得又快又遠。再加上，大部分的熔岩流（約有 80%）是順著發展良好的熔岩管系統（圖 7.6）流動的，讓熔岩流在固化之前可以流得更遠。熔岩流通常都可以流至海邊，因此在增加火山高度的同時，也擴展了火山錐底部的寬度。

許多活躍中的盾狀火山，有另一個常見的特徵，是峰頂都有個大型陡峭岩壁的火山臼。形成原因是底下岩漿庫虛空，使得覆蓋在上面的地層崩塌，這通常發生在大型噴發過後，或是岩漿流竄至側翼裂口流出。

在盾狀火山最後形成的階段中，比較常出現零星分散、且多火山碎屑的噴發。此外，岩漿的黏度也增加，流動變得厚實而且短距，這樣的噴發都讓峰頂地區的坡度變陡，變成像戴了火山渣錐的帽子。這也許可以解釋為何茂納開亞火山（Mauna Kea）是發展得比較成熟的火山，歷史上雖然沒有噴發紀錄，卻擁有比茂納羅亞火山還要陡的山峰，而茂納羅亞火山近期曾在 1984 年噴發過。天文學家非常肯定茂納開亞火山已經不會再噴發了，因此還煞費苦心在峰頂建造了一座觀測站，號稱擺了全世界最好最貴的天文望遠鏡。

夏威夷的啟勞亞火山：盾狀火山的噴發

啟勞亞火山（Kilauea）是世界上最活躍的盾狀火山，而且是最多火山研究進行的地點，位在夏威夷島茂納羅亞火山的山腳下。自 1823 年起，已有超過 50 次的噴發紀錄。在每次噴發階段的前幾個月，啟勞亞火山因岩漿向上湧升的力量而膨脹，岩漿庫就位在中央峰頂底下數公里深。噴發前 24 小時，開始發生許多小型地震，警告即將發生火山活動。

啟勞亞近期的火山活動多發生在側翼，稱為東側裂口區，1960 年一場噴發事件，吞噬了海邊的卡波霍村，離噴發裂口約 30 公里遠。啟勞亞火山史上最長且最大型的噴發，開始於 1983 年，迄今尚未停止，也還沒有減弱的徵兆。

第一次噴發是沿著 6 公里寬的裂口，噴出高達 100 公尺的「火幕」，形成向天空噴出的熾熱熔岩流（圖 7.12）。當噴發規模逐漸縮小在局部地區，當地居民為這種濺出岩漿碎屑的火山錐，取一個夏威夷語名字 Puu Oo。接下來三年內，最常見的噴發型式是富含氣體的岩漿向天空噴出的樣態，每次噴發之後約有一個月左右的休止期。

圖7.12 夏威夷啟勞亞火山東側裂口區所噴出的熔岩流「火幕」。（Photo by Ablestock.com/Thinkstock）

1986 年夏天，啟勞亞火山又新開了一道長 3 公里的裂口，表面平緩的繩狀熔岩流在此形成了一個熔岩湖，有時岩漿會溢流出來，但大部分的岩漿會順著熔岩管流到火山東南翼的海邊（圖 7.13A）。在岩漿抵達海岸之前，沿途覆蓋了主要道路（圖 7.13B），並造成上百戶農舍被毀。自從之後，熔岩流便持續間歇性的流向海洋，形成夏威夷島外圍的新生地。

啟勞亞火山南側海岸外海 32 公里遠，有一座洛西海底火山（Loihi）也正處在活躍階段，但是它的峰頂距離太平洋海平面還有 930 公尺遠。

圖7.13　A是夏威夷啟勞亞火山的熔岩流奔騰入海的情景。B是熔岩覆蓋了高速公路，造成交通中斷。（Photo by Karl Weatherly, Photodisc/Thinkstock）

你知道嗎？

根據傳說，夏威夷的火山女神 Pele 就住在啟勞亞火山的峰頂。她存在的證據是「火山毛」，這是一種細長精緻的玻璃，柔軟且具有彈性，還有金棕色的色澤。這種絲狀的火山玻璃，是因為濺灑出來的熾熱岩漿，被噴出的氣體撕裂成絲狀。

火山類型之二：火山渣錐

正如同名稱的想像，**火山渣錐**是由噴發出的熔岩碎屑堆疊而成的錐體（圖 7.14）。這些火山碎屑物的大小不一，包括微小的火山灰，到直徑超過 1 公尺的火山彈。不過，構成火山渣錐最大宗的火山碎屑物，是碗豆到胡桃般大小的火山礫，顏色從黑色至紅棕色。（這些含有氣泡的火山礫，就稱為火山渣）。雖然火山渣錐主要是由鬆散的火山碎屑物組成，但偶爾也挾有固化的熔岩流——通常這些熔岩是來自火山底部的裂口噴發，而非峰頂的火山口。

火山渣錐的邊坡穩定度高，所以通常很陡峭，約在30至40度之間，形塑出簡單又有特色的外形。相較於其他火山，火山渣錐往往有最大最陡的火山口。雖然火山渣錐的外形大致左右對稱，但大部分呈橢圓形，比較高的那側代表噴發時位在下風側。

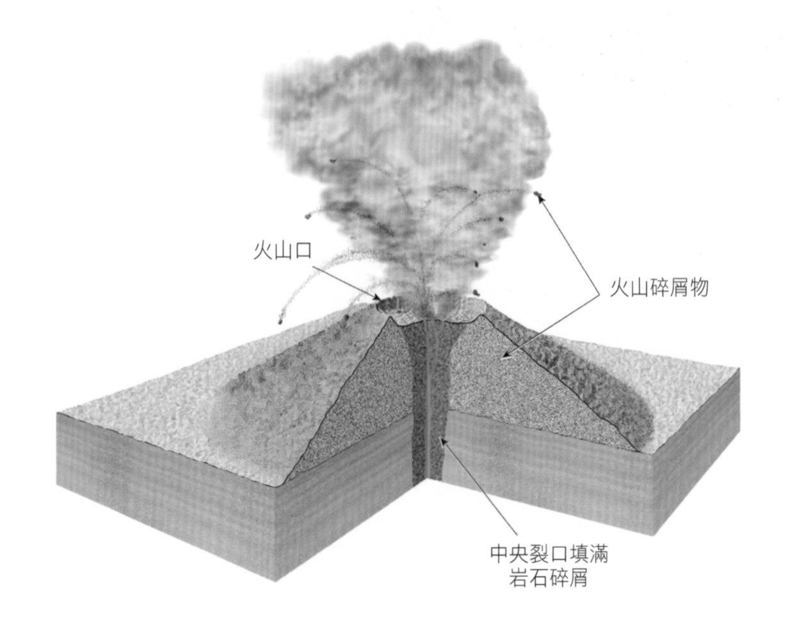

圖7.14 火山渣錐是由噴發出的熔岩碎屑堆疊而成（大部分是火山渣和火山彈），通常高度低於300公尺。

大部分的火山渣錐是由單次短期的噴發事件造成的。有一項研究指出超過一半的火山渣錐都是在一個月內形成，95%是在一年之內形成。但有些案例則是活躍了好幾年，如墨西哥的巴利丘丁火山（Parícutin），噴發週期長達九年。一旦這些噴發事件停止，停留在噴發裂口及岩漿庫之間的火山管裡的岩漿會固化，火山通常就不再噴發——有個例外發生在尼加拉瓜的火山渣錐，稱為黑山（Cerro Negro，圖 7.15），自 1850 年形成後，噴發了二十餘次。在這麼短的形成期內，火山渣錐通常不大，高度約在 30 公尺至 300 公尺之間，只有少數火山渣錐超過 700 公尺。

全世界的火山渣錐約有上千座，有些發生在火山密集形成之處（例如美國亞歷桑納州附近的旗竿鎮，有 600 多座火山渣錐），有些則是出現在大型火山側翼的寄生火山錐。

圖7.15 尼加拉瓜的黑山，是一座火山渣錐，邊坡穩定度高。
（Photo by iStockphoto/Thinkstock）

巴利丘丁火山——展示火山渣錐的生命週期

只有少數幾個火山噴發案例，能在噴發之初就讓地質學家記錄下來，其中之一是墨西哥市西側的巴利丘丁火山。1943 年第一次噴發，是在農民普利多先生擁有的玉米田，當時他正準備植苗，親眼目擊了火山噴發。

第一次噴發之前兩星期，地表已發生多次震動，讓巴利丘丁村民非常擔憂。2 月 20 日，玉米田某個低窪處，開始噴出硫氣，在大家的記憶中，這個低窪地點已經存在很久了。這天晚上，熾熱高溫的火山碎屑物開始從裂口噴出，形成一幅壯觀的煙火秀。噴發持續進行，高溫的碎屑和火山灰有時被噴到 6,000 公尺高的空中。大型碎屑掉落在火山口附近，部分滾落到邊坡上的碎屑仍然非常熾熱，並逐漸形塑出一座非常漂亮的火山渣錐。顆粒微細的火山灰和火山塵則覆蓋了大片地區，引發大火，很快就將整個巴利丘丁村掩埋。

第一天，火山渣錐已堆疊到 40 公尺高，到了第五天，火山渣錐已經超過 100 公尺高。

第一批熔岩流是從火山渣錐北側新開的裂口流出，但幾個月後，熔岩流開始從火山渣錐底部冒出來。到了 1944 年 6 月，一道 10 公尺厚的渣塊熔岩流，覆蓋了大部分的聖胡安村，只剩高聳的教堂高塔露出熔岩地表。熔岩流在噴發後九年之內，仍斷斷續續從底部裂口噴出。不過，今日的巴利丘丁火山，只是墨西哥這一帶地景中的另一座火山渣錐罷了。就像其他的火山渣錐，它已不會再噴發。

火山類型之三：複成火山錐

地球上最美麗、但也最具潛在危險性的火山，是**複成火山錐**，或稱為**層狀火山**，大部分都位在太平洋周邊狹窄的區域內，稱為環太平洋火山帶（請見圖 7.28）。這個活躍的區域，涵蓋一連串沿著南北美洲西岸分布的大陸火山弧，例如南美洲的安地斯山脈和美國加拿大境內的海岸山脈（包括聖海倫斯火山、沙斯塔火山、加里巴迪火山）。

環太平洋火山帶最活躍的區域位在太平洋北側及西側，沿著深海溝，形成弧狀排列的火山錐——從阿留申群島、日本、菲律賓、到紐西蘭的北島，都涵括在內。這些壯觀的火山構造，正是地殼隱沒運動持續進行的表徵。

典型的複成火山錐是大型且近似對稱的構造——猛烈噴發的火山渣和火山灰，交替出現在不同的熔岩層中。僅有少數複成火山錐會出現持續噴發的火山活動，例如義大利埃特納峰和斯通波利（Stromboli）火山，數十年來還可以在峰頂的火山口看見熔岩流。斯通波利火山最廣為人知的是峰頂噴發出閃閃發亮的火山渣塊，因此給稱為「地中海的燈塔」。埃特納峰則是自 1979 年以後，平均每兩年噴發一次。

圖7.16　義大利的斯通波利火山，有「地中海的燈塔」之稱。
（Photo by Top Photo by Group/Thinkstock）

火山的外形，可反映組成物質的特性。例如盾狀火山的外形，源自流動性高的玄武岩質岩漿；複成火山錐的外形，則反映了噴發物質的黏度。一般而言，複成火山錐是富含氣體的安山岩質岩漿的產物，但許多複成火山錐也會噴發玄武岩質岩漿，偶爾也噴發有含流紋岩的火山碎屑物。與盾狀火山相較，複成火山錐裡是富含二氧化矽的岩漿，產生的是厚而黏度高的熔岩流，只能流動幾公里遠；而且，複成火山錐也是猛烈噴發大量火山碎屑物的產物。這也正是「複成」的意義：它是高黏度熔岩流及碎屑噴發物堆疊下，複合而成的產物。

許多大型複成火山錐的典型樣貌，是圓錐狀的外形，帶有陡峭的山峰和漸緩的側翼，這種經典地景常是月曆和明信片的主角。

複成火山錐噴出的粗糙多角碎屑，通常都堆疊在火山口附近。這些碎屑構成的邊坡，穩定度高，所以能形成陡峭的山峰。另一方面，微顆粒的噴出物則形成大面積的薄沉積層，讓火山錐的側翼相對較為平緩。此外，相較於火山發展的晚期階段，早期熔岩流量較大且流動距離較遠，有助於形成火山錐寬廣的底部；但隨著火山發展愈成熟，中央裂口流出的熔岩流流動距離愈短，這有助於峰頂區的強固，甚至造成部分火山的峰頂坡度超過 40 度。菲律賓的馬榮火山（Mount Mayon，圖 7.17）和日本富士山，是最美麗且經典的兩座複成火山錐，有著陡峭的山峰和逐漸平緩的側翼。

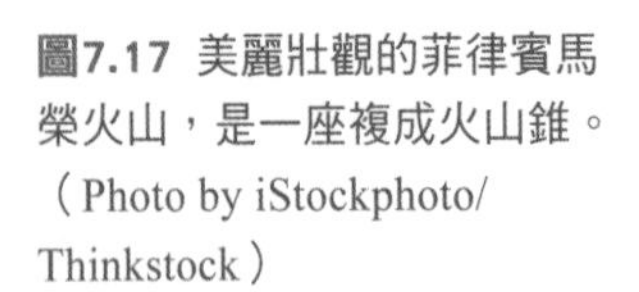

圖7.17 美麗壯觀的菲律賓馬榮火山，是一座複成火山錐。（Photo by iStockphoto/Thinkstock）

儘管大多數的複成火山錐都是左右對稱的外形，但大部分都有過複雜的形成歷程。例如，複成火山錐附近如果有火山碎屑堆疊成的小丘，就證明這些火山曾經發生過大型走山崩塌。如果出現馬蹄型的凹陷，通常表示側翼發生過另一次噴發事件，例如 1980 年發生噴發的聖海倫斯火山。

事實上，火山會歷經多次噴發與外形再造，我們現今已很難確切找出每一次的噴發痕跡。

居住在複成火山錐的陰影中

過去兩百年間，美國境內共有 50 多座火山發生噴發事件，幸運的是，大部分的噴發位在人煙罕至的阿拉斯加地區。從全球歷史來看，過去幾千年來已發生不少次毀滅性的火山噴發事件，部分還可能影響了人類文明的進展。

火雲：致命的火山碎屑流

火山碎屑流是最具毀滅性的大自然力量之一，它會冒出大量高溫氣體，挾帶閃亮的火山灰和大型熔岩碎屑。火山碎屑流也稱為**火雲**，也就是白熱灰流。這些雄雄燃燒的火流，以高速流下陡峭的火山邊坡，速率超過每小時 200 公里（圖 7.18）。

火雲包括兩部分，一是熾熱擴散的氣體形成低密度的雲狀物，包括細微的火山灰粒子，二是緊貼地面、含有大量火山物質的熔岩流。

由於重力的驅動，火山碎屑流的流動方式比較像雪崩。熔岩碎屑中釋放的火山氣體可說是潤滑劑，這些擴散的熱氣減少了碎屑物與地面之間的摩擦力。這也解釋了為何火雲的沉積物，往往離噴發口超過 100 公里遠。

有些威力強大的熱浪，將少量的火山灰從火山碎屑流主體中分離，形成低密度的火山灰雲，稱為火山湧流（surge），足以致人於死地，但不太能摧毀沿途的建築物。不過，日本雲仙岳火山在 1991 年 6 月 3 日噴發的熱灰雲，竟然吞沒並燃燒了數百棟房舍，還將汽車推離 80 公尺遠。

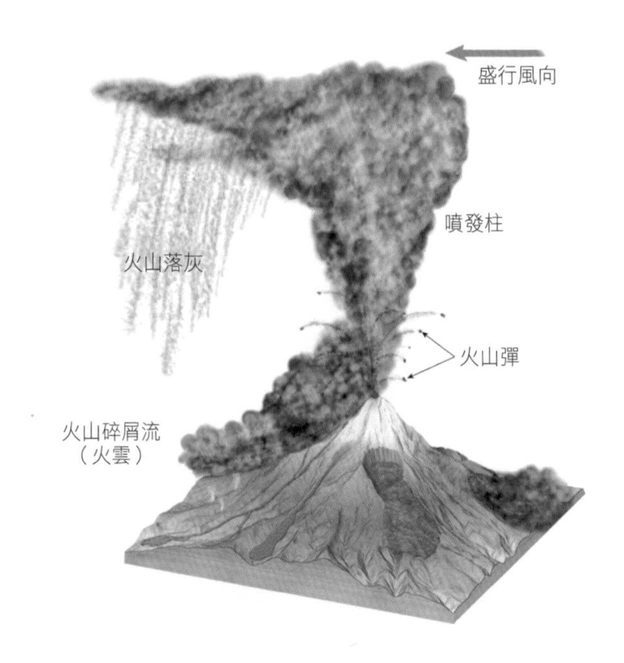

圖7.18 火山碎屑流挾帶著火山灰、熔岩碎屑和高溫氣體，高速流下火山邊坡。

火山碎屑流可以在各種不同的火山情況下發生。有些發生在猛烈噴發時，將火山側面邊坡炸成碎屑，例如聖海倫斯火山於 1980 年發生的側翼噴發。但更常發生的情況是：當重力終於壓過最初逸散氣體提供的向上衝力時，噴發中的高聳噴發柱崩塌了，噴出物開始掉落，讓大量熾熱的火山碎屑物像瀑布般衝下邊坡，形成火雲。

總而言之，火山碎屑流混雜了高溫氣體和火山碎屑物，主要因重力驅動而向下流動。一般而言，這些流動非常快速、非常洶湧，能夠將細小的火山灰帶離 100 公里或更遠。

聖匹島的毀滅

1902 年，加勒比海馬丁尼克島上的小型火山爆發，名為佩利火山，形成極恐怖的火雲和火山湧流，摧毀了聖匹島的港口小鎮。雖然大部分火山碎屑流都流進里維耶布蘭奇谷，但雄雄燃燒的湧流向河谷的南側擴散，快速吞沒了整座城市。這場災難發生在短短的一瞬間，聖匹島 2 萬 8 千位居民幾乎全數罹難，只有一名關在小鎮外圍地牢中的囚犯倖免於難，還有港口外船隻上少數人也逃過一劫。

災難發生後數天，科學家陸續抵達現場。雖然聖匹島只有被薄薄一層火山碎屑覆蓋，科學家卻發現，那些將近 1 公尺厚的石牆竟像骨牌一樣被擊倒，大樹連根拔起，大砲從底座卸離。為了警惕這場災難的發生，一座被火雲摧毀的精神病院給保留下來，病院裡有一條用來限制酗酒病人的大鋼鍊，整個扭曲變形，好像它不過是塑膠做的而已。這是火雲毀滅性威力的鐵證。

佩利火山（Pelée）於 1902 年噴發時，美國參議院正針對連結太平洋及大西洋的運河興建位置，準備進行投票表決。運河興建地點的兩個選項是巴拿馬和尼加拉瓜，當時尼加拉瓜的郵票圖面是以冒煙的火山著稱。支持在巴拿馬興建的參議員，便以「尼加拉瓜有潛在的火山噴發危險」為理由，努力拉票。最後美國參議院以 8 票之差，同意在巴拿馬興建運河。

毀滅性的火山泥流

除了火山噴發之外，複成火山錐經常形成一種流動性高的泥流，印尼話叫 lahar，也就是**火山泥流**。這種毀滅性的火山泥流，大多是由於火山碎屑物吸飽了水分，而快速流下火山陡峭的邊坡，通常會沿著小峽谷和河道前進。有時候則是因為岩漿庫靠近地表附近，讓大量冰雪融化，進而引發火山泥流。另外就是因為大雨，讓火山沉積物飽含水分而引發。因此，即便火山沒有噴發，火山泥流還是可能發生。

聖海倫斯火山於 1980 年噴發時，就曾引發了好幾波火山泥流。這些泥流伴隨著洪水，沿著河道快速流下，時速超過 30 公里。狂暴的泥水嚴重損毀行進路徑周邊的房舍和橋樑。幸運的是，所經之處並不是人口密集的區域（圖 7.19）。

圖7.19 火山泥流是在火山邊坡產生的泥流。聖海倫斯火山於1980年5月18日噴發，隨後在東南邊坡發生火山泥流。請留意，照片中的樹幹上記錄了本次泥流的高度，請對比右邊圓圈中的人類高度。
（Photo by Lyn Topinka, U.S. Geological Survey）

哥倫比亞安地斯山脈中的內瓦多德魯伊斯火山（Nevado del Ruiz），海拔高度為 5,300 公尺，1985 年間發生小規模噴發，同時發生致命的火山泥流。由於滾燙的火山碎屑物融化了覆蓋在山頂的冰雪（nevado 在西班牙語中代表雪），洪流挾帶大量的火山灰和碎屑，衝下火山側翼三條主要的河道，時速達 100 公里。這些泥流造成 2 萬 5 千人罹難的慘劇。

華盛頓州的雷尼爾峰，被許多人認為是美國最危險的火山，就像內瓦多德魯伊斯火山一樣，雷尼爾峰頂有一層終年厚厚的積雪和冰河。此外，周邊河谷住了超過 10 萬人，許多房舍更是蓋在過去數百年或數千年前的火山泥流沉積物上，可說是雪上加霜。若是未來發生火山噴發，或者，也許只是一場極大的豪雨，都有可能造成火山泥流，釀成巨災。

其他火山地形

火山最明顯的地質構造是火山錐，但還有其他幾種獨特且重要的地形，也跟火山活動有關。

火山臼

火山臼是火山峰頂大型的凹陷區，直徑超過 1 公里，通常成圓形。（小於 1 公里的凹陷，則稱為下陷火口或火山口）。

火山臼的形成歷程，大都如下之一：⑴ 猛烈噴發富含二氧化矽的浮石和火山灰碎屑後，造成複成火山峰頂大面積的陷落（所謂火口湖型火山臼）；⑵ 中央岩漿庫的岩漿流失，導致盾狀火山峰頂慢慢崩陷（所謂夏威夷型火山臼）；⑶ 沿著環狀裂縫噴發出大量富含二氧化矽的浮石和火山灰，造成大面積的陷落（所謂黃石型火山臼）。

火口湖型火山臼

俄勒岡火口湖座落在一個火山臼裡（圖 7.20），最大直徑為 10 公里，深度達 1,175 公尺。這個火山臼大約形成在 7 千年前，一座名為馬札馬山的複成火山錐，猛烈噴發出 50 至 70 立方公里的火山碎屑物，由於缺乏支撐，原本 1,500 公尺高的火山錐就發生崩陷。崩陷過後，雨水填滿了火山臼。之後的火山活動又在火山臼中，形成一個小型的火山渣錐，現今稱為巫師島，安靜的見證了過往事件。

夏威夷型火山臼

雖然有些火山臼是因為猛烈噴發過後發生崩塌，但大部分火山臼的形成另有原因。以夏威夷活躍中的盾狀火山為例，茂納羅亞火山和啟勞亞火山的峰頂都有大型的火山臼，啟勞亞火山的火山臼約是 3.3 公里乘以 4.4 公里，深度為 150 公尺，火山臼的壁面幾近垂直，因此看起來像是個大型、幾乎平底的地窖。這個火山臼的形成，是因為岩漿慢慢的流向側面的東部裂口區，導致中央岩漿庫容量減少，峰頂的支撐力降低，而引發上部地層慢慢陷落。

黃石型火山臼

相較於聖海倫斯火山猛烈的噴發事件，現今黃石國家公園所在地也曾在 63 萬年前發生噴發，當時約有 1,000 立方公里的火山碎屑物噴出。這樣超級大型的噴發（將火山灰遠遠送至墨西哥灣），最終也發展出一個寬達 70 公里的火山臼，同時形成了*熔岩河凝灰岩*，部分地區沉積了約莫 400 公尺厚的火山灰。這個噴發事件的後續發展，是在黃石公園裡留下許多溫泉及間歇泉。研究學者認為岩漿庫與黃石型火山臼一定有很深的關聯。當岩漿累積得愈來愈多，岩漿庫內部的壓力會開始超過上覆岩層的重量帶來的壓力。一旦富含氣體的岩漿向上推擠，將上覆地層隆升，造成地表出現環狀的裂縫，岩漿便沿著環形裂縫噴發。隨著支撐力喪失，岩漿庫的屋頂開始崩塌，又迫使更多富含氣體的岩漿噴出地表。

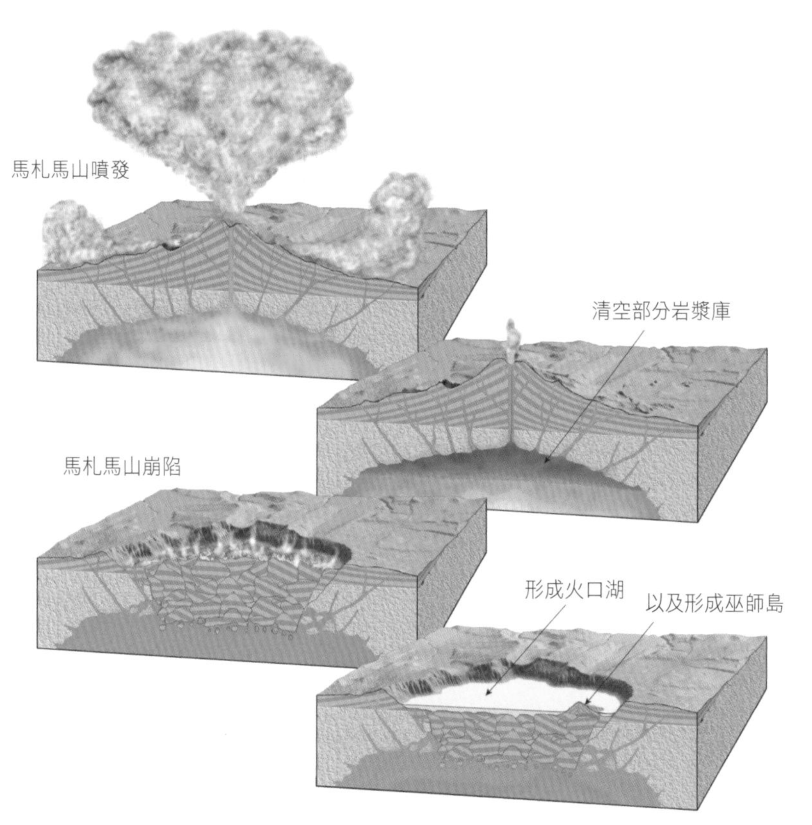

圖7.20　俄勒岡火口湖形成歷程。大約7千年前，一次火山噴發清空了部分岩漿庫，導致原本的馬札馬山峰頂崩陷。雨水和地下水挹注火山臼，形成火口湖，造成了美國最深的湖泊。後續的噴發，又形成了火山渣錐，名為巫師島。（Photo by U.S. Geological Survey）

形成火山臼的噴發是非常大量的，主要是噴出火山灰和浮石碎屑，形成典型的火山碎屑流，橫掃地表，摧毀沿途大部分生物。接下來，炙熱的火山灰和浮石熔合在一起，形成凝灰岩，就像是固化的熔岩流。儘管這些火山臼的規模龐大，但噴發時間都非常短暫，只持續幾個小時或是幾天。

不像盾狀火山的火山臼（夏威夷型火山臼）或複成火山錐的火山臼（火口湖型火山臼），黃石型火山臼的陷落面積非常大，因此很難察覺到它的存在，直到高品質的航空照相或衛星影像出現，才能發現它。美國境內其他黃石型火山臼的案例，包括加州的長谷火山臼、科羅拉多州南部聖胡安山脈的拉加里塔火山臼、還有新墨西哥州羅沙拉摩斯西側的瓦萊斯火山臼。這些構造相似的黃石型火山臼，是全球最大型的火山構造。火山學家比較了造成這些火山臼的威力，發現那就像小行星撞擊地球的威力一般。幸運的是，人類歷史上還沒有出現這樣的噴發事件。

黃石型火山臼的陷落面積，實在非常大，
因此很難察覺到它的存在。
大多數參觀過黃石國家公園的人，
應該都不知道他們正站在全世界最大的火山口陷落區。

裂縫噴發與玄武岩台地

最大量的火山物質其實正從地殼破裂面流出，這些破裂面稱為**裂縫**。這些狹長的裂縫，傾向逸出低黏度的玄武岩質熔岩流，覆蓋一大片地區（圖 7.21），而非形成火山錐。

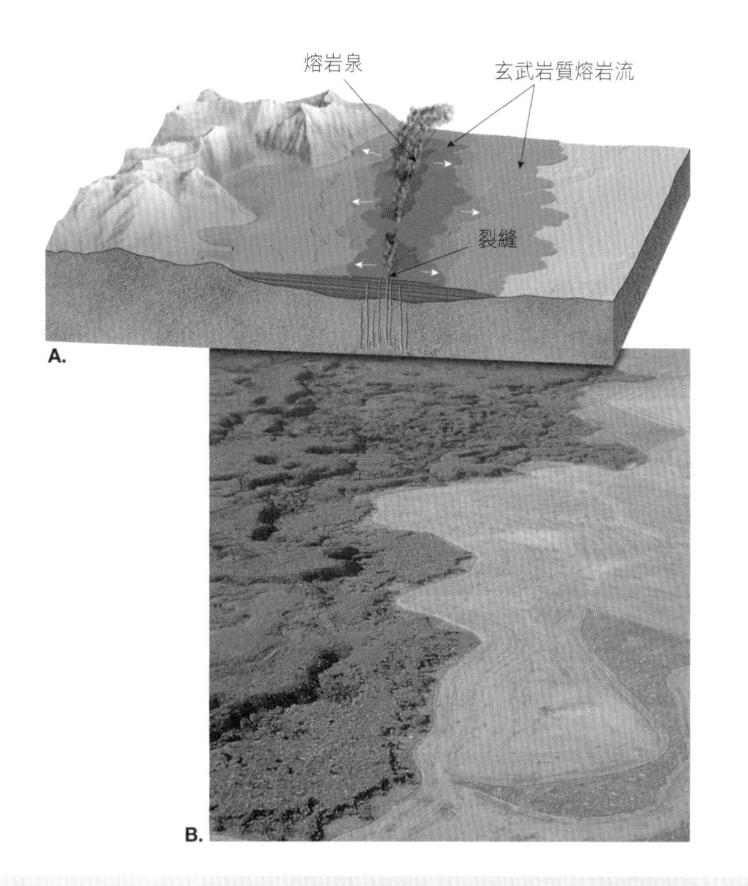

圖7.21　玄武岩質岩漿自裂縫噴發。A圖繪出了：從裂縫噴出的熔岩泉，形成玄武岩質熔岩流。B照片中，為接近美國愛達荷州愛達荷瀑布的玄武岩質熔岩流。（Photo by John S. Shelton）

冰島曾於 1783 年發生一次致命的裂縫噴發，沿著 24 公里長的裂谷，噴出 12 立方公里的玄武岩質熔岩流，還逸散出含有硫磺的氣體及火山灰，摧毀了草地，殺了冰島幾乎所有的家畜。火山噴發及接下來的饑荒，讓 1 萬個冰島人死於非命，約占冰島人口的五分之一。近來一位專門研究這個事件的火山學家提出一個說法，如果這樣的噴發發生在今日社會，將會癱瘓整個北半球的航空業。

你知道嗎？

美國北部的哥倫比亞高原，正是裂縫噴發下的產物（圖 7.22）。眾多的裂縫噴發，讓大片地景陷入火海，留下約 1.6 公里厚的熔岩台地。部分熔岩流尚未冷卻凝固前，還向外流動了 150 公里遠。**洪流玄武岩**大概是最適合描述此類沉積物的名詞。

像哥倫比亞高原這類的大量玄武岩質熔岩沉積，也發生在全球各地，最大型的案例是德干暗色岩（Deccan Trap），位在印度中央的西側，是一層厚實平坦的玄武岩質熔岩沉積，覆蓋面積達 50 萬平方公里；這個台地約在六千六百萬年前形成，在一百萬年之內約有 200 萬立方公里的熔岩流出。沉積在海床上的案例，則是翁通爪哇海台。

圖7.22 美國西北側的太平洋沿岸，因火山熔岩覆蓋，而形成哥倫比亞高原，覆蓋的面積將近20萬平方公里。火山活動始於一千七百萬年前，熔岩持續從裂縫中流出，最終形成平均厚度超過1公里的玄武岩台地。

火山管及火山頸

許多火山岩漿透過短短的**火山管**，連結地表及地底的岩漿庫。有一種比較少見的火山管，稱為火山道，連結到地底的深度超過 200 公里。當岩漿快速穿過這些火山管向上湧升時，由於時間短到岩漿來不及發生許多變化，因此地質學家認為這些深入地底的通道，正是我們得以窺看地底深處岩漿原貌的「窗口」。

最著名的火山管，是南非蘊藏豐富鑽石的地質構造。填滿這些火山管的岩體，來自至少 150 公里的地底深處，由於壓力夠高，足以形成鑽石和其他高壓下成形的礦物。要將這些岩漿（包括其中的鑽石）原封不動的穿送過 150 公里厚的岩層，是非常不容易的任務，也因此說明了天然鑽石的珍貴。

地表上的火山由於風化侵蝕作用，高度持續降低。其中以火山渣錐最容易被風化侵蝕，因為火山渣錐是由非完全固化的物質所組成。不過，所有的火山最終都要面臨侵蝕作用的影響。隨著侵蝕作用進行，即便大部分的火山錐都已侵蝕殆盡，盤踞火山管的岩體通常仍會留存下來，持續聳立在周遭的岩層之中。美國新墨西哥州的船石（圖 7.23）正是這類經典案例，地質學家稱之為**火山頸**。

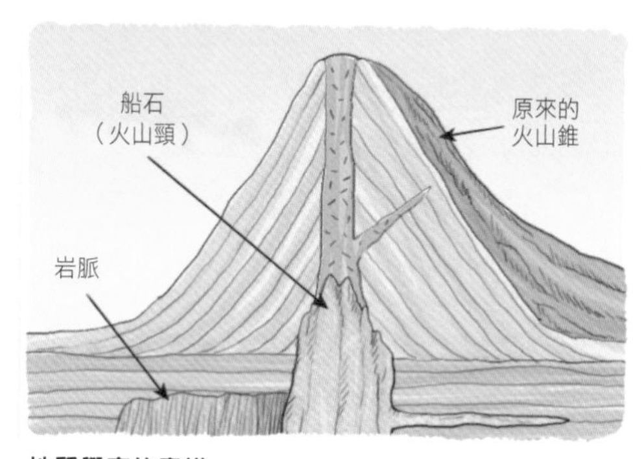

地質學家的素描

圖7.23　新墨西哥州的船石是火山頸地形，高度超過420公尺，原為在火山裂口內結晶的火成岩，因外層火山錐被侵蝕殆盡而露出。
（Photo by Hemera/Thinkstock）

侵入火成作用

儘管火山噴發可以非常猛烈和壯觀，但大部分的岩漿是在地底深處就已冷卻結晶，沒有響亮的噴發演出機會。因此對地質學家而言，瞭解地底深層發生的火成作用，有助於火山的相關研究。

當岩漿穿透地殼，強力取代了原本的地殼岩石（稱為主岩或圍岩）。其中有部分岩漿並不會噴到地表，反而在地底深處結晶，或「凍結」，形成侵入的火成岩。地質學家對於這類岩石的研究與瞭解，多半來自侵蝕作用導致新或舊的固化岩漿露出地表。

侵入岩體的特質

岩漿侵入既有的岩層位置，結晶後形成的岩體，稱為**侵入岩體**，或稱為**深成岩體**。由於所有的侵入岩體都不是在地表形成，只能等到它被抬升或因侵蝕而露出，才能進行相關研究，因此我們面臨的挑戰，是如何重建幾百萬年前、甚至上億年前形成這種構造的地質事件。

侵入岩的規模及形狀各異，最常見的類型（岩脈、岩床、岩基、岩盤）已繪在圖 7.24 裡。

請留意，有些深成岩體帶有平板狀的外形（像桌面一樣），其他則比較接近塊狀。也請留意，有部分深成岩體切過既有的沉積岩體，其他則是平行於沉積岩層。

基於這些差異，侵入岩體通常依其外形而分類為**板狀**或**塊狀**；也依它們與主岩的位置關係而分類：如果火成岩體切過既有構造，稱為**不整接**，如果平行於沉積岩層，則稱為**整接**。

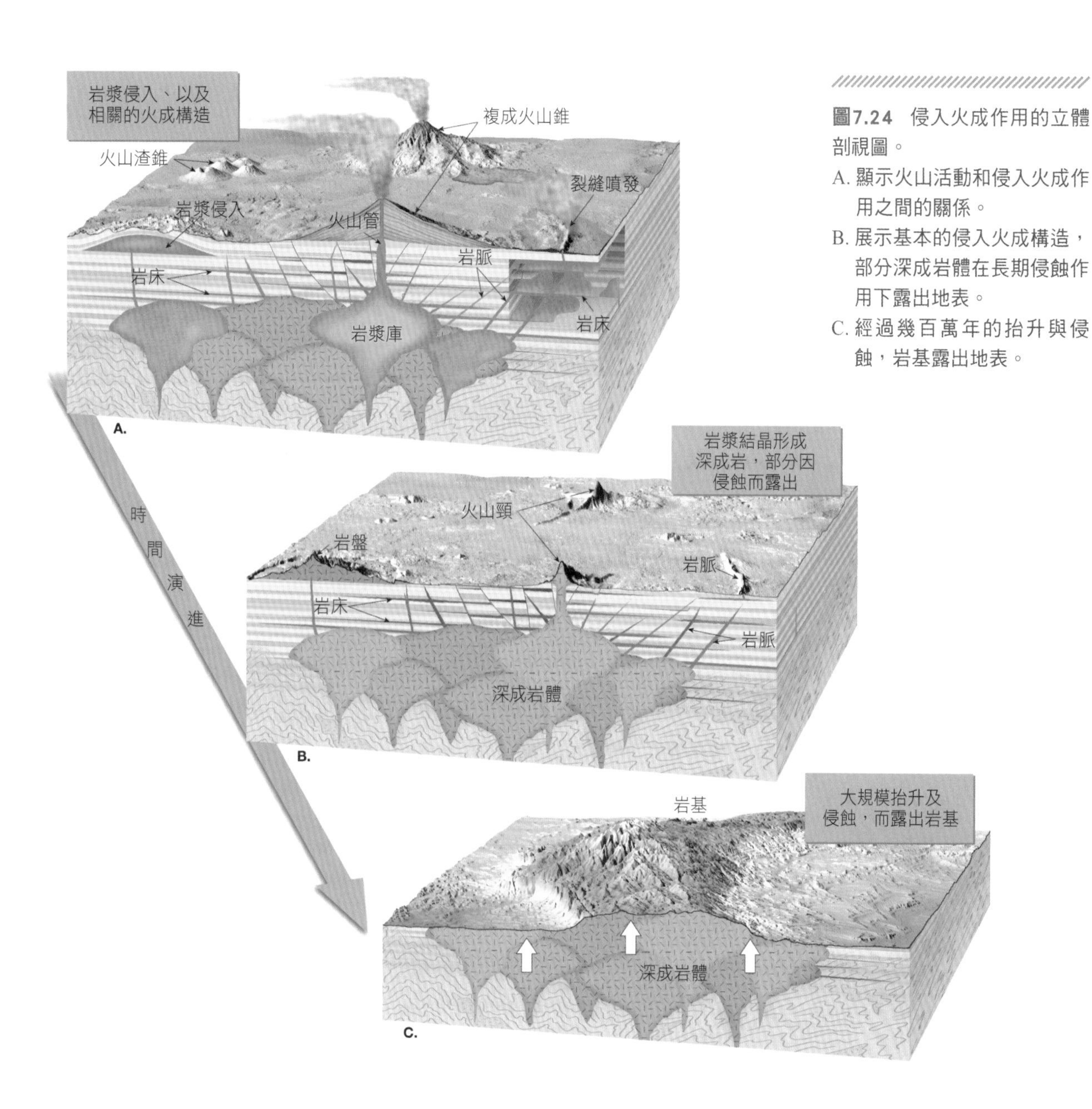

圖7.24　侵入火成作用的立體剖視圖。

A. 顯示火山活動和侵入火成作用之間的關係。

B. 展示基本的侵入火成構造，部分深成岩體在長期侵蝕作用下露出地表。

C. 經過幾百萬年的抬升與侵蝕，岩基露出地表。

板狀侵入岩體：岩脈和岩床

當岩漿侵入裂縫，或是像*層面*（bedding surface）之類的脆弱區域，很容易形成板狀侵入岩體（圖 7.24A）。**岩脈**是切過層面或主岩其他構造的不整接岩體；相反的，**岩床**是幾近水平的整接岩體，通常是由岩漿擠入沉積岩床或其他脆弱區域而形成的。一般而言，岩脈比較像是傳輸岩漿的板狀通道，而岩床是岩漿的儲存處。

岩脈和岩床是典型的淺層特徵，發生在主岩比較脆弱或破裂之處，厚度可以薄到小於 1 公釐，也可能厚到超過 1 公里，但大部分是在 1 公尺至 20 公尺之間。由於岩脈和岩床在厚薄上相對一致，又可以延伸好幾公里，因此被認為是流動性較高的岩漿所形成的。

岩床和岩脈可以是孤立的個體，但岩脈特別容易形成大致平行的群體，稱為*岩脈群*。這種多層次的構造反映了：當張力拉扯脆弱的主岩時，裂縫很容易成群出現。岩脈也可以從火山頸輻散出去，就像輪子上的輪輻。岩脈被侵蝕的速率，通常比周圍岩石來得慢，一旦因侵蝕而外露，岩脈通常會像「船石」一樣矗立。

從很多面向來看，岩床比較像是埋在地下的熔岩流，因為兩者都是平板狀，都可以朝水平方向廣泛延伸，也都有**柱狀節理**的特徵（圖 7.25）。柱狀節理是當火成岩冷卻時，因收縮而破裂，所形成的六面柱狀體。

此外，岩床通常出現在靠近地表的地方，也只有幾公尺厚，這表示侵入的岩漿通常會快速冷卻，形成比較細顆粒的岩理。（還記得嗎，大部分的侵入岩體都是比較粗顆粒的岩理。）

圖7.25 北愛蘭巨人岬國家公園的玄武岩柱狀節理，這些通常為六個側面的柱狀結構，是因為熔岩流或岩床逐漸冷卻時，收縮破裂而形成的。（Photo by iStockphoto/Thinkstock）

塊狀侵入岩體：岩基、岩株、岩盤

目前最大型的侵入岩體稱為岩基，分布達數百公里長、近百公里寬。以內華達山脈的岩基為例，它是綿延廣闊的花崗岩構造，幾乎構成了加州境內的內華達山脈全部地質。這片廣大的岩基，繼續沿著加拿大西側，至阿拉斯加南側的海岸山脈，長達 1,800 公里。雖然岩基覆蓋的面積很大，但最近的測量顯示，最厚的區域不超過 10 公里，有些甚至更薄。再以祕魯的海岸岩基為例，這一片平坦的岩層不過才 2 至 3 公里厚。

美國東部一些已露出的花崗岩質侵入岩體，具有圓丘外形、幾乎沒有樹木生長的峰頂，因此稱為「峰頂禿」。例如緬因州的卡迪雅克山、新罕布夏州的查科魯亞峰、佛蒙特州的黑山、喬治亞州的石頭山。

你知道嗎？

岩基幾乎都是由花崗岩類（長英質）和二氧化矽含量中等的岩石所組成的，泛稱為*花崗岩質岩基*。大型的花崗岩質岩基，包括數以百計的深成岩體，彼此緊緊相依或是互相切穿。這些像球根狀的塊體，形成年代橫跨數百萬年。以形成內華達岩基的侵入作用為例，估計持續發生侵入的時間長達一億三千萬年，約在八千萬年前結束。

依定義來看，深成岩體露出地表的範圍，一定要超過 100 平方公里，才能稱為岩基，若是小於這個範圍，則稱為**岩株**。

美國地質調查所的吉爾伯特（G. K. Gilbert）於十九世紀進行過研究，他在猶他州亨利山找到第一個證據，證明侵入岩體可以抬升它們所穿透的沉積岩層。吉爾伯特將觀察到的侵入岩體命名為**岩盤**，他想像是火成岩強力擠入沉積岩層之中，將上方的岩層拱起，讓底下岩層相對變得更平坦。但目前已知亨利山五座主峰並不是岩盤，而是岩株。不過，某些從中央岩體（岩株）分支出來的支脈，依吉爾伯特定義，的確是岩盤（圖 7.26）。

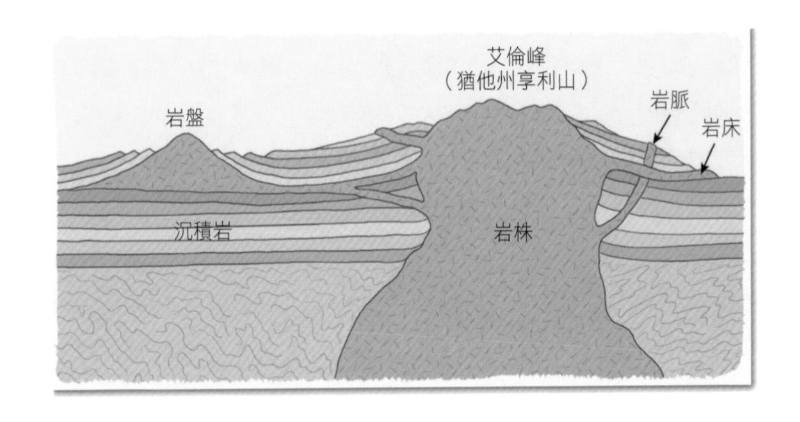

圖7.26 美國猶他州亨利山，共由五座山峰組成，圖中為最北側的艾倫峰。儘管亨利山主要的侵入岩體是岩株，但仍有許多岩盤從這個火成構造中分支出來。

板塊構造與火成作用

地質學家數十年來已知曉，全球火山活動的分布並非隨機出現。許多正進行活躍噴發的火山，都位在海洋盆地的邊緣，最為人知的是環太平洋火山帶（圖 7.28），以複成火山錐居多，會噴發富含氣體的岩漿——以二氧化矽含量中等（安山岩）的物質為主，偶爾產生猛烈的噴發。

第二群火山包括玄武岩質盾狀火山，會噴出流動性高的熔岩流。這群火山構築了大部分位在深海盆地的島嶼，如夏威群島、加拉巴哥群島和復活島。這群火山也包括許多正在活動的海底火山，特別是沿著中洋脊分布的無數小型海底山。由於深海環境下的壓力特別高，因此釋放出來的火山氣體，馬上就溶於海水，從來沒有機會冒出海平面，所以我們能掌握的第一手資料有限，主要來自深海潛航蒐集的資料。

第三群火山構造則是看似隨機的分布在各大陸的內陸地區。澳洲或是南、北美洲的東半部三分之二的區域都沒有火山分布，但非洲卻有許多深具噴發潛力的火山，例如非洲最高峰吉力馬札羅火山（圖 7.27），海拔 5,895 公尺。陸地內的火山類型非常多元，從噴發高流動性的玄武岩質岩漿（例如造就哥倫比亞高原的火山），到猛烈噴發富含二氧化矽的流紋岩質岩漿（如黃石公園內的情況）。

1960 年代晚期之前，地質學家還找不到恰當的解釋，來說明看似隨意分布的內陸火山，也無法解釋為何太平洋盆地邊緣有近乎連續帶狀的火山分布。直到板塊構造運動的理論開始發展，才逐漸瞭解全貌。我們說過，最原始的岩漿（新鮮的岩漿）源自於上部地函，而地函基本上是固體，而非熔融的岩體。板塊構造運動和火山活動之間的基本連結是：板塊構造運動提供了地函岩體熔融成岩漿的機制。

圖7.27　非洲最高峰吉力馬札羅火山。（Photo by Digital Vision/Thinkstock）

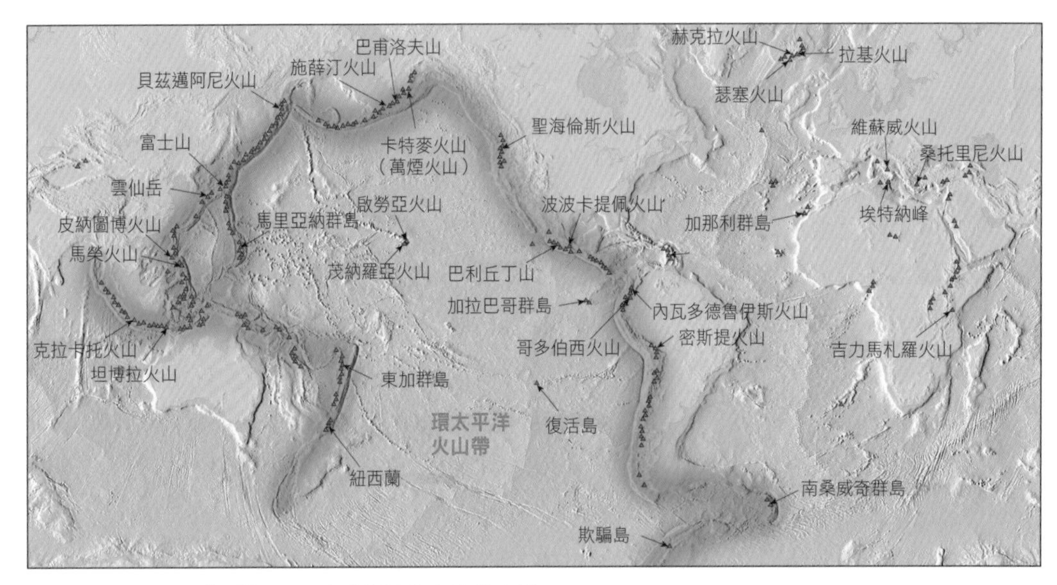

圖7.28 地球主要火山的分布圖。

以下將檢視這三群火山活動、以及它們和板塊邊界的關係（圖 7.29）。這些火山活躍帶分別位於：⑴ 沿著聚合型板塊邊界，板塊彼此碰撞，其中之一隱沒至另一板塊下方；⑵ 沿著張裂型板塊邊界，板塊彼此分離，且有新的海床形成；⑶ 位在板塊內部，與板塊邊界無關。

你知道嗎？

雖然海嘯多半是因為海床上的斷層錯動而引發，但有些海嘯是因為火山錐崩陷而啟動的。1883 年印尼的克拉卡托火山猛烈噴發，戲劇性的呈現以下的景況：噴發當時，火山錐北側岩體崩塌，滾落巽他海峽，掀起浪高超過 30 公尺的海嘯，克拉卡托島因為無人居住未引發災難，但這波海嘯卻狂掃爪哇、蘇門答臘等印尼群島沿岸，估計約有 3 萬 6 千人罹難。

聚合型板塊邊界的火山活動

請回想聚合型板塊邊界的特性，當海洋板塊隱沒至地函時會彎曲，產生海溝；當板塊隱沒至更深的位置，上揚的溫度及壓力讓揮發物（主要是水分）從海洋地殼逸出，上升到隱沒板塊上方的楔形地函（圖 7.29A）。一旦板塊隱沒至地底 100 公里深，這些富含水分的流體降低了炙熱地函岩體的熔點，引發部分熔融。這些部分熔融的地函岩體（橄欖岩），便形成玄武岩質的岩漿，一旦累積足夠的分量，就會慢慢向上移動。

聚合型板塊邊界的火山活動，形成略帶弧形鏈狀分布的火山弧，大致與海溝平行，約與海溝相距 200 至 300 公里。火山弧在海洋地殼或大陸地殼都可形成，若是在海底形成，一旦火山體積發育到一定程度，露出海平面時，則在大多數的地圖上會標注為*群島*或*列島*，但是地質學家偏好以*島弧*稱之，或是稱為*火山島弧*。例如，幾個年輕火山島弧構成了太平洋海盆的西側邊界，包括阿留申群島、東加群島和馬里亞納群島。

與聚合型板塊邊界有關的火山活動，也可能因為海洋板塊隱沒至大陸板塊下方，而形成*大陸火山弧*（圖 7.29E）。這些大陸火山弧的岩漿形成機制，基本上與島弧的岩漿形成機制相同。最大的區別是大陸地殼比較厚實，岩體也比海洋板塊帶有更多二氧化矽，因此當來自地函的岩漿穿過富含二氧化矽的陸地岩層進行*同化作用*，再加上後續的*岩漿分異作用*，讓這些岩漿的性質產生了顯著的變化。換句話說，來自地函的原始岩漿向上流動穿過大陸地殼時，岩漿性質可能從流動性高的玄武岩質岩漿，轉變成黏度較高的安山岩質或流紋岩質岩漿，揮發物的含量也增加了。

沿著南美洲西側邊緣的安地斯火山帶，應該正是大陸火山弧發展成熟的最佳案例。

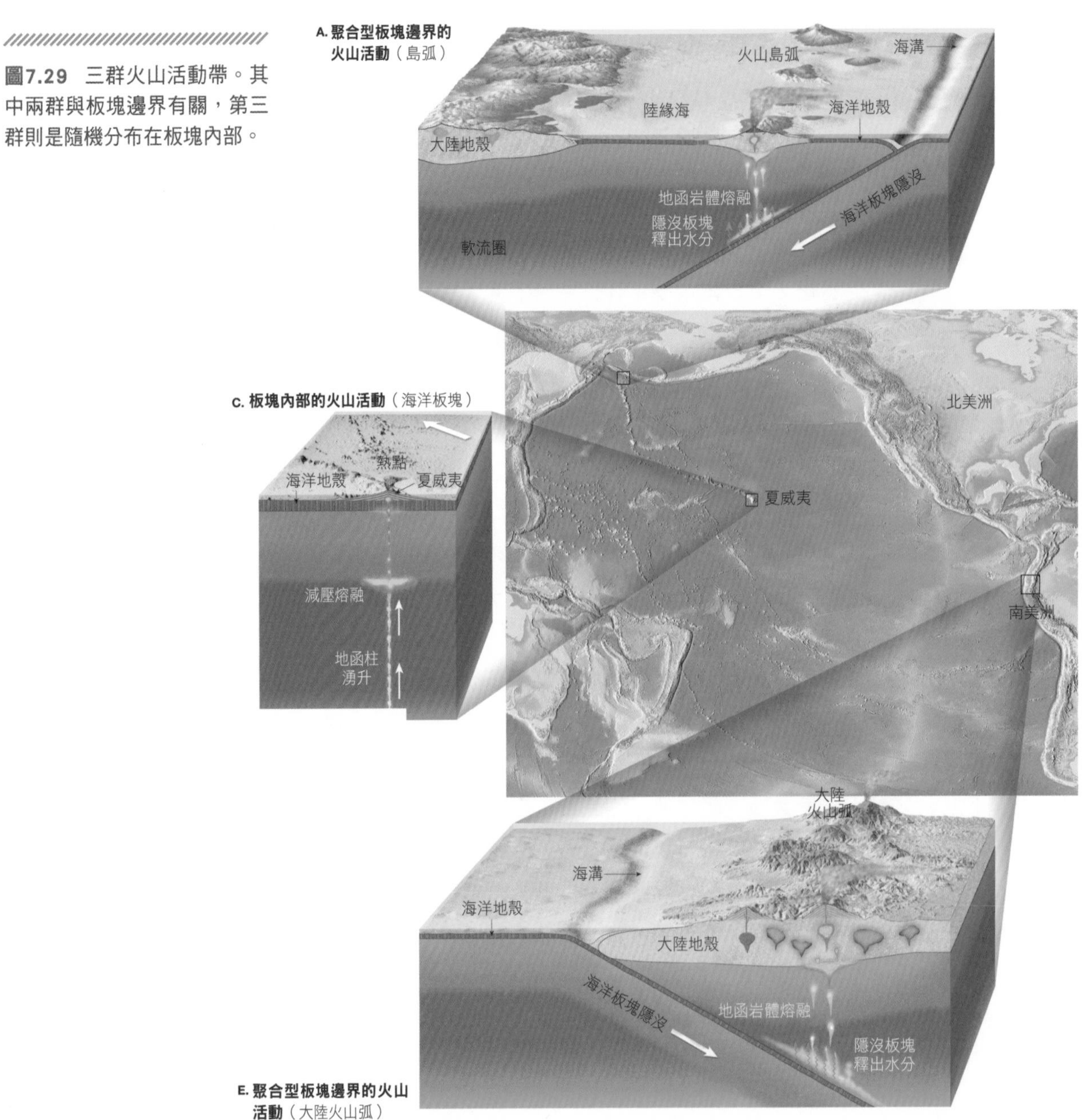

圖7.29 三群火山活動帶。其中兩群與板塊邊界有關，第三群則是隨機分布在板塊內部。

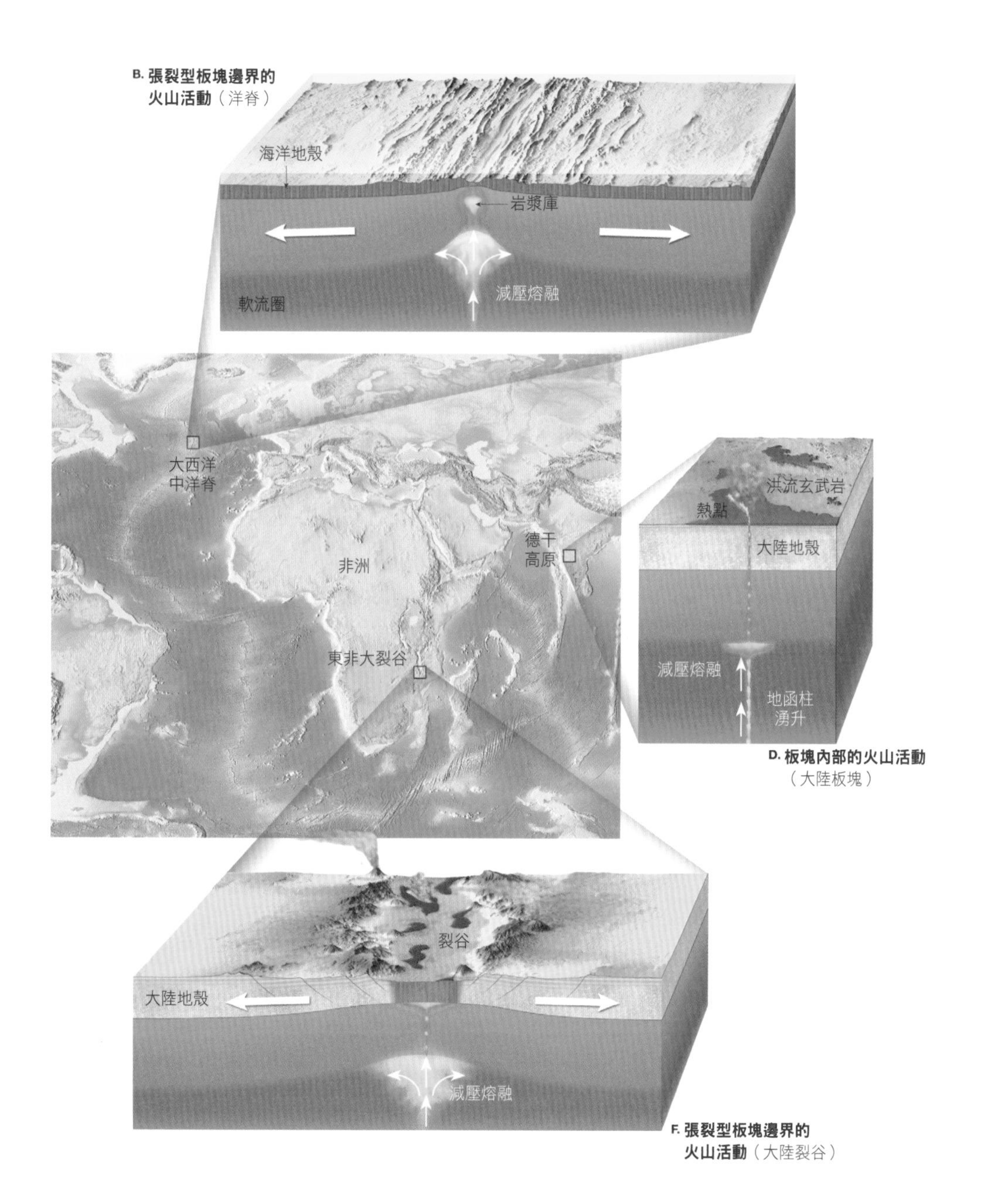

B. 張裂型板塊邊界的火山活動（洋脊）

D. 板塊內部的火山活動（大陸板塊）

F. 張裂型板塊邊界的火山活動（大陸裂谷）

你知道嗎？

美國西部海岸山脈由 15 座大型火山，組成主要的山脈，
其中華盛頓州的雷尼爾峰海拔最高，達 4,392 公尺，
雖然被視為活火山，但目前峰頂仍覆蓋了超過 25 條的高山冰河。

張裂型板塊邊界的火山活動

沿著洋脊系統發生的海底擴張運動（圖 7.29B），是全球生產最多岩漿之處，約占全球每年總量的 60%。洋脊下方正是岩石圈板塊持續發生張裂的位置；具有流動性的地函，為了回應上方負載重量的減少，因而上升填補裂口。當地函的岩體向上移動，由於封閉壓力減低，即可在熱能沒有增加的情況下發生熔融。這個過程稱為**減壓熔融**，是大多數地函岩體最常見的熔融作用。

地函岩體在張裂型邊界部分熔融，會產生玄武岩質岩漿，由於這些新形成的岩漿密度小於地函，因此岩漿會上升到洋脊正下方的岩漿庫，約有 10% 的岩漿最終將向上流竄，沿著裂縫噴發成海床上的熔岩流。這種噴發活動會持續增加板塊邊界的玄武岩，並暫時將板塊焊接在一塊，直到海床繼續擴張，才會再次斷裂。沿著部分洋脊，不斷傾倒而出的球根形枕狀熔岩，建構了無數的小型海底山。

雖然張裂型板塊邊界通常都沿著洋脊分布，但有些則不然，請特別留意東非大裂谷正是大陸岩石圈分裂之處（圖 7.29F）。

在大陸裂谷的下方，岩漿生成的方式仍然與洋脊系統相同，都是因為封閉壓力減低而熔融。大陸裂谷地帶最常出現大量傾倒而出的高流動性岩漿，造就不少盾狀火山。

冰島是目前全球最大的火山島，有超過 20 座活火山、無數間歇泉和溫泉。
冰島人將第一個自動噴出滾燙熱水的地景，命名為間歇泉（Geyser）。
爾後這個名詞被用來描述全世界相似的地形特徵，
包括美國黃石公園的老忠泉（Old Faithful Geyser）。

板塊內部火山活動

我們已經瞭解為何火山活動會分布在板塊邊界，但為何板塊內部也會產生火山噴發呢？

夏威夷啟勞亞火山被認為是全球最活躍的火山，但它卻離板塊邊界有數千公里遠，位在太平洋板塊正中央（圖 7.29C）。其他**板塊內部火山活動**的地點，包括非洲西北方的加那利群島、美國的黃石公園，還有幾個可能令你吃驚的火山，位在非洲撒哈拉沙漠裡。

地質學家目前認為多數的板塊內部火山活動，發生在**地函柱**向上湧升的位置，溫度比周邊地函還要炙熱（圖 7.29C 和 7.29D）。雖然地函柱生成的深度仍在熱烈的爭論，但有些地函柱明顯是生成於更深的地核－地函邊界。地函柱雖是固態的，但仍可湧升至地表，機制就像熔岩燈裡一團團的球體（圖 7.30）。這些趕潮流的燈具，在玻璃容器中放了兩種不能相溶的液體，當燈的底部被加熱，原本沉在底部、密度較大的液體開始上升，形成向頂端流動的球體和球柱。

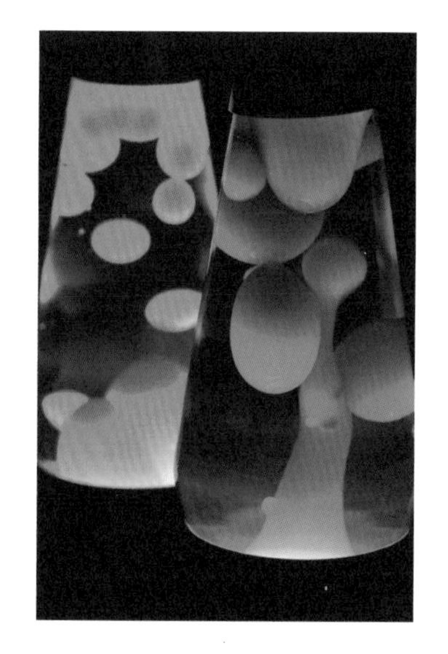
圖7.30　新潮的熔岩燈，可用來說明地函柱的湧升。（Photo by iStockphoto/Thinkstock）

地函柱也有一個球根狀的頭，當地函柱湧升時，尾巴就拖曳著長長的柄。一旦地函柱的頭接近地函的頂端，減壓熔融作用讓它形成玄武岩質岩漿，最終可能導致地表的火山活動。

地函柱上方的地面、分布廣達上百公里的火山區，稱為**熱點**（圖 7.29C

和 7.29D）。目前已經辨識出 40 多個熱點，大部分已存在數百萬年。圍繞熱點的地表通常會因為岩漿向上湧升而抬升。此外，根據這些地區的熱流調查，地質學家已知熱點下的地函溫度，比其他尋常的地函高出攝氏 100 度至 150 度。

地函柱是大量玄武岩質岩漿的來源，這些岩漿可構建大型的玄武岩台地，包括俄羅斯的西伯利亞地盾、印度的德干高原，還有太平洋西側海床的翁通爪哇海台。

地函柱可在短暫的時間中，噴發出極大量的玄武岩質岩漿。這些噴發最廣為接受的解釋，是地函柱有個巨大的頂端，當地函柱頂端抵達岩石圈的底部，便開始熔融。熔融的過程十分快速，造成火山爆發，噴出大量熔岩流。接下來只需耗費約一百萬年的時間，就能形成巨大的玄武岩台地。

與火山共生

全球約有 10% 的人口住在活火山的鄰近地區，其中幾個還是數一數二的大城市，包括美國華盛頓州的西雅圖（圖 7.31）、墨西哥的墨西哥城、日本的東京、義大利的那不勒斯、厄瓜多爾的基多（Quito）等，都座落在火山上或鄰近火山。

直到不久之前，西方文明仍然認定人類可以克服火山或其他自然災害，時至今日益發顯著的狀況是，火山不僅極具摧毀性，也同樣不可預測。有了這樣的自覺，許多人已逐漸發展出新的應對態度：「我們要如何與火山共生？」

圖7.31　美國華盛頓州的西雅圖市，後方為大型複成火山錐雷尼爾峰。
（Photo by Hemera/Thinkstock）

火山災害

火山形成各式潛在危險，足以讓人和野生動物致命，也會摧毀財產。火山對人類威脅最大的，應該是火山碎屑流（圖 7.32），混雜了炙熱的氣體、火山灰和浮石，溫度超越 800℃，競相衝下火山側翼，讓人類幾乎沒有機會逃脫。

即使火山沒有任河活動，還是有機會發生火山泥流——混雜了火山碎屑和水的洪流，衝下數十公里的火山側翼，時速可超過 100 公里。火山泥流可說是第二危險的火山災害（圖 7.33），對於那些火山峰頂覆蓋著冰河的鄰近地區，火山泥流對下游社區形成潛在危險很高的威脅，例如西雅圖的雷尼爾峰。

火山的其他大規模潛在災害性的事件，還包括：火山峰頂或側翼突然崩陷。

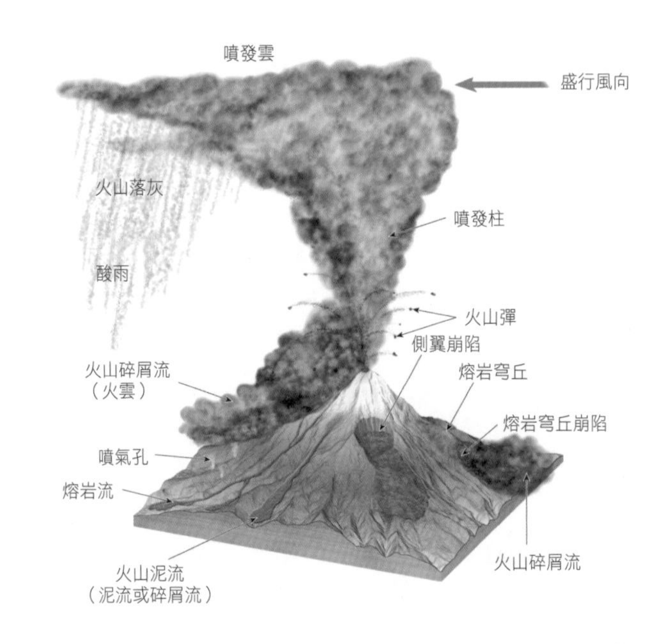

圖7.32 各種與火山相關的自然災害示意圖。

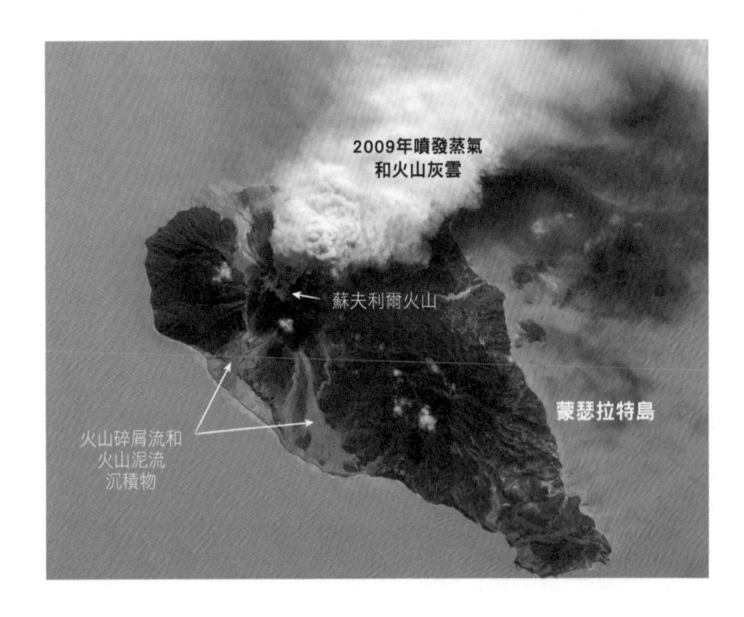

圖7.33 加勒比海英屬蒙瑟拉特島的蘇夫利爾火山（Soufriere Hill），曾在1995年噴發，當時發生的火山碎屑流摧毀了一座機場和首府普利茅斯，約有三分之二的島民被迫遷徙。（Photo by NASA）

此外，火山一旦猛烈噴發，火山灰將會播散到數百公里的範圍，對航空業尤其會帶來危害。過去十五年內至少有 80 架商用客機，不慎飛入火山灰雲，差點釀成意外。其中一起發生在 1989 年，當時一架波音 747 客機上有超過 300 名乘客，遇上阿拉斯加堡壘火山噴發的火山灰雲，造成 4 具引擎因為阻塞而故障，幸運的是引擎在失事前最後一秒重新啟動，安全降落在安克拉治機場。

監測火山運動

今日已發展出一系列火山監測技術，多數都是用來偵測岩漿從地底岩漿庫向地表流動的動態，特別是僅有幾公里深的岩漿庫。岩漿流動會造成火山地景的變動，其中最值得留意的四種變動是：⑴ 火山地震的模式改變；⑵ 近地表岩漿庫的擴張，導致火山膨脹；⑶ 火山釋放氣體的量或組成改變；⑷ 新岩漿流入，導致地面溫度增加。

歷史上曾經噴發過的火山，目前幾乎有三分之一都列入監測範圍，火山學家利用地震儀監測地面的微震。一般而言，如果一連串急速增加且不停歇的地震過後，緊接一陣平靜期，通常是代表火山即將噴發的前兆。但有些大型的火山構造，地震持續的時期較長，以新幾內亞的拉寶爾火山臼為例，自 1981 年起記錄到地震發生次數快速增加，這樣的地震運動持續了十三年，終於在 1994 年達到高潮，發生火山噴發。偶爾，也有大型地震引發火山噴發，或至少擾動火山的岩漿配置，以啟勞亞火山為例，1977 年就曾因卡拉帕納地震的擾動而噴發。

當新的岩漿聚集在火山底下的岩漿庫，火山的底部可能會略為抬升，這是許多火山噴發前的徵兆。由於許多火山不容易靠近，火山學家須借重遠端監控的技術和設備，包括雷射、都卜勒雷達、繞地人造衛星等，來偵測火山是否有膨脹。近來，美國研究單位已偵測到俄勒岡州三姊妹火山的地面有圓丘隆起（圖 7.34），這是第一次利用衛星雷達影像獲致的成果。

圖7.34 美國俄勒岡州海岸山脈三姊妹火山的監測工作。地質學者正在測量火山表面膨脹的程度，瞭解是否有潛在的噴發活動。

火山學家也經常監測火山釋放的氣體，以瞭解是否有任何釋放量或成分的微小改變。部分火山噴發前幾個月或幾年，二氧化硫氣體的釋放量會增加。另一方面，菲律賓呂宋島的皮納圖博火山於 1991 年噴發前幾天，曾出現二氧化碳釋放量急劇降低的現象。

遠端感測設備的發展，已大幅增加我們監測火山的能力，尤其是監測噴發的過程。例如，高解析度攝影影像和紅外線（熱）感應設備，可以偵測熔岩流、甚至火山噴發柱從火山內部湧升的情況，人造衛星可以偵測地面變形和二氧化硫的釋放量。

所有監測的目的，都是為了及早發現火山噴發的徵兆，以便即時發布火山即將噴發的警訊。這些監測工作首先必須診斷火山現有的狀態，建立基準資料，藉以預測火山未來可能的行為。換句話說，必須對火山進行長期的觀測，才能指認出火山從休眠狀態到噴發之間的特定變化。

- 決定火山噴發特性的主要因素包括：岩漿的溫度、成分、溶解的氣體量。當熔岩流冷卻，它開始凝固；當黏度增加，它的流動性就降低。岩漿的黏度，直接與二氧化矽的含量有關。流紋岩質熔岩流，含有大量的二氧化矽，形成非常高黏度、厚實且短距離的流動。玄武岩質熔岩流，二氧化矽的含量低，比較具有流動性，通常可以在凝固之前流動很長一段距離。岩漿中溶解的氣體，則是熔融岩漿自火山裂口噴出的動力。

- 與火山噴發有關的物質包括：熔岩流（可分成繩狀熔岩流和渣塊熔岩流）；高溫氣體（主要以水蒸氣的形態存在）；火山碎屑物（火山裂口噴出的岩石碎屑，包括火山灰、火山塵、火山礫、火山渣、火山塊和火山彈）。

- 火山，是由熔岩流連續自中央裂口噴發，逐漸冷卻累積而成。許多火山峰頂都有一個壁體陡峭的陷落，稱為火山口。盾狀火山是底部寬廣，略成圓丘隆起的火山，主要是由流動性高的玄武岩質岩漿累積而成。火山渣錐則是由火山碎屑物堆疊成邊坡陡峭的火山。複成火山錐（或稱為層狀火山），則是外形近乎對稱的大型火山，經由層層熔岩流及火山碎屑物交互堆疊而成。複成火山錐會產生猛烈的火山活動，其中一種現象稱為火雲，通常與猛烈噴發有關，會噴出大量高溫氣體，挾帶閃亮的火山灰和大型熔岩碎屑，衝下陡峭的火山邊坡。大型的複成火山錐也可能產生泥流，稱為火山泥流。

- 許多火山管在噴發結束後，會被岩漿及碎屑填滿，當風化侵蝕逐漸進行，填滿火山管的岩石通常最能抵抗風化，而繼續矗立在周圍岩層上，稱為火山頸。部分火山峰頂有大型、近乎圓形的陷落，稱為火山臼，主要發生在猛烈噴發過後的崩陷。盾狀火山的火山臼，則是因為地底中央岩漿庫的岩漿流失而崩陷；最大型的火山臼，是因為富含二氧化矽的岩漿從環狀裂縫噴發後而崩陷形成。雖然最常見的火山噴發型式，是從中央裂口噴發，但最大量的火山噴發很顯然是從地殼上的裂縫流出的。洪流玄武岩是指流動性高、似洪水一般的玄武岩質岩漿，滾動覆蓋了大面積的土地，形成如美國西北部的哥倫比亞高原。當二氧化矽含量豐富的岩漿噴發時，通常會形成富含大量火山灰及浮石碎屑的火山碎屑流。

- 侵入岩體的分類，第一是根據外形，可分為板狀和塊狀。第二是依據火成岩切入既有沉積岩層的相對位置來分類，若是切穿沉積岩層，稱為不整接，若是平行於原有岩層，則稱為整接。

- 岩脈是板狀、不整接的火成岩體，是岩漿噴入岩石裂縫、切穿岩層而形成的。岩床則是板狀、但整接的火成岩體，是岩漿沿著沉積岩層面之間固化而成。岩盤是由流動性不高的岩漿匯集成凸透鏡般的形狀，將上部地層微微拱起。岩基則是最大型的火成岩體，範圍超過 100 平方公里，通常形成山脈的主體。

- 大多數的活火山都與板塊邊界有關。火山活動活躍的區域包括：正在發生海床擴張的洋脊系統（張裂型板塊邊界）、板塊隱沒帶與海溝附近（聚合型板塊邊界）、板塊的內部。其中，板塊內部火山活動的岩漿，源自高溫地函內的地函柱湧升。

大陸火山弧 continental volcanic arc　因海洋岩石圈隱沒至陸地下方而引發的火山活動，形成一系列陸地上的火山群，案例包括安地斯山脈及喀斯開山脈。

不整接 discordant　用來描述侵入火成岩體切穿既有岩層的構造。

火山 volcano　由火山碎屑物和（或）熔岩流冷卻後構成的山脈。

火山口 crater　火山峰頂陷落的區域。

火山臼 caldera　火山噴發後，峰頂所產生的大型圓形陷落，直徑超過 1 公里。

火山泥流 lahar　不穩定的火山灰和火山碎屑飽含水分之後，向火山邊坡下方流動的泥流。通常都順著原有的河道流動。

火山島弧 volcanic island arc　鏈狀排列的火山島，一般都位在距離海溝幾百公里遠之處，這是由於海洋板塊隱沒至另一海洋板塊的下方，引發上方板塊的火山活動，而形成鏈狀的火山島弧。因具有弧狀排列的特徵，所以稱為火山島弧，簡稱島弧。

火山渣錐 cinder cone, scoria cone　相對小型的火山，主要從單一裂口噴發的火山礫（碗豆到胡桃般大小的火山碎屑物）堆積而成，因邊坡穩定度高，通常很陡峭。

火山碎屑物 pyroclastic materials　（pyro 代表火，clast 代表碎屑）是火山噴發過程中，由火山裂口噴出的岩石碎屑，顆粒由小而大，包括火山灰、火山塵、火山礫、火山渣、火山塊和火山彈。

火山碎屑流 pyroclastic flow　極度高溫的混合物，混雜大量火山灰、浮石碎片，沿著火山側翼或地表向下流動。火山碎屑流也稱為火雲或白熱灰流。另見「火雲」名詞解釋。

火山管 conduit 又稱為火山孔道、火山通道，是岩漿從岩漿庫通往地表的圓柱形通道。

火山彈 volcanic bomb 火山噴發過程中，於半熔融狀態下噴出的大型火山碎屑物，劃過天際時形成流線型外觀，通常掉落在火山口附近。

火山頸 volcanic neck 歷經風化侵蝕作用後，孤立且陡峭的殘留岩體，由曾經占據火山管的熔岩流冷卻後所構成。

火雲 nuée ardente 也就是白熱灰流（glowing avalanches），熾熱的火山碎屑被熱空氣托起，像雪崩一般向下衝，速率超過每小時 200 公里。火雲包括兩部分，一是熾熱的氣體形成低密度的火山灰雲，二是緊貼地面、含有大量火山物質的熔岩流。

地函柱 mantle plume 板塊內部玄武岩質岩漿的來源，地函的這種柱狀結構緣於地底深處，向上流動至地殼底部時，便往側向擴張流動，形成一個火山生成區，稱為熱點。

岩床 sill 侵入且平行於既有岩層的板狀火成岩。

岩株 stock 與岩基相似、但體積較小的塊狀深成岩體。

岩脈 dike 切穿周圍岩層，形成板狀、不整接的侵入火成岩。

岩基 batholith 深埋於地下，由岩漿冷卻結晶而成的巨型塊狀火成岩體，之後因露出地表而受到侵蝕。

岩盤 laccolith 侵入至原有岩層之間、呈凸透鏡形狀的大型塊狀火成岩，可將上方的地層微微拱起。

板狀 tabular 用來描述火成侵入岩體的外觀，長度和寬度都比厚度大得多。

板塊內部火山活動 intraplate volcanism 發生在板塊內部、遠離板塊邊界的火山活動。

侵入岩體 intrusion 地表之下，岩漿侵入既有的岩層位置，結晶後形成的火成岩體。侵入岩體依外形可分為板狀和塊狀；依切入既有沉積岩層的相對位置，可分為整接與不整接。共包括岩脈、岩床、岩盤、岩株、岩基五種常見類型。

柱狀節理 columnar joint　熔融岩體冷卻時，因收縮而破裂，所形成的六面柱狀體。

洪流玄武岩 flood basalt　流動性高的玄武岩質熔岩流，沿著眾多的地表裂縫流出，像洪水般覆蓋大面積地區，厚度可達數百公尺。

盾狀火山 shield volcano　流動性高的玄武岩質岩漿，所形成的底部寬廣及坡度平緩的火山。

島弧 island arc　請見「火山島弧」。

寄生火山錐 parasitic cone　在大型火山側翼形成的火山錐。

深成岩體 pluton　請見「侵入岩體」。

揮發物 volatile matter　溶解在岩漿中的氣體，在大氣壓力下會自然汽化（形成氣體）。

渣塊熔岩流 aa flow（aa 的發音接近「啊啊」。）熔岩流的兩種類型之一，挾帶表面粗糙、帶有尖銳邊緣且多刺的熔岩塊，而緩慢流動。

減壓熔融 decompression melting　地函柱的滾燙物質穿過地函向上湧升，原本的「封閉壓力」突然下降，造成岩體「部分熔融」的過程。

裂口 vent　火山管在地表的開口。

裂縫 fissure　地殼的岩體裂開之處，火山物質可從這些破裂面流出來。

裂縫噴發 fissure eruption　熔岩流沿著地殼狹窄的裂縫噴發。

塊狀 massive　非平板狀的深成岩體（火成岩），長、寬、厚三個尺度相差不大。

熔岩管 lava tube　玄武岩質熔岩流凝固後，通常都會形成的隧道，可從火山口一直延伸到熔岩流前緣，讓岩漿仍然維持高溫。

噴氣孔 fumarole　位在火山地區的裂口，是煙霧和氣體逸散之處。

噴發柱 eruption column　富含火山灰的熾熱氣體向上衝升的柱狀形體，可向上衝到數千公尺的高空。

層狀火山 stratovolcano　見「複成火山錐」。

熱點 hot spot　地函內部熱度集中處，足以產生噴發至地表的岩漿。形成夏威夷火山島鏈的板塊內部火山活動，正是一例。

複成火山錐 composite cone 又稱為層狀火山，是外形近乎對稱的大型火山，由層層的熔岩流及火山碎屑物交互堆疊而成。

整接 concordant 用來描述侵入火成岩體平行於周圍既有岩層的構造。

黏度 viscosity 用來測量流體流動的難易度。黏度愈低的流體，流動性愈佳。

繩狀熔岩流 pahoehoe flow （pahoehoe 發音接近「帕呵呵」。）熔岩流的兩種類型之一，表面比較平滑，像是繩子編成的辮子。相較於渣塊熔岩流，繩狀熔岩流是在比較高溫和流動性高的情況下形成，流動過程中也可轉變成渣塊熔岩流。

1. 岩漿與熔岩流之間的差異為何？
2. 請列出三項決定火山噴發特性的因素，每個因素扮演的角色為何？
3. 相較於供應高流動性岩漿的火山，為什麼噴發高黏度岩漿的火山比較危險？
4. 請描述繩狀熔岩流和渣塊熔岩流。
5. 請列出火山噴發時釋放的主要氣體。氣體在火山噴發時扮演什麼角色？
6. 分析夏威夷島火山噴發時所取得的樣本，指出逸散最多的氣體是：______ 。
7. 火山彈與其他火山碎屑物的差別為何？
8. 請比較火山口與火山臼的差異。
9. 請比較三種主要的火山類型（依大小、外形、噴發型態做區分）。
10. 請為三種火山類型，各舉一個實例。
11. 請比較夏威夷與墨西哥巴利丘丁火山的形成歷程。
12. 請描述火口湖形成的歷程，並將火口湖與啟勞亞火山噴發後形成的火山臼做個比較。
13. 美國新墨西哥州的船石是什麼類型的火成岩？又是如何形成的？
14. 形成哥倫比亞高原和複成火山錐的噴發類型有何不同？

15.請分別描述以下五種侵入火成岩的特徵：岩脈、岩床、岩基、岩株、岩盤。

16.岩盤在因侵蝕而露出地表之前，為何可以被偵測到？

17.所有侵入火成岩體的類型中，何者最大？它是板狀、還是塊狀？它是整接、還是不整接？

18.張裂型板塊邊界的火山活動，與什麼樣的岩石類型相關？造成這些區域岩體熔融的原因為何？

19.什麼是環太平洋火山帶？

20.環太平洋火山帶與哪一種板塊邊界有關。

21.環太平洋火山帶的噴發類型，通常是猛烈型還是寧靜型？舉出一個實例來印證你的答案。

22.聚合型板塊邊界的岩漿如何形成？

23.夏威夷群島與黃石公園的火山，與哪一群火山活動有關？

24.繼續前一題，請問那一群的火山活動，岩漿的生成來源為何？

25.深海中的火山島是由哪一種火成岩構成的？

26.為了偵測岩漿的動向，在火山地區進行的監測，主要是針對哪四種變動？

27.為何雷尼爾峰的噴發型態與 1980 年聖海倫斯火山的噴發相似，因而被認為具有潛在危險？請至少列出二個理由。

28.請描述四種與火山有關的自然災害。

閱讀筆記

閱讀筆記

國家圖書館出版品預行編目(CIP)資料

觀念地球科學2 ： 地殼・地震 ／ 呂特根(Frederick K. Lutgens), 塔布克(Edward J. Tarbuck)著 ; 塔沙(Dennis Tasa)繪圖 ; 蔡菁芳、王季蘭譯. --第二版. -- 臺北市 : 遠見天下文化, 2018.06

面 ;　公分. -- (科學天地 ; 508)

譯自 : Foundations of earth science, 6th ed.

ISBN 978-986-479-502-4 (平裝)

1.地球科學

350　　　　107009870

科學天地508

觀念地球科學 2

地殼・地震

FOUNDATIONS OF EARTH SCIENCE, 6th Edition

原著／呂特根、塔布克、塔沙
譯者／蔡菁芳、王季蘭
科學天地顧問群／林和、牟中原、李國偉、周成功

總編輯／吳佩穎
編輯顧問／林榮崧
責任編輯／林榮崧、林文珠
封面設計／江儀玲
美術編輯／江儀玲、邱意惠

出版者／遠見天下文化出版股份有限公司
創辦人／高希均、王力行
遠見・天下文化・事業群 董事長／高希均
事業群發行人／CEO／王力行
天下文化社長／林天來
天下文化總經理／林芳燕
國際事務開發部兼版權中心總監／潘欣
法律顧問／理律法律事務所陳長文律師
著作權顧問／魏啟翔律師
社址／台北市104松江路93巷1號2樓
讀者服務專線／（02）2662-0012
傳真／（02）2662-0007 2662-0009
電子信箱／cwpc@cwgv.com.tw
直接郵撥帳號／1326703-6號 天下遠見出版股份有限公司
電腦排版／極翔企業有限公司
製版廠／東豪印刷事業有限公司
印刷廠／立龍藝術印刷股份有限公司
裝訂廠／台興印刷裝訂股份有限公司
登記證／局版台業字第2517號
總經銷／大和書報圖書股份有限公司　電話／（02）8990-2588
出版日期／2022年02月22日第二版第3次印行

定價500元　書號BWS508　ISBN：978-986-479-502-4

天下文化官網 bookzone.cwgv.com.tw